JN173617

シリーズ これからの基礎物理学 2

鹿児島誠一・米谷民明［編集］

初歩の量子力学を取り入れた力学

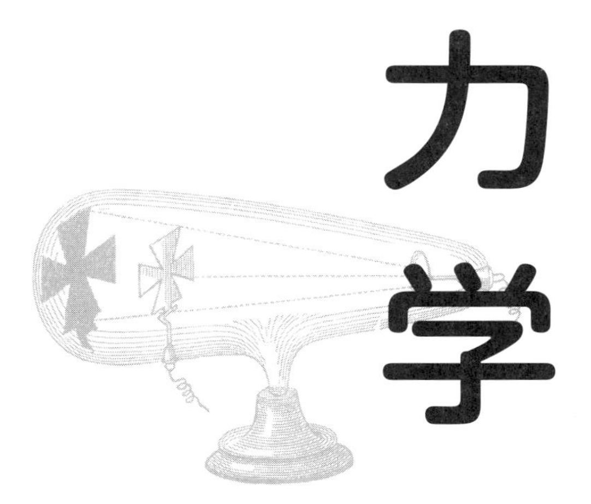

窪田高弘［著］

朝倉書店

まえがき

本書はニュートン力学や解析力学の全般的な知識を吸収しながら，読者が量子力学の世界をも垣間見ることができるように工夫された，新しい型の教科書である．執筆にあたっては歴史的な順序に拘泥することなく，古典力学と量子力学の世界を縦横に行きつ戻りつしながら，両者を有機的に結び付けようと努めた．

ミクロの世界では古典力学が破綻していたにもかかわらず，ニュートン力学を数学的に整備した解析力学は，量子力学の真の姿を探りあてるのに不思議なほど役に立った．解析力学の真の価値を知りたければ，量子力学の建設過程を背景にしながら学ぶのが一つの有効な方法と思われる．それによって量子力学の理解を深めることもできて一石二鳥となるからだ．本書では，古典力学のそのような学び方の例を提供することを試みたい．建設途上の量子力学は前期量子論とも呼ばれたが，本書では前期量子論にある程度立ち入ることになる．

しかし量子力学を要領よく学んで，できるだけ早くに最前線の問題に取り組みたいと気持ちが逸る若者にとって，前期量子論は何か古色蒼然とした過去の遺物のように見えることだろう．確かに第16章で説明する角変数，作用変数といった解析力学の概念が，21世紀の物理学においてすぐに役に立つ可能性が高いとはいえない．それでは解析力学のかかる諸概念を学ぶことに，21世紀の学生はいかなる意義や価値を見出せばよいのか？　著者が期待しかつ願っていることは，角変数や作用変数を用いた古典力学での摂動論を読者がある程度学ぶことにより，古典力学と量子力学の間の距離感が大幅に解消され，それによって量子力学の深い理解を可能にしたいということである．第17章はそのような願望を込めて書かれた．

本書は古典力学から初歩の量子力学まで，通常の教科書よりも広い範囲を扱っているため，大学初年次学生の基礎的学習のみならず，理科系の専門課程を終えた方々が科学的素養を深めるのにも役立つことを期待している．学習段階別に各章をあえて分類するならば，第 1 章から第 9 章までと第 13 章が基礎編，第 10 章から第 12 章までが発展編，第 14 章，第 15 章が上級編，第 16 章から第 18 章までが特論編になると考えている．

米谷民明先生と鹿児島誠一先生には本書執筆の機会を与えて下さり，また，多くのご助言をお寄せ下さったことに深く感謝申し上げたい．朝倉書店編集部は怠惰な著者を叱咤激励され，あまり他に類例のない教科書の出版に向けて御尽力下さった．そのことをここに記し，厚くお礼を申し上げたい．

2017 年 11 月

窪 田 高 弘

目　　次

1 古典力学と電子の量子論的振る舞い

1.1　古典力学における惑星の運動の記述

ガリレオ (G. Galilei)，ケプラー (J. Kepler)，ホイヘンス (C. Huygens)，ニュートン (I. Newton) といった近代物理学創成期の科学者たちは，物体の運動の記述や力学の法則を発展させていくなかで，地球上での運動と天上での運動とが同じ普遍的な法則によって支配されていることを知り，古典力学という壮麗な理論体系をつくり上げていった．ここで天上での運動とは，具体的には太陽のまわりを周回する惑星の運動のことなどであった．古典力学が体系化されたことにより，ケプラーが観測データに基づいて発見した 3 つの法則が理論的に説明できるようになった．ケプラーの 3 つの法則とは以下のものである．

ケプラーの第 1 法則：惑星の軌道は，太陽の位置をその焦点とする楕円形である．

ケプラーの第 2 法則：惑星の面積速度 (太陽と惑星を結ぶ線分が単位時間に掃く面積) は一定である (**面積速度一定の法則**).

ケプラーの第 3 法則：惑星の楕円軌道の長軸 *1) の 3 乗は公転周期の 2 乗に比例する (表 1.1 参照のこと).

惑星の運動の法則の本質をえぐり出すために，古典力学では大いなる単純化が行われていることを注意しておこう．単純化の一つは，惑星を質量を持った点，すなわち質点として扱うということである．例えば地球は，実際にはほぼ球形であり，その半径は $R_\oplus = 6.3782 \times 10^6$ m という程度である．人間の目で見れば地球は巨大な天体であり，自転もしている．大きさを持つが変形しない物体のこと

*1)　楕円の長軸の定義は第 6 章で述べる．

表 1.1　各惑星のデータ

惑星	長軸 a/a_0	離心率	公転周期 T (年)	$T^2(a/a_0)^{-3}$
水星	0.3871	0.2056	0.24085	1.0005
金星	0.7233	0.0068	0.61521	1.0002
地球	1.0000	0.0167	1.00004	1.0000
火星	1.5237	0.0934	1.88089	1.0001
木星	5.2026	0.0485	11.8622	0.9992
土星	9.5549	0.0555	29.4578	0.9948
天王星	19.2184	0.0463	84.0223	0.9946
海王星	30.1104	0.0090	164.774	0.9946

長軸の長さを $2a$ とするとき，a と**天文単位** $a_0 = 1.49597870 \times 10^{11}$ m との比 a/a_0 を「長軸」の欄に挙げている．

を剛体と呼ぶ．しかし地球は剛体でもない．実際海には海水が絶えず流れているし，地球の内部では活発にマグマが運動していることだろう．海水は明らかに**流体**として扱われるべきものである．地球には**弾性体**のような側面もある．このように複雑な地球ではあるが，太陽のまわりの運動の記述という目的のためには，地球を質点として扱うことが本質をえぐり出すことになる．

質点の位置座標を位置ベクトル

$$\boldsymbol{r} = \boldsymbol{r}(t) = (x(t), y(t), z(t)) \tag{1.1}$$

で表記しよう．x, y, z は直交座標系を用いた場合の座標である．質点の位置は時々刻々変化するだろうから，これらの座標は時刻 t の関数，$x = x(t)$, $y = y(t)$, $z = z(t)$ である．質点の**速度ベクトル**

$$\boldsymbol{v} = \boldsymbol{v}(t) = (v_x(t), v_y(t), v_z(t)) \tag{1.2}$$

の定義は，第 2 章で詳しく述べる予定であるが，位置ベクトルの単位時間あたりの変化として定義される．これも時々刻々変化する量であり，x, y, z の各軸方向の成分は時刻 t の関数，$v_x = v_x(t)$, $v_y = v_y(t)$, $v_z = v_z(t)$, である．速度ベクトルに質点の質量 m を掛けたもの

$$\boldsymbol{p}(t) = m\boldsymbol{v}(t) \tag{1.3}$$

を**運動量ベクトル**，その大きさを**運動量**と呼ぶ．

質点に力 $\boldsymbol{F} = (F_x, F_y, F_z)$ が働いているときに質点の運動を規定するニュー

トンの運動方程式は，力と加速度ベクトル $\boldsymbol{a}$ の関係を記述している．加速度ベクトル

$$\boldsymbol{a} = \boldsymbol{a}(t) = (a_x(t), a_y(t), a_z(t)) \tag{1.4}$$

についても第2章で詳しく述べるが，単位時間あたりの速度ベクトルの変化として定義される．ニュートンの運動方程式とは

$$\boldsymbol{F} = m\boldsymbol{a}(t) \tag{1.5}$$

というものであり，直交座標系で成分に分けて表示すれば，(1.5) は

$$F_x = ma_x(t), \qquad F_y = ma_y(t), \qquad F_z = ma_z(t) \tag{1.6}$$

という3つになる．(1.5) あるいは (1.6) に基づいて，質点の速度 $\boldsymbol{v} = \boldsymbol{v}(t)$ や位置 $\boldsymbol{r} = \boldsymbol{r}(t)$ を時刻 t の関数として求めることが，「力学の問題を解く」ことにほかならない．

惑星の運動を記述する場合，惑星に働く力は**万有引力**である．2つの質点の質量を m_1, m_2, 位置ベクトルを $\boldsymbol{r}_1$, $\boldsymbol{r}_2$ とすると，2つの質点の間には相対距離の2乗に反比例した

$$G\frac{m_1 m_2}{|\boldsymbol{r}_1 - \boldsymbol{r}_2|^2} \tag{1.7}$$

という大きさの引力が働くというのが万有引力の法則である．ここで G は**重力定数**または**万有引力定数**と呼ばれる普遍的な定数であり

$$G = (6.67259 \pm 0.00030) \times 10^{-11}\,\mathrm{m}^3 \cdot \mathrm{kg}^{-1} \cdot \mathrm{s}^{-2} \tag{1.8}$$

という値である．力の単位としてはニュートン (N) を用いる．惑星運動の場合，太陽と惑星の位置ベクトルをそれぞれ $\boldsymbol{R}$, $\boldsymbol{r}$, 質量をそれぞれ M, m とすれば，太陽が惑星に及ぼす力のベクトルは

$$\boldsymbol{F} = -GMm\frac{(\boldsymbol{r} - \boldsymbol{R})}{|\boldsymbol{r} - \boldsymbol{R}|^3} \tag{1.9}$$

となる．逆に地球が太陽に及ぼす力は $-\boldsymbol{F}$ である．一般に2つの物体が互いに相手に及ぼす力のベクトルは，大きさは同じで方向が反対である．これを**作用反作用の法則**と呼ぶ．

惑星の運動を記述するためには，ニュートンの運動方程式と万有引力の法則の

みで十分であり，惑星を質点として扱うのが合理的である．しかし例えば地球の地軸の経年変化を調べる場合には，地球はもはや点ではなく，大きさを持った物体として扱わなければならない．考える問題ごとに対象の扱い方にも吟味が必要になる．

(1.5) の運動方程式に現れる質量は，力が働いたときに「動きやすい」あるいは「動きにくい」という慣性の度合いを表す指標であり，その意味を込めて**慣性質量**とも呼ばれる．それに対して万有引力の法則 (1.7) に現れる質量は重力の源としての強さを表す量であり，その意味を込めて**重力質量**とも呼ばれる．慣性質量と重力質量は概念的には一応異なるものであるが，じつは本質的に同じものであるとする考え方を**等価原理**という．等価原理は，アインシュタイン (A. Einstein) が一般相対性理論を構築する際に中心的な役割を果たした．

1.2　点粒子としての電子

1.1 節で万有引力 (1.7), (1.9) について述べたが，これとよく似た形をしているのが電気的な力，クーロン力である．電荷 e_1, e_2 を持った粒子がそれぞれ $\boldsymbol{r}_1, \boldsymbol{r}_2$ に位置するとき，これら 2 つの電荷の間には，電荷の積に比例し距離の 2 乗に反比例した

$$\frac{e_1 e_2}{4\pi\varepsilon_0}\frac{1}{|\boldsymbol{r}_1-\boldsymbol{r}_2|^2}$$

という大きさの力が働く．これがクーロン力である．電荷 e_1, e_2 が同符号のときには斥力，異符号のときには引力が働く．ここで ε_0 は真空の誘電率と呼ばれ，

$$\varepsilon_0 = 8.854187817\times 10^{-12}\,\mathrm{C}^2\cdot\mathrm{N}^{-1}\cdot\mathrm{m}^{-2} \tag{1.10}$$

という値であり，電荷の単位はクーロン (C：Coulomb) を用いる (1.6 節参照).

クーロン力は，電場という場の概念を導入して次のように記述される．$\boldsymbol{r}_2$ に位置する電荷 e_2 の粒子は，その周辺の $\boldsymbol{r}$ という場所に電場ベクトル

$$\boldsymbol{\mathcal{E}}_2(\boldsymbol{r}) = \frac{e_2}{4\pi\varepsilon_0}\frac{\boldsymbol{r}-\boldsymbol{r}_2}{|\boldsymbol{r}-\boldsymbol{r}_2|^3}$$

をつくる．$\boldsymbol{r}_1$ という点に位置する電荷 e_1 の粒子は，その位置における電場 $\boldsymbol{\mathcal{E}}_2(\boldsymbol{r}_1)$ にその電荷 e_1 を掛けた力

$$\boldsymbol{F}_1 = e_1 \boldsymbol{\mathcal{E}}_2(\boldsymbol{r}_1) = \frac{e_1 e_2}{4\pi\varepsilon_0} \frac{\boldsymbol{r}_1 - \boldsymbol{r}_2}{|\boldsymbol{r}_1 - \boldsymbol{r}_2|^3}$$

を受ける．同様にして電荷 e_1 の粒子のつくる電場によって電荷 e_2 の粒子に働く力は

$$\boldsymbol{F}_2 = e_2 \boldsymbol{\mathcal{E}}_1(\boldsymbol{r}_2), \quad \boldsymbol{\mathcal{E}}_1(\boldsymbol{r}_2) = \frac{e_1}{4\pi\varepsilon_0} \frac{\boldsymbol{r}_2 - \boldsymbol{r}_1}{|\boldsymbol{r}_2 - \boldsymbol{r}_1|^3}$$

となる．明らかに $\boldsymbol{F}_1 + \boldsymbol{F}_2 = 0$ が成り立っているが，これも作用反作用の法則の一例である．

電荷を持った粒子の例としては，電子や陽子などが挙げられる．惑星に比べて遥かに微小な電子や陽子の運動に対して，単純にニュートンの運動方程式を適用してよいのかどうか，かならずしも自明なことではない．そもそも電子が発見されたのは1897年頃のことであり，それは陰極線の実験においてであった．当時は放電管の中で起こっている現象が，既存の実体で説明できるのか否かに関心があり，陰極線が新しい粒子の流れであることを確かめようとしていた．電子がニュートンの運動方程式に従う粒子として認識されるためには，電子は特定の質量，特定の電荷を持った実体であることを確認しなければならない．電子が粒子としての表象を与えるためには，電子の位置を表す位置ベクトル $\boldsymbol{r}$ が電子に賦与され，電子の位置の時々刻々の変化が (1.5) の運動方程式に従っていることを実証する必要がある．

図 1.1 は，トムソン (J.J. Thomson) が電子を発見したときに用いた実験装置の概略図である．図の左側の陰極から飛び出した電子はコリメーターで方向が揃えられ，蛍光面に向かって進む．途中で鉛直上向きに電場 $\boldsymbol{\mathcal{E}}$ を掛けると陰極線は曲がる．電子の電荷を $-e$ とすると，電子には $-e\boldsymbol{\mathcal{E}}$ という電気力が働くが，この力によって陰極線が曲げられる．電場の代わりに磁場 $\boldsymbol{\mathcal{B}}$ を掛けると，陰極線はやはり曲がる．電子の速度ベクトルを $\boldsymbol{v}$ とすれば，電子には $-e\boldsymbol{v} \times \boldsymbol{\mathcal{B}}$ という力が働き，この力によって陰極線が曲げられる．この力はローレンツの力と呼ばれている．

$\boldsymbol{v} \times \boldsymbol{\mathcal{B}}$ はベクトル $\boldsymbol{v}$ とベクトル $\boldsymbol{\mathcal{B}}$ の外積を表し，定義は以下の通りである．3次元直交座標系での成分を $\boldsymbol{v} = (v_x, v_y, v_z)$，$\boldsymbol{\mathcal{B}} = (\mathcal{B}_x, \mathcal{B}_y, \mathcal{B}_z)$ とするとき，外積 $\boldsymbol{v} \times \boldsymbol{\mathcal{B}}$ の成分は

$$\boldsymbol{v} \times \boldsymbol{\mathcal{B}} = (v_y \mathcal{B}_z - v_z \mathcal{B}_y, v_z \mathcal{B}_x - v_x \mathcal{B}_z, v_x \mathcal{B}_y - v_y \mathcal{B}_x)$$

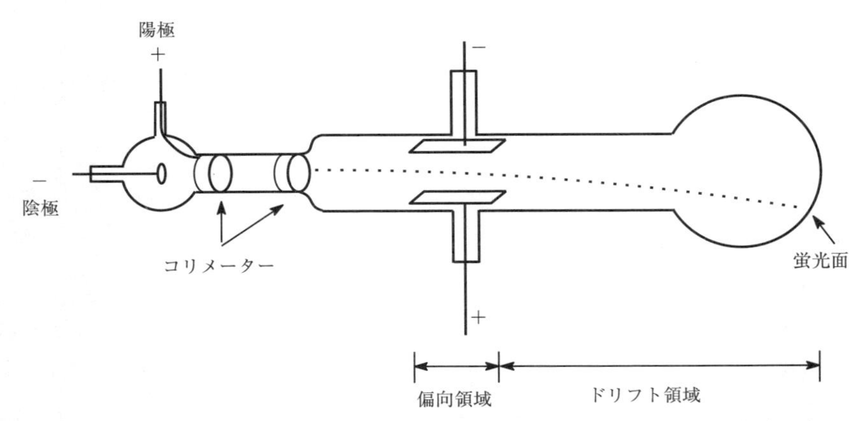

図 1.1　トムソンの実験装置の概念図：この図は次の論文の中の図をもとに作成し直したものである：J.J. Thomson: *Philosophical Magazine and Journal of Science*, S.5. **44** (269), 293–316 (1897).

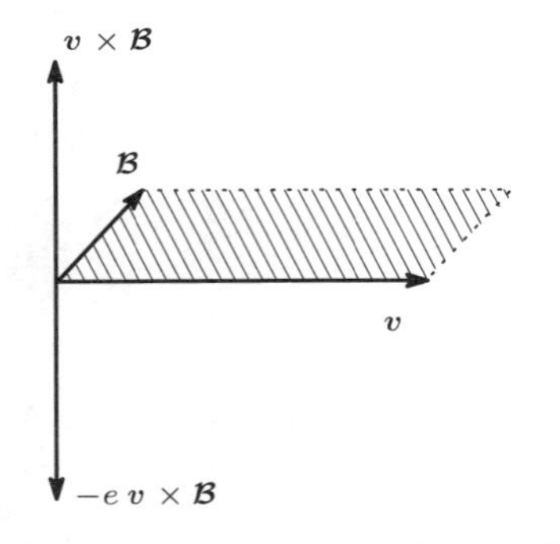

図 1.2　磁場 $\boldsymbol{\mathcal{B}}$ の中を速度 $\boldsymbol{v}$ で運動する電子に働くローレンツの力：$\boldsymbol{v} \times \boldsymbol{\mathcal{B}}$ は $\boldsymbol{v}$ にも $\boldsymbol{\mathcal{B}}$ にも垂直であり，その大きさは $\boldsymbol{v}$ と $\boldsymbol{\mathcal{B}}$ がなす平行四辺形の面積 (図の斜線部分) に等しい.

となる．このベクトルは $\boldsymbol{v}$ にも $\boldsymbol{\mathcal{B}}$ にも垂直であり，その大きさは，$\boldsymbol{v}$ と $\boldsymbol{\mathcal{B}}$ のつくる平行四辺形の面積に等しい (図 1.2 参照)．ベクトルの外積については，第 2 章で再度詳しく述べる．

陰極線の構成要素である電子が質量 m_e, 電荷 $-e$ の点粒子，質点であるとしてニュートンの運動方程式を適用すれば，電子の運動は

$$m_e \boldsymbol{a}(t) = -e\,\boldsymbol{\mathcal{E}} - e\,\boldsymbol{v}(t) \times \boldsymbol{\mathcal{B}} \tag{1.11}$$

という方程式によって記述される．電場や磁場の大きさを調整しながら陰極線の曲がり具合を測定し，運動方程式 (1.11) の導く結果と比較することにより，電荷と質量の比，比電荷 e/m_e が特定の値に決定できる．このことからトムソンは電子を

新しい素粒子として認識することができた．素電荷 e はミリカン (R.A. Millikan) の油滴を落下させる実験によって決定され，電子の発見はさらに強固なものとなった．現在知られている電子の質量ならびに素電荷の値は

$$m_e = 9.10938215(45) \times 10^{-31}\,\mathrm{kg} \tag{1.12}$$

$$e = 1.602176487(40) \times 10^{-19}\,\mathrm{C} \tag{1.13}$$

というものである．

1.1 節では万有引力による重力相互作用を，本節では電気的磁気的な力について述べてきたが，自然界にはこのほかにも原子核を構成する役割を担う**強い力**，ベータ崩壊等の現象に関係した**弱い力**と呼ばれるものが存在する．これらは本書の守備範囲を越えるのでその名前を提示するのみにとどめるが，自然界に存在する基本的な力はこれら 4 種類であることを銘記しておこう．日常生活では**摩擦力**とか流体の**抵抗力**のような力も経験的に知られているが，これらは基本的な 4 種類の力から生じるものである．

1.3 電子の波動性

読者は，高等学校の物理の授業で回折格子を用いたヤング (T. Young) の実験を学んだことだろう．光の回折や干渉は波動の特徴的な現象である．X 線の回折現象におけるブラッグ条件も，X 線の波動性を根拠づけるものであった．

ところで発見当初は点粒子と考えられていた電子にも，じつは波動の性質が備わっていることが，J.J. トムソンの発見から約 30 年後，1927 年頃に実験的に明らかになった．この実験的大発見の主人公は，アメリカ，ベル研究所に勤務していたデビッソン (C. Davisson) とガーマー (L.H. Germer)，イギリスのトムソン (G.P. Thomson)，そして日本の西川正治，菊池正士といった物理学者達であった．G.P. トムソンは J.J. トムソンの息子であり，父親は電子の粒子性を，息子は電子の波動性を発見したことになる．

デビッソンとガーマーは，単結晶ニッケルを標的にして電子のビームを照射する実験を行った．そして散乱される電子の強度，すなわち単位立体角あたりに反射される電子の数を測定した．図 1.3 は彼らの実験のデータで，図の上方からニッケルの標的 (target) に向けて電子ビームを入射させる．図の曲線上の各点と標的

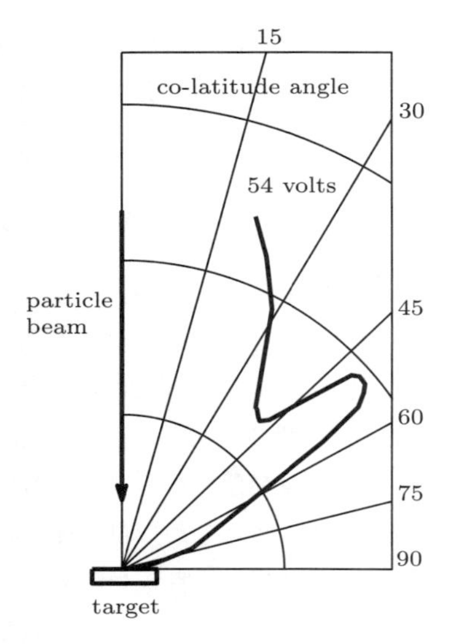

図 **1.3** この図の曲線は，電圧が 54 V で azimuthal angle が 330 度の場合の，各 co-latitude(θ) における反射電子の強度を表している．$\theta = 50$ 度付近にピークができている様子が分かる．(この図は次の論文の中の図をもとに作成し直したものである：C. Davisson and L.H. Germer: *Nature* **119**, 558–560 (1927); *Physical Review* **30**, 705–740 (1927).)

との距離は，その方向に散乱した電子の強度を表している．電子の電圧を 40 V (V：ボルト) ぐらいに上げていくと，反射される電子強度は入射ビームに対してある角度付近でコブのように強くなる．電圧を少しずつ上げていくとコブの方向も変化していくが，電圧が 54 V のあたりで最大の強度となり，その方向は入射ビームに対して 50 度付近であった．

図 1.4 は，入射ビームの軸のまわりの角度をいろいろ変えていったときに，50 度の方向の電子の強度がどのように変化するかを図示したものである．図 1.4 は電子を 54 V で加速した場合のものであるが，デビッソンとガーマーは電圧を 10 V から 350 V までいろいろ変化させて実験を行った．

図 1.3 や図 1.4 のようなパターンは，X 線を照射させた場合のブラッグ反射に類似している．実際電子ビームの代わりに X 線を用いて実験を行い，類似のパターンになるときの X 線の波長 λ を測定することができる．この測定により，運動量 p の電子には波長 λ の波が付随していると考えるのが自然であり，p と λ の関係を決定することができる．その結果デビッソンとガーマーは

$$p = \frac{h}{\lambda} \tag{1.14}$$

という関係を見出した．ここで h はプランク定数

$$h = 6.62606896(33) \times 10^{-34}\,\mathrm{J \cdot s} \tag{1.15}$$

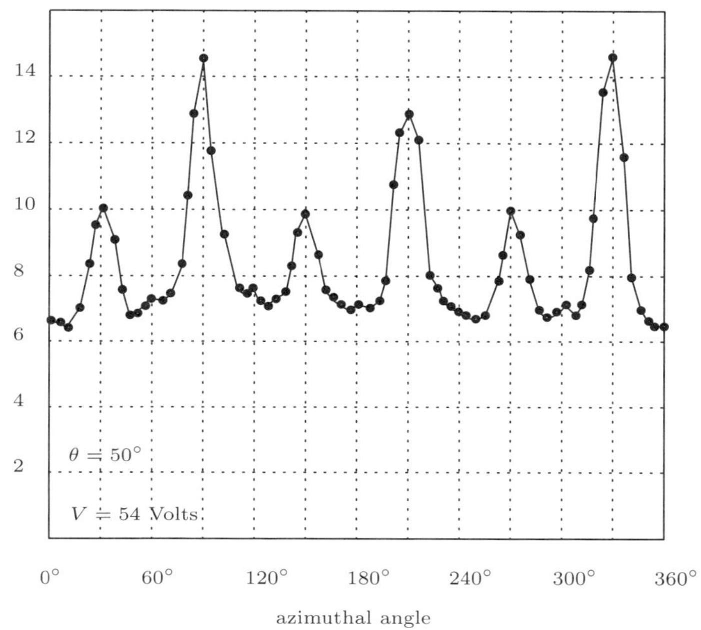

図 1.4 入射電子ビームの軸のまわりの角度を変えたときの反射電子強度で，θ が 50 度の場合のデータである．(この図は次の論文の中の図をもとに作成し直したものである：C. Davisson and L.H. Germer: *Nature* **119**, 558–560 (1927).)

であり，ミクロの世界で重要な役割を演じる定数である．(1.15) を 2π で割ったものを $\hbar$ と記すと，数値としては

$$\hbar = \frac{h}{2\pi} = 1.054571628(53) \times 10^{-34}\,\mathrm{J \cdot s} \tag{1.16}$$

となるが，h の代わりに $\hbar$ を用いることも多い．(1.14) はフランスの物理学者ド・ブロイ (L. de Broglie) が 1923 年頃に提案したド・ブロイの関係式と呼ばれるものである．

一方 G.P. トムソンは，4〜17 keV の電子線を，きわめて薄いセルロイド膜を通過させて写真を撮った [*2]．彼はさらに金，アルミニウム，白金などの金属薄膜に 30 keV の電子線を通過させ，X 線の場合のデバイ・シェラー像に似た電子線の回折像を得た．理化学研究所の西川研究室にいた菊池正士も，電子線回折の実

[*2] $1\,\mathrm{keV} = 10^3\,\mathrm{eV}$ であり，電子ボルト (eV) の定義は 1.6 節で述べる．

験を 1928 年頃に始めていたのだが，20〜30 keV の陰極線を薄い雲母膜に照射した．G.P. トムソンが用いた金属箔が多結晶質であったのに対して，菊池は単結晶試料を用いるという違いがあった．菊池が撮った写真は，X 線の場合のラウエ斑点の実験に類似したものであった．

以上のような実験により，電子が波動の性質を持っていることが明らかになった．電子を粒子と捉えて (1.11) の方程式を操作したとしても，デビッソン・ガーマーの実験を説明することは望むべくもない．電子の運動を記述する方法として，何か全く違ったやり方を考案しなければならないのである．

1.4　粒子であってかつ波であるということ

電子が粒子であり波でもあるということを如実に示す実験について述べておこう．これは光の場合のヤングの干渉実験に似ている．ヤングの実験とは，光源から出た光を 2 つのスリットを通すと衝立ての上に干渉縞が生じるというもので，光の波動性の現象としてしばしば取り上げられる．ここで光を電子に置き換えた実験が以下に説明するものである．

図 1.5 は 1989 年に日立製作所で行われた実験の概念図であり，図の上方に電子源が位置している．二重スリットの役割をするのが電子線バイプリズムと表示されているものである．このプリズムの中央には太さが 0.3×10^{-6} m の細いフィ

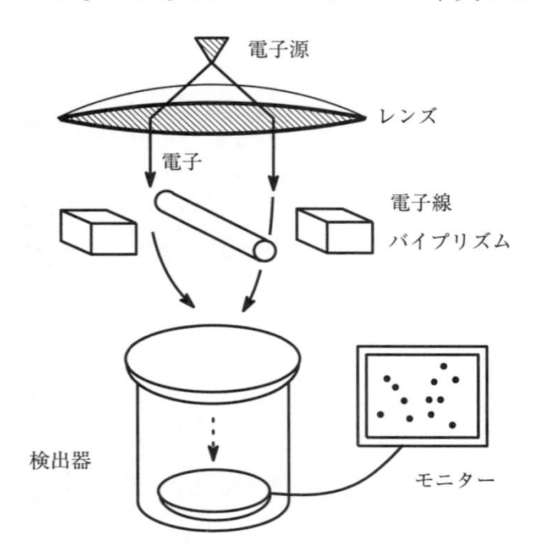

図 1.5　電子線の干渉実験：干渉性のよい電子線や電子の 2 次元検出器などの技術の向上により，電子の二重スリット実験が可能になった．この図は外村彰著『目で見る美しい量子力学』(サイエンス社，2010 年) の中の図をもとに作成し直したものである．

ラメントが置かれており，その両側の隙間が二重スリットの役割を果たす．フィラメントには正の電位が掛けられていて，その電位を増せば電子はフィラメントに近い場所を通過するから，電位を変えることが二重スリットの間隔を変えることに相当している．二重スリットを通過した電子は，下方に置かれた検出器内の蛍光板を光らせるので，これをモニターで見れば，検出器に到着する電子の位置を知ることができる．

電子線の強度を弱めるには電子源の先の針に印加する電圧を減らせばよい．電子の速さが光速の 50 パーセント程度だとすれば，装置の中を電子が通過するのに要する時間は 10^{-8} 秒程度になる．針から放出される電子の数をおさえれば，2 個の電子が同時に装置の中に存在する割合はきわめて低いものに設定できる．2 個の電子が互いに影響を及ぼし合うということはないといえる．電子を少しずつ電子線バイプリズムに送り込むと，図 1.6 (a) のような輝点がモニター上に現れる．この像を眺めていると，電子は粒子のように振る舞っているかのように見える．実際モニターに映る点は，点粒子としての電子が蛍光面の分子と相互作用した結果なのである．しかし時間が経過して送り込まれる電子の数が増えていくと，(a) → (b) → (c) → (d) とモニターが変化していき，(d) では明らかに縞模様が浮かび上がってくる．電子がバイプリズムの片側だけを通過したとは考えにくい現象が起こるのである．

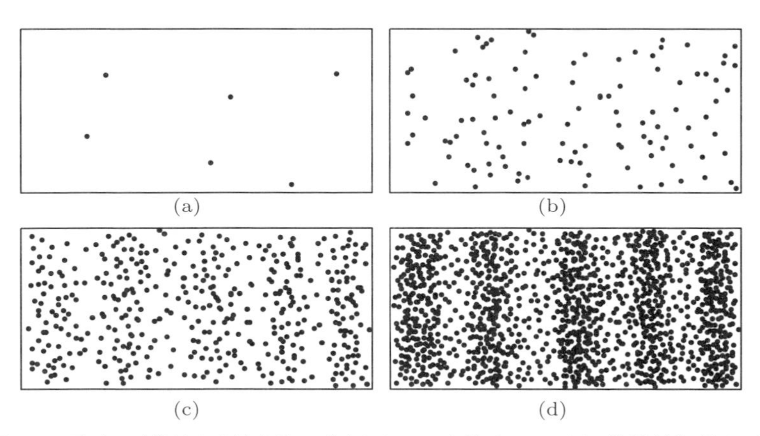

図 1.6　電子の干渉縞が次第次第に形成されていく様子：この図は外村彰著『目で見る美しい量子力学』(サイエンス社，2010 年) の中の図をもとに作成し直した概念図である．

1.5　電子のトンネル効果

1.3 節で電子は X 線のように波として振る舞うことを述べたが，しかし電子には，水路を移動する波のような古典的な波動とは異なる性質も備わっている．そのような性質の一つが電子のトンネル効果である．ここでは IBM のチューリッヒ研究所にいたビニッヒ (G. Binnig) とローラー (H. Rohrer) 達が 1982 年に提案した装置，**走査トンネル顕微鏡** (scanning tunneling microscope) を例にとって，電子の不思議な振る舞いを説明しよう．

図 1.7 の右の図は電子のトンネル効果を説明したものである．左側から右に向けて電子を打ち込んだとしよう．電子のエネルギーが低ければ，古典力学では中央の壁の部分を通過することができない．しかし量子力学では，ある確率で障壁を通過して右側に電子が透過する．これがトンネル効果である．

図 1.7 の左の図は走査トンネル顕微鏡の概念図である．図中の球は原子を表している．上部の探針と下部の試料の間に数 mV から数 V の電圧を掛け，探針を

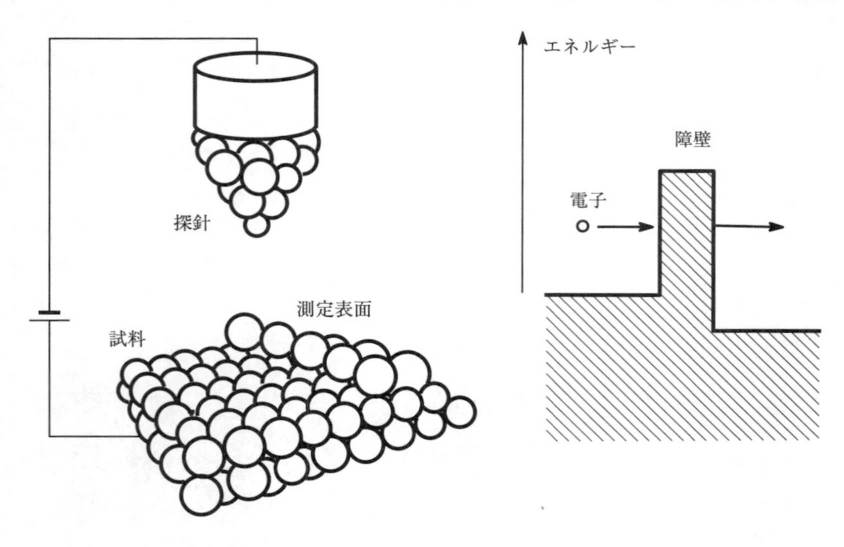

図 1.7　(左図) 探針と試料の間に電圧を掛け探針を試料に近づけると，ポテンシャル障壁を越えて電子が流れる．(右図) 古典力学的には，電子はポテンシャルの障壁を越えるのに一定以上のエネルギーを必要とするが，量子力学では，低エネルギーの電子も障壁を通過することができる．これをトンネル効果という．

試料に 1 nm (10^{-9} m) 程度まで近づける．そうすると探針側の電子が試料表面の側にポテンシャルの障壁を乗り越えてトンネル効果を起こす．すなわち数 pA から数 nA の電流が障壁を潜り抜けて流れる．これをトンネル電流という．トンネル電流は探針と試料の間の距離にきわめて敏感であり，電圧と電流が比例関係にあることから放電とは異なることが分かる．トンネル電流を一定に保ちつつ電圧を制御し，それによって試料表面の凹凸を知ることができる．走査トンネル顕微鏡では，探針の最先端の 1 個の原子が絞りであり，その結果原子レベルでの空間分解能 (原子分解能) で試料の表面を観察することができる．ビニッヒ，ローラー達は，Si の結晶をある方向に垂直に切った断面を再構成することができた．

このようなトンネル効果の現象は，電子を点と見なす古典的な描像とはかけ離れたものである．ニュートンの運動方程式 (1.11) ではなくて量子力学によって初めて説明される現象である．電子の働きを応用して増幅などの能動的な仕事をする素子の開発は，現在 10 nm 以下程度のものを目指しているが，これをさらに 1 nm 以下のものに迫ろうとするならば，ここに述べたような類いのトンネル効果による電子漏洩の問題が起こり，高集積化には原理的限界が立ちはだかって来るかもしれない．

1.6　質量および長さの単位

ここで物理量の単位や数値について整理しておこう．この章でも既にいくつかの物理量が現れたが，それらは全て，長さ (m)，質量 (kg)，時間 (s)，電流 (A：アンペア) の各単位の組み合わせで表すことができる．例えば速度の単位は $\mathrm{m \cdot s^{-1}}$，加速度の単位は $\mathrm{m \cdot s^{-2}}$，力の単位ニュートン (N) は，ニュートンの運動方程式から分かるように $\mathrm{kg \cdot m \cdot s^{-2}}$ となる．1 アンペアの電流が 1 秒間流れたときに移動した電荷が 1 Coulomb (C) であるから，C という単位は $\mathrm{A \cdot s}$ となる．

質量の単位と数値について，詳しく見てみよう．電子の質量は (1.12) の数値から分かるように，日常使われる単位，1 kg に比べてきわめて微小である．電子よりずっと重い陽子にしても，その質量 m_p は

$$m_p = 1.672621637(83) \times 10^{-27}\,\mathrm{kg}$$

といった値である．素粒子の質量を kg を単位にして云々するのは，あまり賢明

とはいえない．10の何乗というのをいちいち書くのは面倒であるからだ．

1Nの力で物体を1m動かしたときの仕事，あるいは消費したエネルギーが1Jである．したがって1Jは，$\mathrm{N}\cdot\mathrm{m}$ あるいは $\mathrm{kg}\cdot\mathrm{m}^2\cdot\mathrm{s}^{-2}$ という単位に相当する．このことから質量に光速 c の2乗を掛けたものはエネルギーの次元を持つことになるが，これは，その質量の物体がたとえ静止していても保有するエネルギーであり，**静止エネルギー**と呼ばれている．そこで質量の大きさを静止エネルギーに換算して論ずる方が便利な場合がある．光速は

$$c = 2.99792458 \times 10^8\,\mathrm{m}\cdot\mathrm{s}^{-1} \tag{1.17}$$

という普遍的な値である．エネルギーの単位としては，ミクロの世界ではジュール (J) よりも電子ボルト (eV) を用いる方が現実に合っている．素電荷 (1.13) を持った粒子が1ボルトの電位差で加速されたときに得る運動エネルギーが1eVであり，この単位を用いる方が，物理学を使う現場では都合がよい．1eVは，(1.13) より

$$1\,\mathrm{eV} = 1.602176487(40) \times 10^{-19}\,\mathrm{J}$$

となる．このエネルギーの単位を用いると，電子，陽子の静止エネルギーは

$$m_e c^2 = 0.51099891081(3) \times 10^6\,\mathrm{eV}$$
$$m_p c^2 = 938.272013(23) \times 10^6\,\mathrm{eV}$$

となる．$10^6\,\mathrm{eV}$ のことを1MeV呼ぶが，素粒子の質量を論じるには，その静止エネルギーをMeV単位で測るのがよさそうである．

エネルギーと温度の関係についても述べておこう．熱力学や統計力学に登場するボルツマン定数 k というのは

$$k = 1.3806504(24) \times 10^{-23}\,\mathrm{J}\cdot\mathrm{K}^{-1} \tag{1.18}$$

という大きさであるが，絶対温度 T との積がエネルギーの次元を持つ．そのエネルギーを電子ボルトを単位に換算するならば

$$\begin{aligned} kT &= 1.3806504 \times 10^{-23} \quad \left(\frac{T}{1\,\mathrm{K}}\right)\mathrm{J} \\ &= 0.86173428 \quad \left(\frac{T}{10^4\,\mathrm{K}}\right)\mathrm{eV} \end{aligned}$$

となる．すなわち 10^4 K という温度は 0.86 eV 程度のエネルギーに対応していることを記憶にとどめておこう．

次にミクロの世界に登場する典型的な長さについて述べよう．古典電磁気学では電子質量 m_e に関係した

$$r_e \equiv \frac{e^2}{4\pi\varepsilon_0}\left(\frac{1}{m_e c^2}\right) = 2.8179402894(58) \times 10^{-15}\,\mathrm{m}$$

という長さのことを**古典電子半径**と呼んでいる．これは古典電磁気学で電磁波と電子の散乱を調べた場合に，散乱の強さを特徴づける量に現れる，長さの次元を持った典型的な量にほかならない．古典電磁気学の範囲内で登場する量であるから，当然のことながら r_e の定義式にプランク定数 h あるいは $\hbar$ は含まれていない．

$\hbar$ を含んだ典型的な長さは，r_e をもとにして構成することができる．それは**微細構造定数**と呼ばれる量

$$\frac{e^2}{4\pi\varepsilon_0 c\hbar} = \frac{1}{137.035999679 8(94)} \tag{1.19}$$

が，次元を持たない単なる数であることを利用すればよい．微細構造定数の名前の由来については第 14 章で述べる．古典電子半径 r_e に (1.19) の逆ベキを掛けた量

$$r_e\left(\frac{e^2}{4\pi\varepsilon_0 c\hbar}\right)^{-1} = \frac{\hbar}{m_e c} = 3.8615926459(53) \times 10^{-13}\,\mathrm{m}$$

は，$\hbar$ と光速 c を両方含むという特徴を持つ長さである．これに 2π を掛けたもの

$$2\pi \times \frac{\hbar}{m_e c} = \frac{h}{m_e c} = 2.4263102175(34) \times 10^{-12}\,\mathrm{m}$$

は**電子のコンプトン波長**と呼ばれ，電子と電磁波の散乱を量子論的に扱う際に現れる量である．

古典電子半径に (1.19) のマイナス 2 乗を掛けた量，

$$\begin{aligned} a_B &\equiv r_e\left(\frac{e^2}{4\pi\varepsilon_0 c\hbar}\right)^{-2} \\ &= \frac{4\pi\varepsilon_0\hbar^2}{m_e e^2} \\ &= 0.52917720859(36) \times 10^{-10}\,\mathrm{m} \end{aligned} \tag{1.20}$$

には，光速 c は含まれていない．これは非相対論的な量子論に登場する特徴的な長さであり，**ボーア半径**と呼ばれている．ボーア半径については第 13 章で詳しく

述べる．(1.20) が原子，分子の世界を特徴づける典型的な長さであり，10^{-10} m のことを 1 オングストローム (Å) と呼ぶこともある．

2 ベクトルの微分，座標系，運動学

電子には粒子的な側面と波動のような性質の両面があることを第 1 章で述べた．古典力学の対象とはいえない電子も，第 4 章ではまずは粒子として扱いたいので，この章ならびに第 3 章ではニュートンの力学法則を適用するための準備を行う．

2.1 速度ベクトル，加速度ベクトル

1.1 節で，速度ベクトルは位置ベクトル (1.1) の単位時間あたりの変化として定義されると述べたが，この点をもう少し詳しく説明しよう．時刻 t から時刻 $t + \Delta t$ までの間に，質点の位置ベクトルは $\boldsymbol{r}(t) = (x(t), y(t), z(t))$ から $\boldsymbol{r}(t + \Delta t) = (x(t + \Delta t), y(t + \Delta t), z(t + \Delta t))$ に変化する．したがって単位時間あたりの位置ベクトルの変化は，両者の差のベクトルを Δt で割って

$$\frac{\boldsymbol{r}(t+\Delta t) - \boldsymbol{r}(t)}{\Delta t} = \left(\frac{x(t+\Delta t) - x(t)}{\Delta t}, \frac{y(t+\Delta t) - y(t)}{\Delta t}, \frac{z(t+\Delta t) - z(t)}{\Delta t} \right)$$

となる．Δt をゼロに近づける極限を取ったものが速度ベクトル $\boldsymbol{v}$ である．Δt をゼロに近づける操作は微分であり，

$$\boldsymbol{v}(t) = \lim_{\Delta t \to 0} \left(\frac{\boldsymbol{r}(t+\Delta t) - \boldsymbol{r}(t)}{\Delta t} \right) = \frac{d\boldsymbol{r}(t)}{dt} = \left(\frac{dx(t)}{dt}, \frac{dy(t)}{dt}, \frac{dz(t)}{dt} \right)$$

と表記する．これが速度ベクトルである．

同様にして加速度ベクトル (1.4) は，速度ベクトル (1.2) の単位時間あたりの変化として定義される．すなわち時刻 t および時刻 $t + \Delta t$ における速度ベクトルの差を Δt で割って $\Delta t \to 0$ の極限をとったもの

$$\boldsymbol{a}(t) = \lim_{\Delta t \to 0} \left(\frac{\boldsymbol{v}(t+\Delta t) - \boldsymbol{v}(t)}{\Delta t} \right) = \frac{d\boldsymbol{v}(t)}{dt} = \left(\frac{dv_x(t)}{dt}, \frac{dv_y(t)}{dt}, \frac{dv_z(t)}{dt} \right)$$

が加速度ベクトルにほかならない．速度ベクトルは位置ベクトルの 1 階微分であるから，加速度ベクトルは位置ベクトルの 2 階微分

$$\boldsymbol{a}(t) = \frac{d\boldsymbol{v}(t)}{dt} = \frac{d^2\boldsymbol{r}(t)}{dt^2} = \left(\frac{d^2x(t)}{dt^2}, \frac{d^2y(t)}{dt^2}, \frac{d^2z(t)}{dt^2}\right)$$

となる．

ニュートンの運動方程式 (1.5) あるいは (1.6) は，

$$\boldsymbol{F} = m\frac{d^2\boldsymbol{r}(t)}{dt^2} \tag{2.1}$$

あるいは直交座標系での成分に分けて

$$F_x = m\frac{d^2x(t)}{dt^2}, \qquad F_y = m\frac{d^2y(t)}{dt^2}, \qquad F_z = m\frac{d^2z(t)}{dt^2} \tag{2.2}$$

という 3 つの方程式になる．(2.1), (2.2) は，力 $\boldsymbol{F}$ が与えられたときに質点の位置 $\boldsymbol{r}(t)$ を決定する **2** 階の微分方程式である．

2.2　ベクトルの内積と外積

ベクトルの内積を定義しよう．2 つのベクトル $\boldsymbol{A}$, $\boldsymbol{B}$ の成分を

$$\boldsymbol{A} = (A_x, A_y, A_z), \qquad \boldsymbol{B} = (B_x, B_y, B_z) \tag{2.3}$$

とする．これらのベクトルの大きさ，あるいは長さを

$$|\boldsymbol{A}| = \sqrt{A_x^2 + A_y^2 + A_z^2}, \quad |\boldsymbol{B}| = \sqrt{B_x^2 + B_y^2 + B_z^2}$$

と記すことにする．$|\boldsymbol{A}|^2$, $|\boldsymbol{B}|^2$ を $\boldsymbol{A}^2$, $\boldsymbol{B}^2$ と書くこともある．2 つのベクトルの内積 $\boldsymbol{A}\cdot\boldsymbol{B}$ は，

$$\boldsymbol{A}\cdot\boldsymbol{B} = |\boldsymbol{A}||\boldsymbol{B}|\cos\theta \qquad (0 \le \theta \le \pi) \tag{2.4}$$

によって定義される．ここで θ は $\boldsymbol{A}, \boldsymbol{B}$ 2 つのベクトルのなす角度である．$\boldsymbol{A}$ と $\boldsymbol{B}$ が直交しているならば $\theta = \pi/2$ であるから，当然内積はゼロとなる．内積の定義からすぐに分かることは

$$\boldsymbol{A}\cdot\boldsymbol{B} = \boldsymbol{B}\cdot\boldsymbol{A} \tag{2.5}$$

$$(\lambda\boldsymbol{A})\cdot\boldsymbol{B} = \boldsymbol{A}\cdot(\lambda\boldsymbol{B}) = \lambda(\boldsymbol{A}\cdot\boldsymbol{B}) \quad (\lambda : \text{実数})$$

$$(\boldsymbol{A}+\boldsymbol{B})\cdot\boldsymbol{C}=\boldsymbol{A}\cdot\boldsymbol{C}+\boldsymbol{B}\cdot\boldsymbol{C} \tag{2.6}$$

という関係式が成り立つということである．(2.5) は内積の交換法則，(2.6) は分配法則を表している．

内積の定義を成分を用いて表すこともできる．まず三角形の性質

$$|\boldsymbol{A}-\boldsymbol{B}|^2=|\boldsymbol{A}|^2+|\boldsymbol{B}|^2-2|\boldsymbol{A}||\boldsymbol{B}|\cos\theta \tag{2.7}$$

に注意する．一方で左辺を成分を用いて表すと

$$\begin{aligned}|\boldsymbol{A}-\boldsymbol{B}|^2&=(A_x-B_x)^2+(A_y-B_y)^2+(A_z-B_z)^2\\&=\left(A_x^2+A_y^2+A_z^2\right)+\left(B_x^2+B_y^2+B_z^2\right)\\&\quad-2\left(A_xB_x+A_yB_y+A_zB_z\right)\\&=|\boldsymbol{A}|^2+|\boldsymbol{B}|^2-2\left(A_xB_x+A_yB_y+A_zB_z\right)\end{aligned} \tag{2.8}$$

となる．(2.4), (2.7), (2.8) を比較すれば，内積を成分を用いて

$$\boldsymbol{A}\cdot\boldsymbol{B}=A_xB_x+A_yB_y+A_zB_z$$

と書けることが分かる．この式を用いると，ベクトル $\boldsymbol{A}$, $\boldsymbol{B}$ が時刻 t に依存する場合の内積の時間変化が

$$\frac{d}{dt}(\boldsymbol{A}\cdot\boldsymbol{B})=\frac{d\boldsymbol{A}}{dt}\cdot\boldsymbol{B}+\boldsymbol{A}\cdot\frac{d\boldsymbol{B}}{dt}$$

で与えられることが容易に分かる．

次に 2 つのベクトルの外積ベクトル $\boldsymbol{A}\times\boldsymbol{B}$ について述べよう．このベクトルは $\boldsymbol{A}$ および $\boldsymbol{B}$ に直交し，したがって

$$\boldsymbol{A}\cdot(\boldsymbol{A}\times\boldsymbol{B})=0,\quad \boldsymbol{B}\cdot(\boldsymbol{A}\times\boldsymbol{B})=0 \tag{2.9}$$

を満たす．$\boldsymbol{A}$ および $\boldsymbol{B}$ に直交するといっても 2 方向ある．$\boldsymbol{A}\times\boldsymbol{B}$ の向きは，$\boldsymbol{A}$ から $\boldsymbol{B}$ に右ネジを回す方向であると約束する．$\boldsymbol{A}\times\boldsymbol{B}$ の大きさは，2 つのベクトル $\boldsymbol{A}$, $\boldsymbol{B}$ がなす平行四辺形の面積に等しい．すなわち

$$|\boldsymbol{A}\times\boldsymbol{B}|=|\boldsymbol{A}||\boldsymbol{B}|\sin\theta \tag{2.10}$$

が成り立つ．

外積 $\boldsymbol{A}\times\boldsymbol{B}$ を成分を使って表すと

$$\boldsymbol{A}\times\boldsymbol{B}=(A_yB_z-A_zB_y, A_zB_x-A_xB_z, A_xB_y-A_yB_x) \qquad (2.11)$$

となる．実際 (2.9) が成り立っていることは

$$A_x(A_yB_z-A_zB_y)+A_y(A_zB_x-A_xB_z)+A_z(A_xB_y-A_yB_x)=0$$
$$B_x(A_yB_z-A_zB_y)+B_y(A_zB_x-A_xB_z)+B_z(A_xB_y-A_yB_x)=0$$

という恒等式から確認することができる．ベクトル (2.11) の大きさが (2.10) で与えられることは，(2.11) の大きさの 2 乗が

$$\begin{aligned}&(A_yB_z-A_zB_y)^2+(A_zB_x-A_xB_z)^2+(A_xB_y-A_yB_x)^2\\&\quad=\left(A_x^2+A_y^2+A_z^2\right)\left(B_x^2+B_y^2+B_z^2\right)-(A_xB_x+A_yB_y+A_zB_z)^2\\&\quad=|\boldsymbol{A}|^2|\boldsymbol{B}|^2-|\boldsymbol{A}|^2|\boldsymbol{B}|^2\cos^2\theta\\&\quad=|\boldsymbol{A}|^2|\boldsymbol{B}|^2\sin^2\theta\end{aligned}$$

と変形できることから分かる．(2.11) が $\boldsymbol{A}$ から $\boldsymbol{B}$ に右ネジを回す方向になっていることは，具体的に成分を入れてみると確認することができる．次の諸式も外積の定義から確かめることができる．

$$\boldsymbol{A}\times\boldsymbol{B}=-\boldsymbol{B}\times\boldsymbol{A}, \quad \boldsymbol{A}\times\boldsymbol{A}=0$$
$$(\lambda\boldsymbol{A})\times\boldsymbol{B}=\boldsymbol{A}\times(\lambda\boldsymbol{B})=\lambda(\boldsymbol{A}\times\boldsymbol{B}) \quad (\lambda: \text{実数})$$
$$(\boldsymbol{A}+\boldsymbol{B})\times\boldsymbol{C}=\boldsymbol{A}\times\boldsymbol{C}+\boldsymbol{B}\times\boldsymbol{C}$$

最後の式は，外積に関する分配法則を意味する．(2.11) を用いれば，ベクトル $\boldsymbol{A}$, $\boldsymbol{B}$ が時刻 t に依存する場合，外積の時間変化が

$$\frac{d}{dt}(\boldsymbol{A}\times\boldsymbol{B})=\frac{d\boldsymbol{A}}{dt}\times\boldsymbol{B}+\boldsymbol{A}\times\frac{d\boldsymbol{B}}{dt} \qquad (2.12)$$

となることが容易に確かめられる．

2.3　直　交　座　標

ここまでの議論では，ベクトルは (2.3) のように，数字が 3 つ並んだものとして扱ってきた．この場合我々は常に直交座標を用いている．このことを意識するために，ベクトルを，基本となるベクトルの 1 次結合として表す方法を導入しよ

う．まず

$$\boldsymbol{e}_x = (1,0,0)\,,\quad \boldsymbol{e}_y = (0,1,0)\,,\quad \boldsymbol{e}_z = (0,0,1)$$

という 3 つのベクトルを導入する．これらは長さが 1 で互いに直交している．すなわち

$$\boldsymbol{e}_x\cdot\boldsymbol{e}_x = \boldsymbol{e}_y\cdot\boldsymbol{e}_y = \boldsymbol{e}_z\cdot\boldsymbol{e}_z = 1$$

$$\boldsymbol{e}_y\cdot\boldsymbol{e}_z = \boldsymbol{e}_z\cdot\boldsymbol{e}_x = \boldsymbol{e}_x\cdot\boldsymbol{e}_y = 0$$

となっている．このように大きさが 1 で互いに直交する 3 つのベクトルの組を基本ベクトルと呼ぶことにする．

一般にベクトルは基本ベクトルの 1 次結合として表され，(2.3) は

$$\boldsymbol{A} = A_x\boldsymbol{e}_x + A_y\boldsymbol{e}_y + A_z\boldsymbol{e}_z,\quad \boldsymbol{B} = B_x\boldsymbol{e}_x + B_y\boldsymbol{e}_y + B_z\boldsymbol{e}_z$$

となる．(2.3) の成分は 1 次結合の係数にほかならない．ベクトルの内積や外積の性質も，分配法則を用いれば全て基本ベクトルの性質に帰着できる．例えば外積に関して

$$\boldsymbol{e}_x\times\boldsymbol{e}_y = \boldsymbol{e}_z,\quad \boldsymbol{e}_y\times\boldsymbol{e}_z = \boldsymbol{e}_x,\quad \boldsymbol{e}_z\times\boldsymbol{e}_x = \boldsymbol{e}_y$$

が成り立つことに注意すれば，分配法則から (2.11) が導かれる．質点の位置ベクトル (1.1)，速度ベクトル (1.2)，加速度ベクトル (1.4) もそれぞれ

$$\boldsymbol{r} = x\,\boldsymbol{e}_x + y\,\boldsymbol{e}_y + z\,\boldsymbol{e}_z \tag{2.13}$$

$$\boldsymbol{v} = \frac{d\boldsymbol{r}}{dt} = \frac{dx}{dt}\boldsymbol{e}_x + \frac{dy}{dt}\boldsymbol{e}_y + \frac{dz}{dt}\boldsymbol{e}_z \tag{2.14}$$

$$\boldsymbol{a} = \frac{d\boldsymbol{v}}{dt} = \frac{d^2\boldsymbol{r}}{dt^2} = \frac{d^2x}{dt^2}\boldsymbol{e}_x + \frac{d^2y}{dt^2}\boldsymbol{e}_y + \frac{d^2z}{dt^2}\boldsymbol{e}_z \tag{2.15}$$

と書き表せることを注意しておこう．

2.4　球　座　標

直交座標の代わりに球座標を用いた場合について述べよう．直交座標での位置ベクトル $\boldsymbol{r} = (x,y,z)$ を球座標で表示するということは，x, y, z を

$$x = r\sin\theta\cos\phi,\quad y = r\sin\theta\sin\phi,\quad z = r\cos\theta$$

と表すということである．r, θ, ϕ は，図 2.1 のように定義されている．

r, θ, ϕ が増大する方向の長さ 1 のベクトル

$$\begin{aligned}
\boldsymbol{e}_r &= (\sin\theta\cos\phi,\ \sin\theta\sin\phi,\ \cos\theta) \\
\boldsymbol{e}_\theta &= (\cos\theta\cos\phi,\ \cos\theta\sin\phi,\ -\sin\theta) \\
\boldsymbol{e}_\phi &= (-\sin\phi,\ \cos\phi,\ 0)
\end{aligned} \tag{2.16}$$

を導入する．図 2.1 から (あるいは直接計算によって) 分かるように，これら 3 つのベクトルの間には

$$\boldsymbol{e}_r \times \boldsymbol{e}_\theta = \boldsymbol{e}_\phi, \quad \boldsymbol{e}_\theta \times \boldsymbol{e}_\phi = \boldsymbol{e}_r, \quad \boldsymbol{e}_\phi \times \boldsymbol{e}_r = \boldsymbol{e}_\theta \tag{2.17}$$

という関係がある．$\boldsymbol{e}_r, \boldsymbol{e}_\theta, \boldsymbol{e}_\phi$ が，3 次元球座標における基本ベクトルであり，質点の位置ベクトル $\boldsymbol{r}$ は単に

$$\boldsymbol{r} = r\,\boldsymbol{e}_r = (r\sin\theta\cos\phi,\ r\sin\theta\sin\phi,\ r\cos\theta) \tag{2.18}$$

と書き表される．

基本ベクトル (2.16) は，質点の位置 (したがって r, θ, ϕ) が変わるのに応じて時々刻々変化する．この点において，直交座標とは様相を異にする．時間変化は

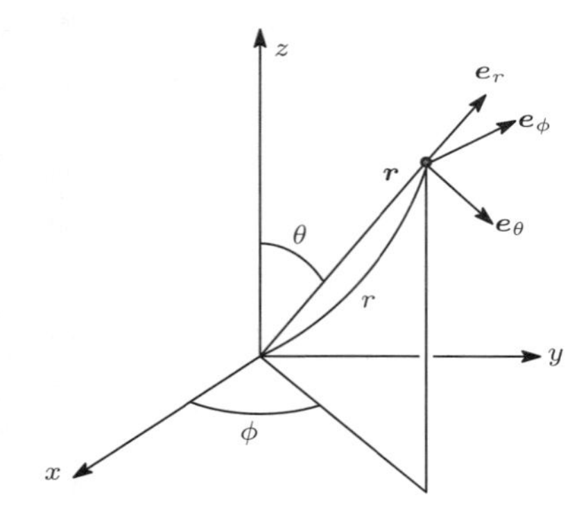

図 2.1　球座標における 3 つの基本ベクトル $\boldsymbol{e}_r, \boldsymbol{e}_\theta, \boldsymbol{e}_\phi$．これらのベクトルは長さが 1 で，互いに直交している．質点の位置ベクトルが移動すれば，これら基本ベクトルも時々刻々変化していく．

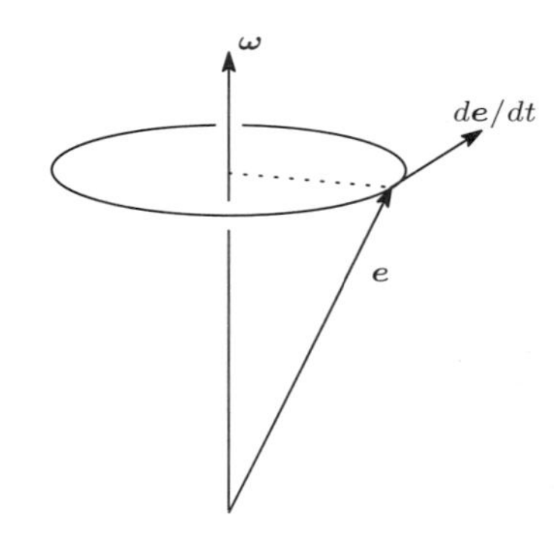

図 2.2　回転ベクトル $\boldsymbol{\omega}$ のまわりをベクトル $\boldsymbol{e}$ が回転している様子．$|\boldsymbol{\omega}|$ は単位時間あたりの回転の角度を表す．

(2.16) を t で微分して,

$$\frac{d\boldsymbol{e}_r}{dt} = \dot{\theta}\,\boldsymbol{e}_\theta + \dot{\phi}\sin\theta\,\boldsymbol{e}_\phi$$
$$\frac{d\boldsymbol{e}_\theta}{dt} = -\dot{\theta}\,\boldsymbol{e}_r - \dot{\phi}\cos\theta\,\boldsymbol{e}_\phi$$
$$\frac{d\boldsymbol{e}_\phi}{dt} = -\dot{\phi}\,(\sin\theta\,\boldsymbol{e}_r + \cos\theta\,\boldsymbol{e}_\theta) \tag{2.19}$$

となる. ここで時間微分に対して $\dot{\theta} = d\theta/dt$, $\dot{\phi} = d\phi/dt$ という記法を用いた. 本書では, 時間微分に対してドットと d/dt の両方の記法をしばしば併用する. (2.19) は

$$\frac{d\boldsymbol{e}_r}{dt} = \boldsymbol{\omega}\times\boldsymbol{e}_r, \qquad \frac{d\boldsymbol{e}_\theta}{dt} = \boldsymbol{\omega}\times\boldsymbol{e}_\theta, \qquad \frac{d\boldsymbol{e}_\phi}{dt} = \boldsymbol{\omega}\times\boldsymbol{e}_\phi$$

と書き直せることを注意しておこう (図 2.2 参照). ここで $\boldsymbol{\omega}$ は

$$\boldsymbol{\omega} = \dot{\theta}\,\boldsymbol{e}_\phi + \dot{\phi}\,(\cos\theta\,\boldsymbol{e}_r - \sin\theta\,\boldsymbol{e}_\theta) \tag{2.20}$$

であり, **回転ベクトル**と呼ばれる. 質点が移動するのに伴って基本ベクトルは回転するが, $\boldsymbol{\omega}$ は回転軸の方向を, $|\boldsymbol{\omega}|$ は単位時間あたりの回転の角度を表す. (2.20) の右辺第 2 項のベクトル $(\cos\theta\,\boldsymbol{e}_r - \sin\theta\,\boldsymbol{e}_\theta)$ は z 軸方向の単位ベクトル, すなわち

$$\cos\theta\,\boldsymbol{e}_r - \sin\theta\,\boldsymbol{e}_\theta = (0, 0, 1)$$

であるから, (2.20) は, z 軸方向に $\dot{\phi}$, $\boldsymbol{e}_\phi$ の方向に $\dot{\theta}$ の角速度で回転する場合の回転ベクトルを表している.

質点の位置ベクトル $\boldsymbol{r}$ の時間変化, すなわち速度ベクトルを球座標の場合について求めたい. 位置ベクトル $\boldsymbol{r} = r\,\boldsymbol{e}_r$ を時間微分すれば,

$$\frac{d\boldsymbol{r}}{dt} = \dot{r}\,\boldsymbol{e}_r + r\,\frac{d\boldsymbol{e}_r}{dt} = \dot{r}\,\boldsymbol{e}_r + r\,\dot{\theta}\,\boldsymbol{e}_\theta + r\,\dot{\phi}\sin\theta\,\boldsymbol{e}_\phi \tag{2.21}$$

となる. ここで (2.19) を用いている. (2.21) を再度 t で微分して加速度ベクトルを求める. (2.19) を用いれば, 若干の計算の結果

$$\begin{aligned}
\frac{d^2\boldsymbol{r}}{dt^2} &= \ddot{r}\,\boldsymbol{e}_r + \dot{r}\frac{d\boldsymbol{e}_r}{dt} + \left(\dot{r}\,\dot{\theta} + r\,\ddot{\theta}\right)\boldsymbol{e}_\theta + r\,\dot{\theta}\,\frac{d\boldsymbol{e}_\theta}{dt} \\
&\quad + \left(\dot{r}\,\dot{\phi}\sin\theta + r\,\ddot{\phi}\sin\theta + r\,\dot{\phi}\,\dot{\theta}\cos\theta\right)\boldsymbol{e}_\phi + r\,\dot{\phi}\sin\theta\,\frac{d\boldsymbol{e}_\phi}{dt} \\
&= \left(\ddot{r} - r\,\dot{\theta}^2 - r\,\dot{\phi}^2\sin^2\theta\right)\boldsymbol{e}_r + \left(2\dot{r}\,\dot{\theta} + r\,\ddot{\theta} - r\,\dot{\phi}^2\sin\theta\cos\theta\right)\boldsymbol{e}_\theta \\
&\quad + \left(2\dot{r}\,\dot{\phi}\sin\theta + r\,\ddot{\phi}\sin\theta + 2r\,\dot{\phi}\,\dot{\theta}\cos\theta\right)\boldsymbol{e}_\phi
\end{aligned} \tag{2.22}$$

を得る.

2.5 円筒座標

z 軸のまわりの回転に対して不変な物理系を扱う場合，図 2.3 に示した円筒座標 ρ, ϕ, z を用いるのが自然である．円筒座標は，3 次元直交座標 (x, y, z) と

$$x = \rho\cos\phi, \quad y = \rho\sin\phi, \quad z = z$$

という関係で結ばれている．ρ, ϕ, z が増大する方向の長さ 1 のベクトルを，図 2.3 に示したように $\boldsymbol{e}_\rho$, $\boldsymbol{e}_\phi$, $\boldsymbol{e}_z$ とすると，それらのベクトルの直交座標での成分は

$$\boldsymbol{e}_\rho = (\cos\phi, \sin\phi, 0), \quad \boldsymbol{e}_\phi = (-\sin\phi, \cos\phi, 0), \quad \boldsymbol{e}_z = (0,\ 0,\ 1) \tag{2.23}$$

となる．これら 3 つのベクトルは互いに直交していて，かつ

$$\boldsymbol{e}_\rho \times \boldsymbol{e}_\phi = \boldsymbol{e}_z, \quad \boldsymbol{e}_\phi \times \boldsymbol{e}_z = \boldsymbol{e}_\rho, \quad \boldsymbol{e}_z \times \boldsymbol{e}_\rho = \boldsymbol{e}_\phi \tag{2.24}$$

という関係がある．$\boldsymbol{e}_\rho$, $\boldsymbol{e}_\phi$, $\boldsymbol{e}_z$ が円筒座標における基本ベクトルである．

3 つの互いに直交するベクトル $\boldsymbol{e}_\rho$, $\boldsymbol{e}_\phi$, $\boldsymbol{e}_z$ は，質点が運動するに伴って時々刻々変化していく．その時間変化は，(2.23) を時刻 t で微分して

$$\frac{d\boldsymbol{e}_\rho}{dt} = \dot{\phi}\,\boldsymbol{e}_\phi, \quad \frac{d\boldsymbol{e}_\phi}{dt} = -\dot{\phi}\,\boldsymbol{e}_\rho, \quad \frac{d\boldsymbol{e}_z}{dt} = 0 \tag{2.25}$$

となることが分かる．$\boldsymbol{\omega} = \dot{\phi}\,\boldsymbol{e}_z$ というベクトルを定義すると，この時間変化は 3 つとも同じ形，

$$\frac{d\boldsymbol{e}_\rho}{dt} = \boldsymbol{\omega} \times \boldsymbol{e}_\rho, \quad \frac{d\boldsymbol{e}_\phi}{dt} = \boldsymbol{\omega} \times \boldsymbol{e}_\phi, \quad \frac{d\boldsymbol{e}_z}{dt} = \boldsymbol{\omega} \times \boldsymbol{e}_z$$

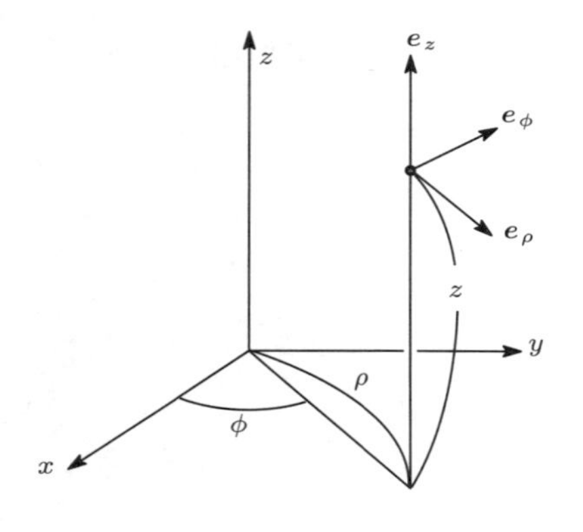

図 2.3　円筒座標：$\boldsymbol{e}_\rho$, $\boldsymbol{e}_\phi$ $\boldsymbol{e}_z$ は，それぞれ ρ, ϕ, z が増大する方向の長さ 1 のベクトルであり，互いに直交している．円筒座標は，z 軸のまわりの回転に対して不変な物理系において，大変有効な座標系である．

と書くことができる．$\boldsymbol{\omega}$ は，座標系が回転している軸の方向を表し，その長さ $|\boldsymbol{\omega}| = \dot{\phi}$ は単位時間あたりの回転角を表している．これはすなわち (2.23) に対する**回転ベクトル**である (図 2.2 参照).

質点の位置ベクトル $\boldsymbol{r}$ は，円筒座標系を用いるならば

$$\boldsymbol{r} = \rho\, \boldsymbol{e}_\rho + z\, \boldsymbol{e}_z \tag{2.26}$$

と書くことができる．質点の速度ベクトルはこれを時刻 t で微分すればよいのだが，その際に基底となっているベクトル $\boldsymbol{e}_\rho$, $\boldsymbol{e}_\phi$ も時々刻々変化していることは，球座標の場合と同様の注意が必要である．すなわち速度ベクトルは

$$\frac{d\boldsymbol{r}}{dt} = \dot{\rho}\, \boldsymbol{e}_\rho + \rho\, \frac{d\boldsymbol{e}_\rho}{dt} + \dot{z}\, \boldsymbol{e}_z = \dot{\rho}\, \boldsymbol{e}_\rho + \rho\, \dot{\phi}\, \boldsymbol{e}_\phi + \dot{z}\, \boldsymbol{e}_z \tag{2.27}$$

となる．ここで (2.25) を用いている．加速度ベクトルは，速度ベクトル (2.27) をもう一度 t で微分することにより

$$\begin{aligned}\frac{d^2\boldsymbol{r}}{dt^2} &= \ddot{\rho}\, \boldsymbol{e}_\rho + \dot{\rho}\, \frac{d\boldsymbol{e}_\rho}{dt} + \left(\dot{\rho}\, \dot{\phi} + \rho\, \ddot{\phi}\right) \boldsymbol{e}_\phi + \rho\, \dot{\phi}\, \frac{d\boldsymbol{e}_\phi}{dt} + \ddot{z}\, \boldsymbol{e}_z \\ &= \left(\ddot{\rho} - \rho\, \dot{\phi}^2\right) \boldsymbol{e}_\rho + \left(2\, \dot{\rho}\, \dot{\phi} + \rho\, \ddot{\phi}\right) \boldsymbol{e}_\phi + \ddot{z}\, \boldsymbol{e}_z \end{aligned} \tag{2.28}$$

となる．ここで再び (2.25) を用いている．

この章では，いろいろな座標系における速度ベクトルや加速度ベクトルについて述べてきたが，力のベクトルを論じていないという意味では力学以前の内容である．力を導入せずに速度ベクトルや加速度ベクトルを調べる分野は，しばしば**運動学**と呼ばれる．運動学の学習はこの程度にして，力が運動を決定するという，本来の力学の話をいよいよ次章から始めることにしよう．

3 古典力学の基礎

運動方程式や力学に現れる運動エネルギー，角運動量ベクトルといった量を，いろいろな座標系で書き表すことから始めよう．

3.1 力のベクトル

自然界に現れる力の例として，第1章では，万有引力，クーロン力，ローレンツの力を挙げた．これら以外にも日常生活では摩擦力のような力もある．力をどういう座標系で表現するかは，その状況によって臨機応変に対応しなければならない．どのような座標系で表現するかという意味は，どのような基本ベクトルを採用して力のベクトル $\boldsymbol{F}$ の成分を与えるかということである．

第2章に登場した直交座標，球座標，円筒座標を例にとるならば，力のベクトル $\boldsymbol{F}$ を，

$$\boldsymbol{F} = F_x\boldsymbol{e}_x + F_y\boldsymbol{e}_y + F_z\boldsymbol{e}_z \qquad \text{(直交座標)} \tag{3.1}$$

$$= F_r\boldsymbol{e}_r + F_\theta\boldsymbol{e}_\theta + F_\phi\boldsymbol{e}_\phi \qquad \text{(球座標)} \tag{3.2}$$

$$= F_\rho\boldsymbol{e}_\rho + F_\phi\boldsymbol{e}_\phi + F_z\boldsymbol{e}_z \qquad \text{(円筒座標)} \tag{3.3}$$

というように，各座標系での基本ベクトルの1次結合として表す．その際の係数が力のベクトルの成分である．成分が簡単になるような座標系を選ぶのが理にかなっている．

例えば万有引力の場合，(1.9) で $\boldsymbol{R} = 0$ とおいたものは，球座標を用いると簡潔になる．実際 (1.9) の $\boldsymbol{F}$ は，

$$\boldsymbol{F} = -GMm\frac{\boldsymbol{r}}{|\boldsymbol{r}|^3} = -\frac{GMm}{r^2}\,\boldsymbol{e}_r$$

と書けることから，その成分は

$$F_r = -\frac{GMm}{r^2}, \quad F_\theta = 0, \quad F_\phi = 0$$

となることが分かる．同様にクーロン力も球座標が便利である．ローレンツの力，(1.11) の右辺第 2 項の場合，磁場が z 軸方向に一様に加えられている場合ならば，円筒座標が便利である．実際 $\boldsymbol{\mathcal{B}} = \mathcal{B}\,\boldsymbol{e}_z$ であり，(2.27), (2.24) を用いることにより，ローレンツの力は

$$\begin{aligned}(-e)\boldsymbol{v} \times \boldsymbol{\mathcal{B}} = (-e)\frac{d\boldsymbol{r}}{dt} \times \boldsymbol{\mathcal{B}} &= (-e)\left(\dot{\rho}\,\boldsymbol{e}_\rho + \rho\,\dot{\phi}\,\boldsymbol{e}_\phi + \dot{z}\,\boldsymbol{e}_z\right) \times \mathcal{B}\,\boldsymbol{e}_z \\ &= -e\mathcal{B}\left(\dot{\rho}\,\boldsymbol{e}_\rho \times \boldsymbol{e}_z + \rho\,\dot{\phi}\,\boldsymbol{e}_\phi \times \boldsymbol{e}_z\right) \\ &= e\mathcal{B}\left(\dot{\rho}\,\boldsymbol{e}_\phi - \rho\,\dot{\phi}\,\boldsymbol{e}_\rho\right) \end{aligned} \tag{3.4}$$

となることが分かる．力の各成分は

$$F_\rho = -e\,\mathcal{B}\,\rho\,\dot{\phi}, \quad F_\phi = e\,\mathcal{B}\,\dot{\rho}, \quad F_z = 0$$

となる．もしも $\dot{\rho} = 0$ ならば，力は ρ 方向にのみ働いていることが分かる．

異なる座標系での各成分の間の関係式は，基本ベクトルの直交性を利用すれば容易に求まる．例えば球座標での r 方向の力の成分 F_r を，直交座標や円筒座標での成分で表したいならば，$F_r = \boldsymbol{F} \cdot \boldsymbol{e}_r$ という関係式を利用して

$$\begin{aligned}F_r = \boldsymbol{F} \cdot \boldsymbol{e}_r &= F_x(\boldsymbol{e}_x \cdot \boldsymbol{e}_r) + F_y(\boldsymbol{e}_y \cdot \boldsymbol{e}_r) + F_z(\boldsymbol{e}_z \cdot \boldsymbol{e}_r) \\ &= F_\rho(\boldsymbol{e}_\rho \cdot \boldsymbol{e}_r) + F_\phi(\boldsymbol{e}_\phi \cdot \boldsymbol{e}_r) + F_z(\boldsymbol{e}_z \cdot \boldsymbol{e}_r)\end{aligned}$$

となり，$(\boldsymbol{e}_x \cdot \boldsymbol{e}_r)$，$(\boldsymbol{e}_y \cdot \boldsymbol{e}_r)$ 等々を計算すれば所望の関係式が得られる．

3.2 運動方程式

運動方程式 (2.1) をいろいろな座標系で表現することを述べよう．そのためには，直交座標，球座標，円筒座標における加速度ベクトルを知る必要があるが，それらは (2.15)，(2.22)，(2.28) で与えられることを既に学んだ．整理して再度書き並べると

$$
\begin{aligned}
\boldsymbol{a} = \frac{d^2\boldsymbol{r}}{dt^2} &= \frac{d^2x}{dt^2}\boldsymbol{e}_x + \frac{d^2y}{dt^2}\boldsymbol{e}_y + \frac{d^2z}{dt^2}\boldsymbol{e}_z && \text{(直交座標)} \\
&= \left(\ddot{r} - r\,\dot{\theta}^2 - r\,\dot{\phi}^2\sin^2\theta\right)\boldsymbol{e}_r \\
&\quad + \left(2\dot{r}\,\dot{\theta} + r\,\ddot{\theta} - r\,\dot{\phi}^2\sin\theta\cos\theta\right)\boldsymbol{e}_\theta \\
&\quad + \left(2\dot{r}\,\dot{\phi}\sin\theta + r\,\ddot{\phi}\sin\theta + 2r\,\dot{\phi}\,\dot{\theta}\cos\theta\right)\boldsymbol{e}_\phi && \text{(球座標)} \\
&= \left(\ddot{\rho} - \rho\,\dot{\phi}^2\right)\boldsymbol{e}_\rho + \left(2\dot{\rho}\,\dot{\phi} + \rho\,\ddot{\phi}\right)\boldsymbol{e}_\phi + \ddot{z}\,\boldsymbol{e}_z && \text{(円筒座標)}
\end{aligned}
$$

となる．この加速度ベクトルに質点の質量 m を掛けたものを，力のベクトル (3.1), (3.2), (3.3) と等しいとおき，基本ベクトルごとにその成分を比較していけば運動方程式が得られる．

直交座標の場合には，明らかに (2.2)

$$
F_x = m\frac{d^2x}{dt^2}, \qquad F_y = m\frac{d^2y}{dt^2}, \qquad F_z = m\frac{d^2z}{dt^2}
$$

が得られる．球座標の場合には

$$
F_r = m\left(\ddot{r} - r\,\dot{\theta}^2 - r\,\dot{\phi}^2\sin^2\theta\right) \tag{3.5}
$$

$$
F_\theta = m\left(2\dot{r}\,\dot{\theta} + r\,\ddot{\theta} - r\,\dot{\phi}^2\sin\theta\cos\theta\right) \tag{3.6}
$$

$$
F_\phi = m\left(2\dot{r}\,\dot{\phi}\sin\theta + r\,\ddot{\phi}\sin\theta + 2r\,\dot{\phi}\,\dot{\theta}\cos\theta\right) \tag{3.7}
$$

円筒座標の場合には

$$
F_\rho = m\left(\ddot{\rho} - \rho\,\dot{\phi}^2\right), \quad F_\phi = m\left(2\dot{\rho}\,\dot{\phi} + \rho\,\ddot{\phi}\right), \quad F_z = m\ddot{z} \tag{3.8}
$$

という運動方程式がそれぞれ得られる．球座標および円筒座標の場合，ϕ 方向の運動方程式はそれぞれ

$$
\begin{aligned}
F_\phi &= m\left(2\dot{r}\,\dot{\phi}\sin\theta + r\,\ddot{\phi}\sin\theta + 2r\,\dot{\phi}\,\dot{\theta}\cos\theta\right) \\
&= \frac{m}{r\sin\theta}\frac{d}{dt}\left(r^2\dot{\phi}\sin^2\theta\right) && \text{(球座標)} \\
F_\phi &= m\left(2\dot{\rho}\,\dot{\phi} + \rho\,\ddot{\phi}\right) = \frac{m}{\rho}\frac{d}{dt}\left(\rho^2\dot{\phi}\right) && \text{(円筒座標)}
\end{aligned}
$$

というように，時間微分の形に書くことができる．このことから $F_\phi = 0$ の場合には

$$
r^2\dot{\phi}\sin^2\theta = \text{constant} \qquad \text{(球座標)} \tag{3.9}
$$

$$
\rho^2\dot{\phi} = \text{constant} \qquad \text{(円筒座標)} \tag{3.10}
$$

がただちに得られることを指摘しておこう．

3.3　運動エネルギー

質量 m の質点が運動すると速度の 2 乗に比例した

$$T_{\rm kin} = \frac{m}{2}\boldsymbol{v}^2 = \frac{m}{2}\left(\frac{d\boldsymbol{r}}{dt}\right)^2 = \frac{1}{2m}\boldsymbol{p}^2$$

というエネルギーを持つ．これをその質点の**運動エネルギー**と呼ぶ．ここで $\boldsymbol{p}$ は運動量ベクトル (1.3) であり，直交座標系ならば

$$\boldsymbol{p} = m\frac{d\boldsymbol{r}}{dt} = m\left(\frac{dx}{dt}\boldsymbol{e}_x + \frac{dy}{dt}\boldsymbol{e}_y + \frac{dz}{dt}\boldsymbol{e}_z\right) \equiv p_x\boldsymbol{e}_x + p_y\boldsymbol{e}_y + p_z\boldsymbol{e}_z$$

という式になる．運動エネルギーをこのように定義することが妥当であることは，あとでエネルギー保存則を議論するところで明らかになる．ここではこの運動エネルギーをいろいろな座標系で表現してみよう．

直交座標，球座標，円筒座標での速度ベクトルは，それぞれ (2.14)，(2.21)，(2.27) で与えられているが，まとめて書き並べると

$$\begin{aligned}
\boldsymbol{v} = \frac{d\boldsymbol{r}}{dt} &= \dot{x}\boldsymbol{e}_x + \dot{y}\boldsymbol{e}_y + \dot{z}\boldsymbol{e}_z && \text{(直交座標)} \\
&= \dot{r}\,\boldsymbol{e}_r + r\,\dot{\theta}\,\boldsymbol{e}_\theta + r\,\dot{\phi}\sin\theta\,\boldsymbol{e}_\phi && \text{(球座標)} \\
&= \dot{\rho}\,\boldsymbol{e}_\rho + \rho\,\dot{\phi}\,\boldsymbol{e}_\phi + \dot{z}\,\boldsymbol{e}_z && \text{(円筒座標)}
\end{aligned}$$

となる．速度ベクトルの 2 乗 $\boldsymbol{v}^2$ をつくるということは，各座標系の基本ベクトルが互いに直交する長さ 1 のベクトルであることを利用すれば，結局は $\boldsymbol{v}$ の各成分の 2 乗を寄せ集めるだけでよいことが分かる．各座標系での運動エネルギーは

$$\begin{aligned}
T_{\rm kin} &= \frac{m}{2}\left(\dot{x}^2 + \dot{y}^2 + \dot{z}^2\right) && \text{(直交座標)} \\
&= \frac{m}{2}\left\{\dot{r}^2 + (r\,\dot{\theta})^2 + (r\,\dot{\phi}\sin\theta)^2\right\} && \text{(球座標)} \\
&= \frac{m}{2}\left\{\dot{\rho}^2 + (\rho\dot{\phi})^2 + \dot{z}^2\right\} && \text{(円筒座標)} \qquad (3.11)
\end{aligned}$$

という式になる．

3.4 角運動量ベクトル

質点の角運動量ベクトルは

$$\boldsymbol{L} = m\boldsymbol{r} \times \frac{d\boldsymbol{r}}{dt} = \boldsymbol{r} \times \boldsymbol{p} \tag{3.12}$$

という式で定義される．このベクトルの物理的な意味あるいは価値は，このベクトルを時間で微分してみればただちに明らかになる．実際 (3.12) を t で微分すれば

$$\frac{d\boldsymbol{L}}{dt} = m\frac{d\boldsymbol{r}}{dt} \times \frac{d\boldsymbol{r}}{dt} + m\boldsymbol{r} \times \frac{d^2\boldsymbol{r}}{dt^2} = m\boldsymbol{r} \times \frac{d^2\boldsymbol{r}}{dt^2}$$

を得る．ここで外積の時間微分に関する性質 (2.12) を用いている．さらにニュートンの運動方程式 (2.1) を代入すると

$$\frac{d\boldsymbol{L}}{dt} = \boldsymbol{r} \times \boldsymbol{F}$$

という簡潔な式になる．この式からいえることは，もし力 $\boldsymbol{F}$ が $\boldsymbol{r}$ に平行または反平行である，すなわち原点に向かう**中心力**であるならば，この式の右辺がゼロになるということである．すなわち中心力のもとで運動する質点の角運動量ベクトルは保存する．これを**角運動量の保存則**という．角運動量保存則は**面積速度一定の法則**を含んでいる．面積速度とは，位置ベクトル $\boldsymbol{r}$ が単位時間に掃く面積のことであり，

$$\frac{1}{2}\left|\boldsymbol{r} \times \frac{d\boldsymbol{r}}{dt}\right|$$

で与えられる．これは $\boldsymbol{L}/2m$ の大きさであり，$\boldsymbol{L}$ の保存則から面積速度が一定であることが導かれる．

いろいろな座標系における角運動量ベクトルの成分を計算しておこう．各座標系における位置ベクトルは (2.13), (2.18), (2.26) で与えられているが，まとめておくと

$$\begin{aligned} \boldsymbol{r} &= x\,\boldsymbol{e}_x + y\,\boldsymbol{e}_y + z\,\boldsymbol{e}_z && \text{(直交座標)} \\ &= r\,\boldsymbol{e}_r && \text{(球座標)} \\ &= \rho\,\boldsymbol{e}_\rho + z\,\boldsymbol{e}_z && \text{(円筒座標)} \end{aligned}$$

となる．速度ベクトルは (2.14)，(2.21)，(2.27) を用いる．直交座標系では (2.13),

(2.14) を (3.12) に代入して

$$\begin{aligned}\boldsymbol{L} &= m\,(x\boldsymbol{e}_x + y\boldsymbol{e}_y + z\boldsymbol{e}_z) \times (\dot{x}\boldsymbol{e}_x + \dot{y}\boldsymbol{e}_y + \dot{z}\boldsymbol{e}_z) \\ &= m\,\{(y\dot{z} - z\dot{y})\,(\boldsymbol{e}_y \times \boldsymbol{e}_z) + (z\dot{x} - x\dot{z})\,(\boldsymbol{e}_z \times \boldsymbol{e}_x) + (x\dot{y} - y\dot{x})\,(\boldsymbol{e}_x \times \boldsymbol{e}_y)\} \\ &= m\,\{(y\dot{z} - z\dot{y})\,\boldsymbol{e}_x + (z\dot{x} - x\dot{z})\,\boldsymbol{e}_y + (x\dot{y} - y\dot{x})\,\boldsymbol{e}_z\}\end{aligned}$$

という式が得られる．角運動量ベクトルの各成分を $\boldsymbol{L} = L_x\boldsymbol{e}_x + L_y\boldsymbol{e}_y + L_z\boldsymbol{e}_z$ とするならば

$$\begin{aligned}L_x &= m\,(y\dot{z} - z\dot{y}) = (yp_z - zp_y) \\ L_y &= m\,(z\dot{x} - x\dot{z}) = (zp_x - xp_z) \\ L_z &= m\,(x\dot{y} - y\dot{x}) = (xp_y - yp_x)\end{aligned} \tag{3.13}$$

ということになる．球座標では

$$\begin{aligned}\boldsymbol{L} = m\boldsymbol{r} \times \frac{d\boldsymbol{r}}{dt} &= m\,r\,\boldsymbol{e}_r \times \left(\dot{r}\,\boldsymbol{e}_r + r\dot{\theta}\,\boldsymbol{e}_\theta + r\sin\theta\,\dot{\phi}\,\boldsymbol{e}_\phi\right) \\ &= m\left(r^2\,\dot{\theta}\,\boldsymbol{e}_\phi - r^2\,\dot{\phi}\sin\theta\,\boldsymbol{e}_\theta\right)\end{aligned} \tag{3.14}$$

となる．ここで基本ベクトルの外積の公式 (2.17) を用いている．円筒座標における $\boldsymbol{L}$ の成分を知りたければ，(3.12) に (2.26)，(2.27) を代入し，外積の公式 (2.24) を用いればよく，角運動量ベクトルとして

$$\begin{aligned}\boldsymbol{L} &= m\,(\rho\,\boldsymbol{e}_\rho + z\,\boldsymbol{e}_z) \times \left(\dot{\rho}\,\boldsymbol{e}_\rho + \rho\,\dot{\phi}\,\boldsymbol{e}_\phi + \dot{z}\,\boldsymbol{e}_z\right) \\ &= m\left\{-z\rho\dot{\phi}\,\boldsymbol{e}_\rho + (z\dot{\rho} - \rho\dot{z})\,\boldsymbol{e}_\phi + \rho^2\dot{\phi}\,\boldsymbol{e}_z\right\}\end{aligned} \tag{3.15}$$

が得られる．

3.2 節で運動方程式を議論した際，ϕ 方向に力が働かない場合，すなわち $F_\phi = 0$ ならば，(3.9)，(3.10) が時間に依存しない定数，保存量であることを指摘した．この事実は，$F_\phi = 0$ ならば角運動量ベクトル $\boldsymbol{L}$ の z 軸方向の成分，$L_z = \boldsymbol{L}\cdot\boldsymbol{e}_z$ が保存量であることと同等である．実際球座標の場合に，(3.14) と $\boldsymbol{e}_z$ の内積を計算してみる．$\boldsymbol{e}_\phi \cdot \boldsymbol{e}_z = 0$，ならびに $\boldsymbol{e}_\theta \cdot \boldsymbol{e}_z = -\sin\theta$ に注意すれば

$$L_z = \boldsymbol{L}\cdot\boldsymbol{e}_z = -m\,r^2\,\dot{\phi}\sin\theta\,(\boldsymbol{e}_\theta \cdot \boldsymbol{e}_z) = m\,r^2\,\dot{\phi}\sin^2\theta$$

となって，(3.9) が $\boldsymbol{L}\cdot\boldsymbol{e}_z$ の保存を意味していることが分かる．円筒座標の場合には (3.15) と $\boldsymbol{e}_z$ の内積を計算すると，$\boldsymbol{e}_\rho \cdot \boldsymbol{e}_z = 0$, $\boldsymbol{e}_\phi \cdot \boldsymbol{e}_z = 0$ および $\boldsymbol{e}_z \cdot \boldsymbol{e}_z = 1$

により

$$L_z = \boldsymbol{L} \cdot \boldsymbol{e}_z = m\rho^2\dot{\phi}$$

を得る．(3.10) が $\boldsymbol{L} \cdot \boldsymbol{e}_z$ の保存を意味していることが確認できる．

4 一様磁場中の原子内電子の運動

微視的な世界では電子は粒子のようにも振る舞うが，一方で波動のような性質も備えていることを第1章で述べた．この一見矛盾した描像をうまく調和させつつ，電子の運動を記述する理論体系が量子力学である．物理学者が量子力学を建設するにあたって大変幸運だったのは，古典力学を用いても，量子力学による答えをかろうじて導出できる場合があったことである．もちろんそのような幸運の一致があらかじめ分かっていたわけではないのだが，古典力学も，微視的世界の記述に全く無力というわけではなかった．そして古典力学を最大限に活用しながら量子力学建設に向けて前進することができた．第3章で学んだ知識を活用しながら，そのような具体的な例を第4章ならびに第5章で学び，古典力学と量子力学のつながりを考える材料としよう．

4.1 ゼーマンの発見

1.2節で説明した陰極線の実験により，電子が原子から放出されていることは分かったが，だからといって電子が原子のなかに存在するとはすぐには断定できない．電子が原子の構成要素であることを確実なものにしたのは，ゼーマン (P. Zeeman) が発見したゼーマン効果であった．ゼーマン効果とは，原子の発する光に磁場が影響を及ぼすというもので，J.J. トムソンの実験とほぼ同じ時期，1897年あるいは1898年頃に発見された．

ゼーマンはアスベストに塩 (NaCl) を浸み込ませ，それをブンゼンバーナーの中に置いてD線と呼ばれる光の放出を分光器で調べた．D線とはナトリウム原子が出す波長589.6 nm, 589.0 nmの光のことで，オレンジ色のナトリウムランプはこの光を利用したものであり，高速道路のトンネル内のオレンジ色の照明はその応用例である．ゼーマンの分光器はローランド回折格子といって，半径が 10 フィート，1 インチに 14038 本の線が引かれたものであった．光の波長を測定する際に，ゼーマンは磁場を掛けてその波長の変化を調べた．電流を流して磁場を掛けると D 線の幅が広がったように見えた．電流を切ると元の位置に戻り，実験は何度でも繰り返すことができた．リチウムの赤い線についても同様の結果を得た．この実験結果をローレンツ (H.A. Lorentz) に知らせたところ，ローレンツは自らの電子論に基づいて次のことを指摘したという．

(1) スペクトル線は幅が広がったのではなくて分岐しているはずである．磁場に平行方向に出る光は 2 本，磁場に垂直方向に出る光は 3 本に分岐する．

(2) 分岐したスペクトル線のうち，両端の振動数の光は円偏光している．

(3) 円偏光している光が右回りか左回りかを測定すれば，この現象に関与している荷電粒子の電荷の符号が決定できる．

(4) スペクトル線の分岐の幅を測定すれば，この現象に関与している粒子の質量 m_e と電荷 e の比 e/m_e が測定できる．

これらの指摘を受けてゼーマンはさらに実験を続けたが，塩を用いた実験では思うようには精度が上がらず，カドミウム (Cd) の出す青い線を使うことに切り替え，磁場の強さを高めようとした．その結果ローレンツの指摘通り，スペクトル線は 2 本，あるいは 3 本に分岐し，両端の光は円偏光していることが分かった (図 4.1 参照)．

ローレンツの電子論は，古典力学と古典電磁気学に基づく，量子力学建設に至るまでの過渡期の性格を持つ理論であった．彼の理論により，ゼーマン効果の現象に関与している荷電粒子すなわち電子の電荷は負であり，電荷と質量の比も J.J. トムソンが陰極線の実験で測定した数値と大体合うものであった．原子の中には

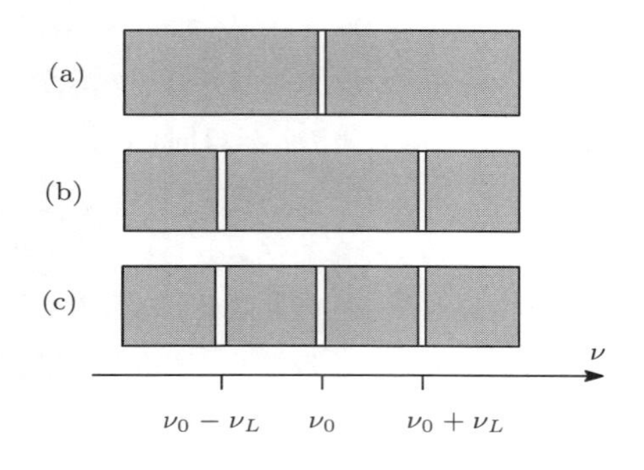

図 4.1 ローレンツの電子論により予想される原子の出す光の振動数のずれ：(a) 磁場がないとき，(b) 磁場に平行方向に出る光，(c) 磁場に垂直に出る光．

陰極線の実験で発見された電子が存在し，原子による光の放出に関与していることが確実になったのである．以下では古典物理学を用いてゼーマン効果を分析する．ゼーマン効果のうち，古典物理学でも一応の説明ができる部分は正常ゼーマン効果と呼ばれる．

4.2 ラーモア振動数

質量 m_e, 電荷 $-e$ の電子は，原子の中で何らかの力によって束縛されている．その力の詳細が分からないとしても，おそらくは平衡点の周辺で振動運動していることであろう．そこで問題を簡単にするために，電子は振動数 ν_0 の等方的なバネで束縛されているという模型を採用する．その電子が磁場 $\boldsymbol{\mathcal{B}}$ の影響のもとで運動する場合，図 1.2 に示したローレンツの力が働く．電子の平衡点からのずれの位置のベクトルを $\boldsymbol{r}$ とすれば，運動方程式は

$$m_e \frac{d^2\boldsymbol{r}}{dt^2} = -m_e\left(2\pi\nu_0\right)^2\ \boldsymbol{r} + (-e)\frac{d\boldsymbol{r}}{dt} \times \boldsymbol{\mathcal{B}} \tag{4.1}$$

となる．

磁場が z 軸方向を向いていて，強さが一様な場合は，2.5 節で学んだ円筒座標が便利である．円筒座標では運動方程式 (4.1) の右辺第 1 項は，(2.26) により

$$-m_e(2\pi\nu_0)^2\boldsymbol{r} = -m_e(2\pi\nu_0)^2\left(\rho\,\boldsymbol{e}_\rho + z\,\boldsymbol{e}_z\right)$$

となる．右辺第 2 項は (3.4) により

$$(-e)\frac{d\boldsymbol{r}}{dt} \times \boldsymbol{\mathcal{B}} = e\mathcal{B}\left(\dot{\rho}\,\boldsymbol{e}_\phi - \rho\,\dot{\phi}\,\boldsymbol{e}_\rho\right)$$

となる．したがって運動方程式 (4.1) を (3.8) の公式を用いて書き換えれば

$$m_e\left(\ddot{\rho} - \rho\,\dot{\phi}^2\right) = -m_e\left(2\pi\nu_0\right)^2\ \rho - e\mathcal{B}\rho\,\dot{\phi} \tag{4.2}$$

$$m_e\left(2\dot{\rho}\,\dot{\phi} + \rho\,\ddot{\phi}\right) = e\mathcal{B}\,\dot{\rho} \tag{4.3}$$

$$m_e\ddot{z} = -m_e\left(2\pi\nu_0\right)^2 z \tag{4.4}$$

となることが分かる．

z に対する方程式 (4.4) は調和振動子の方程式そのものであり，(4.2), (4.3) とは別個に扱うことができる．実際，解は容易に得られて

$$z = C_1 \sin(2\pi\nu_0 t) + C_2 \cos(2\pi\nu_0 t)$$

となる．ここで C_1, C_2 は初期条件によって決まる定数である．z 方向の運動は，磁場の影響を受けることなく振動数 ν_0 の振動運動である．

ρ, ϕ に対する方程式 (4.2), (4.3) は連立方程式になっている．ここでは解を一般的に求めることはやめて，特別な解を求めることにする．その解というのは $\rho =$ 定数，したがって $\dot{\rho} = \ddot{\rho} = 0$ というものである．これを (4.3) に代入すると，$\ddot{\phi} = 0$ したがって $\dot{\phi} =$ 定数 であることが分かる．定数 $\dot{\phi}$ を求める方程式は，(4.2) に $\ddot{\rho} = 0$ を代入したもので，

$$m_e \dot{\phi}^2 - e\mathcal{B}\dot{\phi} - m_e (2\pi\nu_0)^2 = 0$$

という 2 次方程式になる．2 次方程式はすぐに解けて

$$\begin{aligned} \dot{\phi} &= \frac{e\mathcal{B} \pm \sqrt{(e\mathcal{B})^2 + 4m_e^2(2\pi\nu_0)^2}}{2m_e} \\ &= 2\pi\left(\nu_L \pm \sqrt{\nu_0^2 + \nu_L^2}\right), \quad \nu_L = \frac{e\mathcal{B}}{4\pi m_e} \end{aligned} \tag{4.5}$$

という 2 種類の振動があり得ることになる．ここで ν_L はラーモア振動数と呼ばれている．

磁場 $\mathcal{B}$ が十分に弱くて $\nu_0 \gg \nu_L$ のとき，$\dot{\phi}$ は，ν_L について 2 次以上の項を無視することにより

$$\dot{\phi} \approx 2\pi(\nu_0 + \nu_L), \quad \dot{\phi} \approx -2\pi(\nu_0 - \nu_L) \tag{4.6}$$

と近似される．これら 2 つの解では，$\dot{\phi}$ の符号が逆であることに注意しよう．符号の違いは放出される光の偏光の違いに反映される．結局のところ，弱い磁場のなかでの原子内電子の運動の振動数は，z 軸方向の振動が ν_0，z 軸に垂直な方向の運動が $\nu_0 + \nu_L, \nu_0 - \nu_L$ の合計 3 種類であることが分かった．ゼーマンが観測していたのはこれらの振動数に対応する光であったと考えられる．

ゼーマンの実験で (4.6) により ν_L が測定され，(4.5) により比電荷 e/m_e が測定された．また，放出される光の偏光を調べることにより，電荷の符号も決定された．それらの結果は，トムソンが陰極線の実験で発見した電子の比電荷や電荷の符号と一致していた．原子のなかには陰極線の実験で発見された電子が存在しており，原子による光の放出に関与していることが明らかになったのだ．

上に述べた計算は古典力学に基づくものであるから，当然のことながらプランク定数 (1.15) はどこにも現れない．量子力学によれば，原子のなかの電子は**エネルギー準位**という，飛びとびのエネルギー状態にある．原子に磁場を掛けるとそのエネルギー準位が移動し，エネルギー準位の間のエネルギー差が変化する．原子が放出する光のエネルギーはエネルギー準位間の差に相当するので，磁場を掛けると放出される光の振動数が変化する．これがゼーマン効果である．量子力学では原子内電子の運動の振動数は計算できないが，電子のエネルギー状態が変化して放出される光のエネルギーは計算できるし，それこそが実際に観測されている量なのである．放出される光のエネルギーは $h\nu_L$ となり，プランク定数を含んでいて，確かに量子力学的な量となっている．ただ ν_L だけは，古典力学的に導けたということになる．古典力学の範囲内で「電子が原子の中に存在している」という結論を導いたことは，後から考えれば，いわば綱渡りの成果であった．前期量子論に基づくゼーマン効果の分析は 15.3 節で再度議論する．

4.3　異常ゼーマン効果

ローレンツ理論の当初の成功にもかかわらず，ゼーマン効果の実験はすぐに複雑な様相を呈し始め，ローレンツの理論では説明のつかない現象が現れた．それは**異常ゼーマン効果**と呼ばれる．異常ゼーマン効果において古典物理学での説明

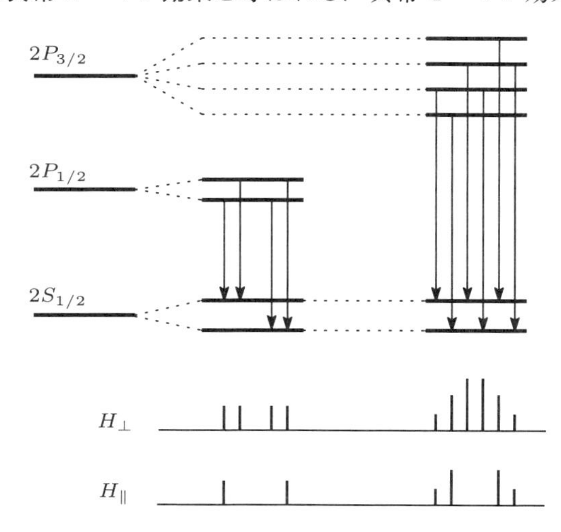

図 4.2　ナトリウムの異常ゼーマン効果

が許されなかった主たる要因は，電子にはスピンという自転の自由度があり，磁場とスピンの相互作用によりエネルギー準位の移動が複雑化していたからであった．

図 4.2 はナトリウム原子の準位のうち，$2P_{3/2}$, $2P_{1/2}$, $2S_{1/2}$ という記号で指定される状態の間のゼーマン効果を説明している．これらの状態は，それぞれいくつかの状態が重なり合ったものになっている．磁場を掛けるとこれらの重なり合いが解けて状態が分岐する．それら分岐した状態の間を電子が遷移し，その際に状態間のエネルギー差に相当する振動数の光が放出される．エネルギー準位の変化は複雑に見えるが，量子力学では電子スピンという概念を導入することによって，複雑な変化が明快に理解できるようになる．スピンについては第 9 章で議論する．

5 クーロン斥力によるアルファ粒子の散乱

5.1 ガイガー・マースデンの実験

20 世紀初頭，ラザフォード (E. Rutherford) が率いるマンチェスター大学の実験グループでは，原子や原子核の性質にかかわる革新的な実験が次々と行われていた．ドイツからやって来た若い研究員ガイガー (H. Geiger) とニュージーランド出身のさらに若い学生マースデン (E. Marsden) の 2 人は，この実験グループに加わり，1909 年に図 5.1 に示すような実験装置を用いて，アルファ粒子の散乱実験を行った．

図 5.1 の F の位置には標的となる金属の薄膜が置かれている．図 5.1 の P にはアルファ粒子を放出する放射線源が置かれている．その周囲は鉛で遮蔽されていて，アルファ粒子が M のマイクロスコープを直接照射しないようになっている．アルファ粒子は F の薄膜の金属原子によって散乱され，散乱されたアルファ粒子は M のマイクロスコープで観察する．マイクロスコープの前面に硫化亜鉛があり，アルファ粒子が当たるとパッパッと光る．この現象をシンチレーションと呼ぶ．マイクロスコープは F の周囲を回転できるように工夫されていて，いろいろな方向からシンチレーションを観察する，いわば顕微鏡の役割を果たしている．

ガイガーとマースデンはこの実験装置の金属薄膜として，鉛，金，プラチナ，錫，銀，銅，鉄，アルミニウムを使用してシンチレーションと原子量の関係を調べた．また金属薄膜として金を用い，その薄膜の数を増やしたときのシンチレーションの変化も調べた．これによりアルファ粒子は薄膜の表面ではなくて，ある程度内部に侵入して散乱されていることが分かった．そしていろいろな角度でシンチレーションを調べたところ，90 度という大きな角度で散乱されるアルファ粒子があることが判明した．

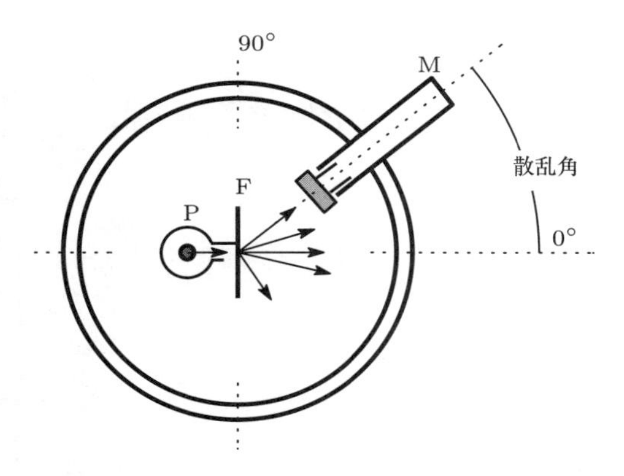

図 5.1 ガイガー・マースデンの実験の概念図：F に金属薄膜が据え付けられ，P に置かれた放射線源 (ラジウム) から放出されたアルファ線が F に照射される．金属原子に散乱されたアルファ粒子は M のマイクロスコープで検出される．マイクロスコープは周囲に回転できるようになっている．

ラザフォードはこの実験結果を理論的に分析し，アルファ粒子の大角度散乱は小角度散乱が多数回起きた結果ではなく，1 回の散乱によって生じていると考えた．そしてそのことを説明するために，原子は芯となる原子核に電荷が集中しているという模型を考えるに至った．これは時代を画する洞察であり，以後，標的原子核によるアルファ粒子の散乱は**ラザフォード散乱**と呼ばれるようになった．

5.2 運動方程式，運動量保存則，エネルギー保存則

ガイガー・マースデンの実験をラザフォードに従って古典力学を用いて分析する．アルファ粒子の質量，位置ベクトル，電荷をそれぞれ，m_1, $\boldsymbol{r}_1$, $Z'e$ ($Z'=2$) とする．一方，標的の原子核の質量，位置ベクトル，電荷を m_2, $\boldsymbol{r}_2$, Ze とする．アルファ粒子と原子核の間にはクーロン斥力が働く．その力は両者の距離 $|\boldsymbol{r}_1-\boldsymbol{r}_2|$ の 2 乗に反比例している．ニュートンの運動方程式は

$$
\begin{aligned}
m_1\frac{d^2\boldsymbol{r}_1}{dt^2} &= k\frac{\boldsymbol{r}_1-\boldsymbol{r}_2}{|\boldsymbol{r}_1-\boldsymbol{r}_2|^3}, \\
m_2\frac{d^2\boldsymbol{r}_2}{dt^2} &= k\frac{\boldsymbol{r}_2-\boldsymbol{r}_1}{|\boldsymbol{r}_2-\boldsymbol{r}_1|^3}, \qquad k=\frac{ZZ'e^2}{4\pi\varepsilon_0}
\end{aligned}
\tag{5.1}
$$

となる．ただしここで ε_0 は，(1.10) で導入した真空の誘電率である．

アルファ粒子，原子核に働く力は大きさが等しくて方向が逆であるから，(5.1) の 2 つの運動方程式を辺々足し算すると

$$
m_1\frac{d^2\boldsymbol{r}_1}{dt^2}+m_2\frac{d^2\boldsymbol{r}_2}{dt^2}=0
$$

となる．あるいはこの式を積分して

$$m_1 \frac{d\boldsymbol{r}_1}{dt} + m_2 \frac{d\boldsymbol{r}_2}{dt} = \text{constant}$$

を得る．これはアルファ粒子と標的原子核の各々の運動量ベクトルの和が時間的に変化しないことを意味している．これを**運動量保存則**という．

運動方程式 (5.1) は

$$m_1 \frac{d^2\boldsymbol{r}_1}{dt^2} = -\frac{\partial U}{\partial \boldsymbol{r}_1}, \quad m_2 \frac{d^2\boldsymbol{r}_2}{dt^2} = -\frac{\partial U}{\partial \boldsymbol{r}_2} \tag{5.2}$$

と書けることに注意しよう．ここで

$$U(\boldsymbol{r}_1, \boldsymbol{r}_2) = \frac{k}{|\boldsymbol{r}_1 - \boldsymbol{r}_2|}$$

はクーロン・ポテンシャルであり，**位置エネルギー**あるいは**ポテンシャル・エネルギー**とも呼ぶ．(5.2) の微分記号の意味は，直交座標系を採用して $\boldsymbol{r}_i = (x_i, y_i, z_i)$, $(i = 1, 2)$ とするとき，

$$\frac{\partial U}{\partial \boldsymbol{r}_i} = \left(\frac{\partial U}{\partial x_i}, \frac{\partial U}{\partial y_i}, \frac{\partial U}{\partial z_i} \right) \qquad (i = 1, 2)$$

というベクトルとして定義されている．

(5.2) の各式でそれぞれ $d\boldsymbol{r}_1/dt$, $d\boldsymbol{r}_2/dt$ との内積をとって足し算すれば

$$\sum_{i=1,2} m_i \frac{d^2\boldsymbol{r}_i}{dt^2} \cdot \frac{d\boldsymbol{r}_i}{dt} = -\sum_{i=1,2} \frac{\partial U}{\partial \boldsymbol{r}_i} \cdot \frac{d\boldsymbol{r}_i}{dt} = -\frac{dU}{dt}$$

となり，ポテンシャル・エネルギーを時間で全微分した式が得られる．あるいはこの式は，

$$m_i \frac{d^2\boldsymbol{r}_i}{dt^2} \cdot \frac{d\boldsymbol{r}_i}{dt} = \frac{m_i}{2} \frac{d}{dt} \left(\frac{d\boldsymbol{r}_i}{dt} \right)^2$$

と書き直せることに注意すれば

$$\frac{d}{dt}(T_{\text{kin}} + U) = 0, \quad T_{\text{kin}} = \sum_{i=1,2} \frac{m_i}{2} \left(\frac{d\boldsymbol{r}_i}{dt} \right)^2 \tag{5.3}$$

と表すこともできる．T_{kin} はアルファ粒子と標的原子核の運動エネルギーの和を表している．(5.3) は，運動エネルギーとポテンシャル・エネルギーの和

$$T_{\text{kin}} + U = \sum_{i=1,2} \frac{m_i}{2} \left(\frac{d\boldsymbol{r}_i}{dt} \right)^2 + U(\boldsymbol{r}_1, \boldsymbol{r}_2)$$

が時間に依存しない，すなわち**エネルギー保存則**を意味している．

5.3 重心座標と相対座標

運動方程式 (5.1)，(5.2) は，$\boldsymbol{r}_1, \boldsymbol{r}_2$ に対する連立微分方程式であるが，重心座標 $\boldsymbol{R}$，相対座標 $\boldsymbol{r}$ を用いれば，微分方程式を分離することができる．重心座標，相対座標はそれぞれ

$$\boldsymbol{R} = \frac{m_1\boldsymbol{r}_1 + m_2\boldsymbol{r}_2}{m_1+m_2}, \quad \boldsymbol{r} = \boldsymbol{r}_1 - \boldsymbol{r}_2$$

によって定義される．これを逆に $\boldsymbol{r}_1, \boldsymbol{r}_2$ について解けば

$$\boldsymbol{r}_1 = \boldsymbol{R} + \frac{m_2}{m_1+m_2}\boldsymbol{r}, \qquad \boldsymbol{r}_2 = \boldsymbol{R} - \frac{m_1}{m_1+m_2}\boldsymbol{r} \tag{5.4}$$

となる．重心座標を時間で 2 回微分すると，(5.1) により

$$\frac{d^2\boldsymbol{R}}{dt^2} = \frac{1}{m_1+m_2}\left(m_1\frac{d^2\boldsymbol{r}_1}{dt^2} + m_2\frac{d^2\boldsymbol{r}_2}{dt^2}\right) = 0 \tag{5.5}$$

となる．これは，アルファ粒子と標的原子核の 2 粒子系に外力は加わっていないため，2 粒子の重心座標は等速直線運動をすることを意味している．一方，相対座標を時間で 2 回微分すると

$$\begin{aligned}\frac{d^2\boldsymbol{r}}{dt^2} &= \frac{d^2\boldsymbol{r}_1}{dt^2} - \frac{d^2\boldsymbol{r}_2}{dt^2} \\ &= \left(\frac{1}{m_1} + \frac{1}{m_2}\right) \times k\frac{\boldsymbol{r}_1 - \boldsymbol{r}_2}{|\boldsymbol{r}_1 - \boldsymbol{r}_2|^3} \\ &= \frac{k}{\mu}\frac{\boldsymbol{r}}{|\boldsymbol{r}|^3} \\ &= -\frac{1}{\mu}\frac{\partial U}{\partial \boldsymbol{r}}, \qquad U(\boldsymbol{r}) = \frac{k}{|\boldsymbol{r}|}\end{aligned} \tag{5.6}$$

を得る．ここで

$$\mu = \frac{m_1 m_2}{m_1+m_2} \tag{5.7}$$

は 2 粒子系の**換算質量**と呼ぶ．(5.6) の中に重心座標 $\boldsymbol{R}$ は現れておらず，相対座標および重心座標の方程式は互いに分離された．(5.6) は，質量 μ の質点が，原点に固定されたクーロン力の源のもとで運動する方程式と同じ形になっている．2 粒子の力学の問題は，このようにして実質的に 1 粒子の運動方程式を解く問題に帰着される．

標的原子核の質量がアルファ粒子の質量よりもずっと大きく，$m_2 \gg m_1$ の場

合，(5.7) は

$$\mu = \frac{m_1}{1 + (m_1/m_2)} \approx m_1$$

と近似することができる．すなわち，標的原子核は静止していて，その周辺を質量 $\mu \approx m_1$ のアルファ粒子が運動するとしてよい近似であることが分かる．

アルファ粒子と標的原子核の運動エネルギーの和 (5.3) も，重心運動部分と相対運動の部分に分離することができる．実際 (5.4) を用いることにより

$$\begin{aligned} T_{\mathrm{kin}} &= \frac{1}{2}m_1\left(\frac{d\boldsymbol{r}_1}{dt}\right)^2 + \frac{1}{2}m_2\left(\frac{d\boldsymbol{r}_2}{dt}\right)^2 \\ &= \frac{1}{2}m_1\left(\frac{d\boldsymbol{R}}{dt} + \frac{m_2}{m_1+m_2}\frac{d\boldsymbol{r}}{dt}\right)^2 + \frac{1}{2}m_2\left(\frac{d\boldsymbol{R}}{dt} - \frac{m_1}{m_1+m_2}\frac{d\boldsymbol{r}}{dt}\right)^2 \\ &= \frac{m_1+m_2}{2}\left(\frac{d\boldsymbol{R}}{dt}\right)^2 + \frac{\mu}{2}\left(\frac{d\boldsymbol{r}}{dt}\right)^2, \qquad \mu = \frac{m_1 m_2}{m_1+m_2} \end{aligned} \tag{5.8}$$

という式を得る．第 1 項目が重心運動の，第 2 項目が相対運動の運動エネルギーであり，第 2 項目の係数に換算質量が自然に現れていることに注意しよう．重心が静止している座標系を重心系というが，重心系では右辺第 1 項はもちろんゼロとなる．

5.4　2 粒子系の角運動量

アルファ粒子と標的原子核の全角運動量 $\boldsymbol{L}$ を調べよう．全角運動量は原点のまわりの 2 粒子個々の角運動量の和であり，個々の粒子の角運動量は (3.12) で定義されている．(5.4) を用いて重心座標 $\boldsymbol{R}$ と相対座標 $\boldsymbol{r}$ で $\boldsymbol{L}$ を書き表すと

$$\begin{aligned} \boldsymbol{L} &= m_1\,\boldsymbol{r}_1 \times \frac{d\boldsymbol{r}_1}{dt} + m_2\,\boldsymbol{r}_2 \times \frac{d\boldsymbol{r}_2}{dt} \\ &= m_1\left(\boldsymbol{R} + \frac{m_2}{m_1+m_2}\boldsymbol{r}\right) \times \left(\frac{d\boldsymbol{R}}{dt} + \frac{m_2}{m_1+m_2}\frac{d\boldsymbol{r}}{dt}\right) \\ &\quad + m_2\left(\boldsymbol{R} - \frac{m_1}{m_1+m_2}\boldsymbol{r}\right) \times \left(\frac{d\boldsymbol{R}}{dt} - \frac{m_1}{m_1+m_2}\frac{d\boldsymbol{r}}{dt}\right) \\ &= (m_1+m_2)\boldsymbol{R} \times \frac{d\boldsymbol{R}}{dt} + \mu\boldsymbol{r} \times \frac{d\boldsymbol{r}}{dt} \end{aligned} \tag{5.9}$$

となる．(5.9) の第 1 項は，原点のまわりの重心運動の角運動量を表す．第 2 項は重心のまわりの相対運動による角運動量を表す．全角運動量の時間変化は，時

間 t で微分して

$$\frac{d\boldsymbol{L}}{dt} = (m_1 + m_2)\boldsymbol{R} \times \frac{d^2\boldsymbol{R}}{dt} + \mu\boldsymbol{r} \times \frac{d^2\boldsymbol{r}}{dt^2}$$

となる．ここで (5.5) により右辺第 1 項はゼロである．右辺第 2 項については (5.6) を代入し，さらに $-\partial U/\partial \boldsymbol{r}$ が $\boldsymbol{r}$ に平行であることを使えば

$$\frac{d\boldsymbol{L}}{dt} = \mu\boldsymbol{r} \times \frac{d^2\boldsymbol{r}}{dt^2} = -\boldsymbol{r} \times \frac{\partial U}{\partial \boldsymbol{r}} = 0 \tag{5.10}$$

となる．これは角運動量保存則を表している．

5.5　球座標での相対運動の運動方程式

アルファ粒子と標的原子核の重心座標 $\boldsymbol{R}$ は等速直線運動であり，重心系を採用して $\boldsymbol{R} = 0$ とすることが常に可能なので，我々の主たる関心事ではない．我々の関心事は相対座標 $\boldsymbol{r}$ の時間変化である．そこで相対座標を

$$\boldsymbol{r} = r\,\boldsymbol{e}_r$$

と球座標を用いて表示することにする．位置エネルギー $U(\boldsymbol{r})$ が $r = |\boldsymbol{r}|$ にのみ依存するので，球座標が便利であると予想されるからである．

2 粒子の運動エネルギーの和 (5.8) の相対運動の部分を球座標を用いて表しておこう．そのためには，(3.11) で質量を換算質量 μ に置き換えたものを，(5.8) の第 2 項に用いればよくて，

$$T_{\text{kin}} = \frac{m_1 + m_2}{2}\left(\frac{d\boldsymbol{R}}{dt}\right)^2 + \frac{\mu}{2}\left\{(\dot{r})^2 + (r\dot{\theta})^2 + (r\,\dot{\phi}\sin\theta)^2\right\} \tag{5.11}$$

となる．同様にしてアルファ粒子と標的原子核の全角運動量 (5.9) も，(3.14) で質量を換算質量 μ に置き換えたものを用いて

$$\boldsymbol{L} = (m_1 + m_2)\,\boldsymbol{R} \times \frac{d\boldsymbol{R}}{dt} + \mu\left(r^2\,\dot{\theta}\,\boldsymbol{e}_\phi - r^2\,\dot{\phi}\sin\theta\,\boldsymbol{e}_\theta\right)$$

という式を得る．

相対運動に対するニュートンの運動方程式 (5.6)

$$\mu\frac{d^2\boldsymbol{r}}{dt^2} = -\frac{\partial U}{\partial \boldsymbol{r}} = \boldsymbol{F} \tag{5.12}$$

を，3 次元球座標を用いて (3.5), (3.6), (3.7) の形に書きたい．そのためには，質

点に働く力のベクトル

$$-\frac{\partial U}{\partial \boldsymbol{r}} = \boldsymbol{F} = F_r \boldsymbol{e}_r + F_\theta \boldsymbol{e}_\theta + F_\phi \boldsymbol{e}_\phi \tag{5.13}$$

の球座標での成分 F_r, F_θ, F_ϕ を U の微分を用いた式で表す必要がある．座標の微分が (2.21) により

$$d\boldsymbol{r} = dr\, \boldsymbol{e}_r + r d\theta\, \boldsymbol{e}_\theta + r\sin\theta\, d\phi\, \boldsymbol{e}_\phi$$

であることに注意すれば，一般のスカラー関数の勾配は

$$\frac{\partial}{\partial \boldsymbol{r}} = \boldsymbol{e}_r \frac{\partial}{\partial r} + \boldsymbol{e}_\theta \frac{1}{r}\frac{\partial}{\partial \theta} + \boldsymbol{e}_\phi \frac{1}{r\sin\theta}\frac{\partial}{\partial \phi}$$

によって与えられることが分かる．よって力の球座標での成分を一般的にポテンシャル・エネルギー U の微分で表すと

$$F_r = -\frac{\partial U}{\partial r}, \quad F_\theta = -\frac{1}{r}\frac{\partial U}{\partial \theta}, \quad F_\phi = -\frac{1}{r\sin\theta}\frac{\partial U}{\partial \phi}$$

となる．これらの関係式を (3.5), (3.6), (3.7) に代入すると

$$F_r = -\frac{\partial U}{\partial r} = \mu\left(\ddot{r} - r\,\dot{\theta}^2 - r\,\dot{\phi}^2 \sin^2\theta\right) \tag{5.14}$$

$$F_\theta = -\frac{1}{r}\frac{\partial U}{\partial \theta} = \mu\left(2\dot{r}\,\dot{\theta} + r\,\ddot{\theta} - r\,\dot{\phi}^2 \sin\theta\cos\theta\right) \tag{5.15}$$

$$\begin{aligned} F_\phi &= -\frac{1}{r\sin\theta}\frac{\partial U}{\partial \phi} \\ &= \mu\left(2\dot{r}\,\dot{\phi}\sin\theta + r\,\ddot{\phi}\sin\theta + 2r\,\dot{\phi}\,\dot{\theta}\cos\theta\right) \end{aligned} \tag{5.16}$$

という 3 つの方程式が得られる．これが球座標における相対運動の運動方程式である．

クーロン・ポテンシャル (5.6) の場合には，U は r にのみ依存し θ, ϕ には依存しないので，$F_\theta = 0$, $F_\phi = 0$ となる．そして (5.10) で示したように，相対運動の角運動量 $\boldsymbol{L} = \mu\boldsymbol{r} \times (d\boldsymbol{r}/dt)$ が保存する．$\boldsymbol{r}$ は保存するベクトル $\boldsymbol{L}$ に常に垂直なのだから，$\boldsymbol{r}$ の運動は，$\boldsymbol{L}$ に垂直な平面内に限定されることになる．$\boldsymbol{L}$ の方向を z 軸の方向とすれば，$\boldsymbol{r}$ の運動は x–y 平面 ($\theta = \pi/2$) 内に限られる．(5.15), (5.16) において $\theta = \pi/2$, $\dot{\theta} = 0$, $\ddot{\theta} = 0$ とおけば

$$F_\theta\big|_{\theta=\pi/2} = 0 \tag{5.17}$$

$$F_\phi\big|_{\theta=\pi/2} = \mu\left(2\dot{r}\dot{\phi} + r\ddot{\phi}\right) = \frac{\mu}{r}\frac{d}{dt}\left(r^2\dot{\phi}\right) = 0 \tag{5.18}$$

が導かれる．ベクトル $\boldsymbol{r}$ が時間的に変化して $x-y$ 平面を移動するとき，$r^2\dot{\phi}/2$ という量は，ベクトル $\boldsymbol{r}$ が原点のまわりに単位時間あたりに掃く面積，面積速度を表している．(5.18) は，$r^2\dot{\phi}/2$ という面積速度が時間によらないということ，すなわち面積速度一定の法則を表している．

5.6 双曲線軌道

さて標的原子核によってアルファ粒子が散乱される過程，いわゆるラザフォード散乱を具体的に数式で記述することにしよう．話を簡単にするために重心が静止している座標系 $(d\boldsymbol{R}/dt=0)$，重心系で議論を進めることにする．図 5.2 に示したように，アルファ粒子が，無限遠方での速さが v で左側から入射する．入射方向に平行で，原点の標的を通る直線を破線で表示している．無限遠方ではアルファ粒子は破線から b の距離にあるとしよう．b はしばしば衝突径数あるいは衝突パラメータと呼ばれる．

保存する角運動量ベクトルの $\boldsymbol{L}$ の方向を z 軸の正あるいは負の方向とすれば，$\boldsymbol{r}$ の運動は $x-y$ 平面 $(\theta=\pi/2)$ の中に限られることは既に上で述べた．図 5.3 は $x-y$ 平面の中で $\boldsymbol{r}$ が運動する様子を描いたものである．この $\boldsymbol{r}$ の軌道を決定するために解くべき運動方程式は，(5.14) において $\theta=\pi/2$ と置いたもの

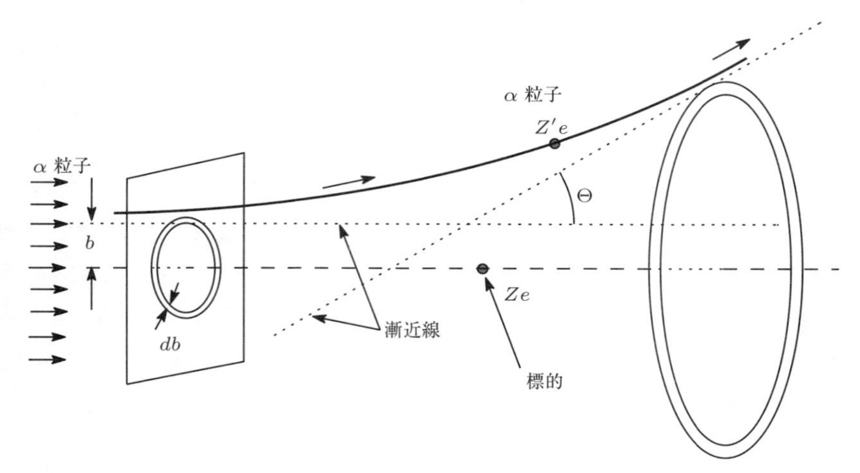

図 5.2　衝突径数が b と $b+db$ の間 (図の左側の輪の領域) を通過したアルファ粒子は，散乱角度が Θ と $\Theta+d\Theta$ との間 (図の右側の輪) の領域を通過する．

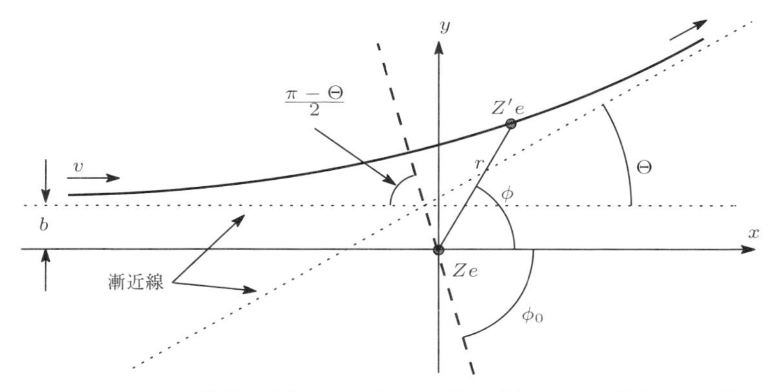

図 5.3 ラザフォード散乱：電荷 Ze を持つ原子核の斥力により，左側から入射したアルファ粒子は，実線のような双曲線軌道を描く．2 本の点線は双曲線の漸近線であり，偏角 ϕ_0 の破線は双曲線の対称軸である．

$$F_r\Big|_{\theta=\pi/2} = \mu\left(\ddot{r} - r\,\dot{\phi}^2\right) = -\frac{\partial U}{\partial r} = \frac{k}{r^2} \tag{5.19}$$

および (5.16) で $\theta = \pi/2$ と置いた (5.18) の面積速度が一定という式

$$r^2\dot{\phi} = \text{constant} = bv \tag{5.20}$$

の 2 つである．ここで無限遠方での面積速度の 2 倍が bv であることを考慮に入れた．(5.15) は (5.17) により，$\theta = \pi/2$ とおけば自動的に満たされているので考慮する必要はない．

(5.20) を (5.19) に代入し，両辺に $\dot{r}$ を掛けたとすると

$$\mu\left\{\ddot{r} - \frac{(bv)^2}{r^3}\right\}\dot{r} = \frac{k}{r^2}\,\dot{r}$$

を得る．これはすぐに積分できて

$$\frac{\mu}{2}\left\{\dot{r}^2 + \frac{(bv)^2}{r^2}\right\} + \frac{k}{r} = E, \quad E = \frac{\mu}{2}v^2 \tag{5.21}$$

となる．これは重心系におけるエネルギー保存則にほかならない．ここで E はエネルギーを表す任意の積分定数であり，この積分定数は初期条件によって決まる．ラザフォード散乱の場合，無限遠方でのポテンシャル・エネルギーがゼロ，運動エネルギーが $\mu v^2/2$ であることを考慮すれば，$E = \mu v^2/2$ であることに注意しよう．

(5.21) の微分方程式を解けば，時間の関数として $r = r(t)$ が求められるのだが，

これはじつはそれほど簡単ではない．一方で我々が興味を持っているのは，アルファ粒子が散乱されるときの軌道の形であり，角度 ϕ の関数としての $r = r(\phi)$ である．そこで (5.21) を $r = r(\phi)$ に対する微分方程式に書き換えたい．そのためには

$$\dot{r} = \frac{dr}{dt} = \frac{d\phi}{dt}\frac{dr}{d\phi} = \frac{(bv)}{r^2}\frac{dr}{d\phi} = -(bv)\frac{d}{d\phi}\left(\frac{1}{r}\right)$$

という関係式に注意する．ここで (5.20) を用いている．$u = 1/r$ とおいて上の $\dot{r}$ を (5.21) に代入すると

$$\frac{\mu}{2}\left\{(bv)^2\left(\frac{du}{d\phi}\right)^2 + (bv)^2u^2\right\} + ku = E, \quad u(\phi) = \frac{1}{r(\phi)}$$

あるいは

$$\left(\frac{du}{d\phi}\right)^2 + \left\{u + \frac{k}{\mu(bv)^2}\right\}^2 = \frac{k^2}{\mu^2(bv)^4} + \frac{2E}{\mu(bv)^2} \tag{5.22}$$

という微分方程式を得る．この微分方程式がアルファ粒子の軌道を教えてくれる．

(5.22) の解が

$$u + \frac{k}{\mu(bv)^2} = -\sqrt{\frac{k^2}{\mu^2(bv)^4} + \frac{2E}{\mu(bv)^2}}\cos(\phi - \phi_0)$$

であることは，実際にこの式を (5.22) に代入してみればすぐに分かる．ここで ϕ_0 は任意の定数である．アルファ粒子の軌道 $r = r(\phi)$ を陽に書けば

$$\frac{1}{r} = u = -\frac{k}{\mu(bv)^2}\left\{1 + \sqrt{1 + \frac{2E\mu(bv)^2}{k^2}}\cos(\phi - \phi_0)\right\}$$

あるいは

$$r = -\frac{l}{1 + e\cos(\phi - \phi_0)} \tag{5.23}$$

となる．ここで

$$l = \frac{\mu(bv)^2}{k}, \qquad e = \sqrt{1 + \frac{2E\mu(bv)^2}{k^2}} \tag{5.24}$$

とおいた．(5.23) は 2 次曲線の方程式として知られている．e は離心率と呼ばれているが，アルファ粒子の散乱の場合は $1 < e$ である．なぜならば (5.21) により $0 < E$ であるからだ．$1 < e$ の場合，(5.23) は双曲線を表す．(5.23) の左辺は正

であるから，ϕ が許される領域は

$$1 + e\cos(\phi - \phi_0) < 0, \qquad -1 \leq \cos(\phi - \phi_0) < -\frac{1}{e}$$

が満たされる領域に限られる．この双曲線を描いたのが図 5.3 である．散乱の角度を Θ とするとき，図 5.3 の 2 本の漸近線が $\phi = \phi_0$ の線となす角度は $(\pi - \Theta)/2$ であるから，

$$\cos\left(\frac{\pi - \Theta}{2}\right) = \sin(\Theta/2) = \frac{1}{e}$$

という関係式を得る．あるいはこの式は

$$\cot^2(\Theta/2) = \frac{1}{\sin^2(\Theta/2)} - 1 = e^2 - 1 = \frac{2E\mu(bv)^2}{k^2} = \frac{4E^2b^2}{k^2} \tag{5.25}$$

と書き換えることもできる．これが散乱角 Θ と衝突係数 b の関係である．最後の式変形では $E = \mu v^2/2$ を用いている．

5.7 散 乱 断 面 積

図 5.2 において，左側から一定の速さ v のアルファ粒子が一様な密度で入射してくる場合に，単位時間あたり，ある方向にどれぐらいの数のアルファ粒子が散乱されるのかを考えてみよう．入射粒子に垂直な面の単位面積あたり，毎秒通過する入射粒子の数のことを，**入射粒子の流れの強さ**と呼ぶことにしよう．そして入射粒子が標的によって散乱され，ある Ω という方向に散乱されるとしよう．Ω 方向の散乱の**微分断面積** $\sigma(\Omega)$ を次の式で定義する．

$$\sigma(\Omega)d\Omega = \frac{\text{単位時間あたり微小立体角 } d\Omega \text{ の中に散乱される粒子の数}}{\text{入射粒子の流れの強さ}}$$

立体角の定義は図 5.4 に説明してある通りである．微分断面積を全立体角につき積分したものを**全断面積**あるいは単に**断面積**と呼ぶ．

図 5.2 の左側から入射するアルファ粒子の流れの強さを N としよう．衝突径数が b と $b + db$ の間 (左側の輪の中) を毎秒通過するアルファ粒子の数は，輪の面積に N を掛けて $2\pi b db\, N$ である．この輪を通過した粒子は，角度が Θ と $\Theta + d\Theta$ の間 (右側の輪の中) に散乱される．右側の輪を標的の位置から見たときの立体角

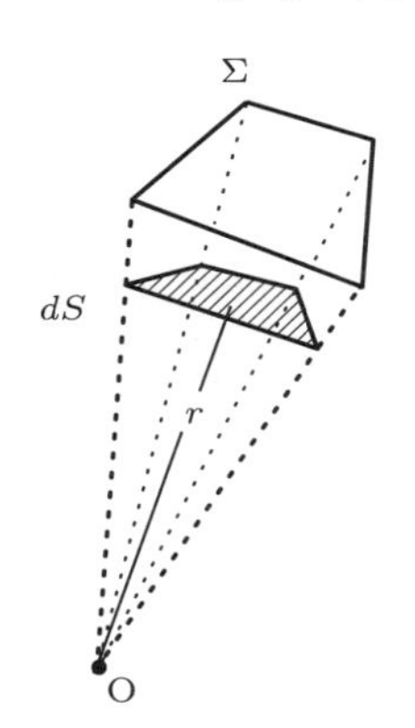

図 5.4　微小な面要素 Σ の，点 O から見た立体角というのは，点 O からこの微小面要素を垂直に眺める面 (図の斜線部分) の微小面積 dS を，O から垂直に測った距離 r の 2 乗で割った量 $d\Omega = dS/r^2$ のことである．例えば球面をその中心から見たときの球面全体の立体角は 4π になる．

は $d\Omega = 2\pi \sin\Theta d\Theta$ であるから，微分断面積の定義により

$$2\pi\, b\, db\, N = -N\,\sigma(\Omega)\, d\Omega = -2\pi\, N\,\sigma(\Omega) \sin\Theta\, d\Theta$$

と書くことができる．ここで右辺のマイナスの符号は，b が増大するときに Θ は減少することを考慮したことによる．

微分断面積は散乱の角度 Θ の関数であるから，以下では $\sigma = \sigma(\Theta)$ と書くことにしよう．結局のところ，散乱の微分断面積

$$\sigma(\Theta) = -\frac{b}{\sin\Theta}\frac{db}{d\Theta} \tag{5.26}$$

を得るためには，b と Θ の関数関係を知ればよい．b と Θ の関係は (5.25) で与えられる．(5.25) の微分を求めれば

$$-\cot(\Theta/2)\,\frac{1}{\sin^2(\Theta/2)}d\Theta = \frac{8E^2}{k^2}\, b\, db$$

となり，

$$b\frac{db}{d\Theta} = -\frac{k^2}{8E^2}\frac{\cos(\Theta/2)}{\sin^3(\Theta/2)}$$

という関係式が導かれる．この関係式を (5.26) に代入すれば

$$\sigma(\Theta) = \frac{1}{\sin\Theta} \times \frac{k^2}{8E^2}\frac{\cos(\Theta/2)}{\sin^3(\Theta/2)} = \frac{k^2}{16E^2}\frac{1}{\sin^4(\Theta/2)} \tag{5.27}$$

という公式が得られる．これがラザフォードが計算した微分断面積の公式である．

5.8　量子力学におけるラザフォード散乱

微分断面積の公式 (5.27) は，$\Theta = \pi$ 付近の大角度の散乱もある程度の割合で起

こることを意味している．それはガイガー・マースデンの実験とうまく符合するものであり，原子には**原子核**という芯が存在していることを説明するものであった．ラザフォードは，後年ガイガー・マースデンの実験を回顧し，

> " ...... It was quite the most incredible event that has ever happened to me in my life. It was almost as incredible as if you fired a 15-inch shell at a piece of tissue paper and it came back and hit you. ......"

と述べている．一片の紙に向けて 15 インチの砲弾 (shell) を打ち込んだら跳ね返されて戻ってきてしまったようなものだという，ラザフォードのこの物理的感覚を理解するには，例えば冬季オリンピックのスキー・スーパーパイプ競技を思い起こせばよい．絶壁のような雪の壁に向かってスキー選手が滑って行っても選手は大きく跳ね返される．高さの低い瘤状の山だったら，スキー選手はほとんど影響を受けずに難なく前進を続ける．ガイガー・マースデンの実験でアルファ粒子を大角度で散乱させた力というのは，原子核という芯の付近にそびえる「絶壁のような壁」に相当するのであって，それは決して「高さの低い瘤状の山」ではなかったのである．

原子核の存在を確証する際の理論的手段が古典力学で間に合ったということは，ある意味で幸運なことであった．じつは公式 (5.27) は，量子力学に基づいて計算しても同じ答えが得られる．(5.27) は古典力学を用いて導出したのであるから，プランク定数はもちろん含まれていない．プランク定数を含むはずの量子力学的計算と (5.27) の関係は次の通りである．

(5.27) のなかのアルファ粒子のエネルギーを $E = p^2/2\mu$ という関係式を用いて運動量 p で表したとすると

$$\sigma(\Theta) = \frac{\mu^2 k^2}{4p^4} \frac{1}{\sin^4(\Theta/2)}$$

となる．量子力学に基づいてラザフォード散乱の微分断面積を計算すると，運動量 p にド・ブロイの関係式 (1.14)，あるいは

$$p = \frac{h}{\lambda} = \frac{2\pi}{\lambda}\hbar \tag{5.28}$$

を代入したものが得られる．ここで $\hbar$ は，プランク定数 (1.15) を 2π で割ったも

の，(1.16) で与えられる．

第 1 章で電子には波の性質があることを述べたが，電子に限らずアルファ粒子を含めて，あらゆる粒子に波としての性質が賦与されている．(5.28) のなかの λ は波の波長を表し，$2\pi/\lambda$ は波数と呼ばれている．運動量 p は粒子としての性質であり，波長 λ は波動性の特徴的な量である．両者を関係付ける (5.28) は，(1.14) で既に登場したド・ブロイの関係式にほかならない．遍(あまね)く物質に付随している波のことを，一般的に物質波と呼ぶ．ド・ブロイの関係式については 8.4 節で再度議論する．

5.7 節で述べた散乱断面積が，粒子の言葉を用いて定義されていることを注意しておこう．量子力学においても，散乱断面積の定義そのものは古典力学の場合と同じで，粒子の言葉を用いて与えられる．一方散乱の計算は，第 8 章で紹介するシュレーディンガー方程式という波動方程式を用いて行われる．波動の言葉を粒子の言葉に還元するためには，波動関数の物理的な解釈が重要になる．波動関数の解釈についても第 8 章で述べる．

6 クーロン引力のもとでの電子の運動

6.1 水素型原子のケプラー問題

電荷 Ze の原子核のまわりを周回する電子の運動を議論しよう．$Z=1$ の場合は水素原子に対応しているが，一般の Z の場合は水素型原子と呼ばれ，$\mathrm{He}^{+}(Z{=}2)$, $\mathrm{Li}^{++}(Z{=}3)$, Be^{+++} $(Z=4)$ がその例になる．原子核と電荷 $-e$ の電子の間にはクーロン引力が働くが，その運動を規定する運動方程式の構造は，クーロン斥力の場合とよく似ている．電子の質量と位置ベクトルを m_e, $\boldsymbol{r}_1$，原子核の質量と位置ベクトルを M, $\boldsymbol{r}_2$ とすれば，出発点となる運動方程式は

$$m_e \frac{d^2\boldsymbol{r}_1}{dt^2} = -k\frac{\boldsymbol{r}_1 - \boldsymbol{r}_2}{|\boldsymbol{r}_1 - \boldsymbol{r}_2|^3},$$

$$M \frac{d^2\boldsymbol{r}_2}{dt^2} = -k\frac{\boldsymbol{r}_2 - \boldsymbol{r}_1}{|\boldsymbol{r}_2 - \boldsymbol{r}_1|^3}, \qquad k = \frac{Ze^2}{4\pi\varepsilon_0}$$

というものである．これはクーロン斥力の場合の (5.1) と比較して，右辺の力の符号が逆になっていることを除けば同じ形の方程式である．したがって重心座標と相対座標に分離する操作，相対座標について球座標を用いる手続き等々，ラザフォード散乱を議論した場合と全て同様になる．この節でも球座標を用いることにするが，その場合，(5.14), (5.15), (5.16) に対応する方程式は

$$\mu\left(\ddot{r} - r\,\dot{\theta}^2 - r\,\dot{\phi}^2\sin^2\theta\right) = -\frac{\partial U}{\partial r} = -\frac{k}{r^2} \tag{6.1}$$

$$\mu\left(2\dot{r}\,\dot{\theta} + r\,\ddot{\theta} - r\,\dot{\phi}^2\sin\theta\cos\theta\right) = -\frac{1}{r}\frac{\partial U}{\partial \theta} = 0 \tag{6.2}$$

$$\begin{aligned}\mu\left(2\dot{r}\,\dot{\phi}\sin\theta + r\,\ddot{\phi}\sin\theta + 2r\,\dot{\phi}\,\dot{\theta}\cos\theta\right) &= -\frac{1}{r\sin\theta}\frac{\partial U}{\partial \phi} \\ &= 0\end{aligned} \tag{6.3}$$

となることが容易に確認できるであろう．ここでポテンシャル・エネルギー U な

らびに換算質量 μ は

$$U(r) = -\frac{k}{r}, \quad \mu = \frac{m_e M}{m_e + M} \tag{6.4}$$

で定義されている．ポテンシャル・エネルギーの符号が (5.6) と逆になっていることに注意しよう．

(6.4) のポテンシャル・エネルギーは，万有引力の場合と同じ形であり，太陽のまわりを周回する惑星の運動を議論する問題を含んでいる．(6.4) のもとでの運動を議論する問題を，一般に**ケプラー問題**と呼ぶ．惑星の運動の場合，M を太陽質量 $M_{\odot}$ とし，μ を惑星と太陽の換算質量と見なせばよい．そして (6.4) のポテンシャル・エネルギーの係数 k を $k \to G\mu M_{\odot}$ と置き換えればよい *1)．ここで G は重力定数 (1.8) である．

6.2　遠　心　力

クーロン引力が中心力であることから，角運動量ベクトルが保存する．電子の運動は角運動量ベクトルに垂直な平面に限定されるが，その平面を最初から $\theta = \pi/2$ の平面として一般性を失わない．$\theta = \pi/2$ とおくと，(6.2) は自明に満たされる．また (6.1) と (6.3) は $\theta = \pi/2$ を代入して

$$\mu\left(\ddot{r} - r\,\dot{\phi}^2\right) = -\frac{k}{r^2}, \quad \frac{1}{r}\frac{d}{dt}\left(r^2\dot{\phi}\right) = 0 \tag{6.5}$$

となり，この 2 つの方程式を解けばよいことになる．具体的に解く作業に入る前に，(6.5) の第 1 の式を

$$\mu\ddot{r} = -\frac{k}{r^2} + \mu\,r\,\dot{\phi}^2 \tag{6.6}$$

という形に書いてみよう．(6.6) を r 方向の 1 次元運動の運動方程式として眺めた場合，クーロン引力の力 $-k/r^2$ 以外に，$\mu r\dot{\phi}^2$ という，r を増大させる方向に力が働いていることが分かる．これを**遠心力**と呼ぶ．例えば自動車を運転していてカーブを曲がるとき，体が外側に飛ばされる感覚を覚えるが，その力のことである．

---

*1)　惑星の質量を m とするならば，厳密には $k = GmM_{\odot}$ であるが，m に比べて $M_{\odot}$ の方が圧倒的に大きいので，$\mu \approx m$ としている．

6.3 楕 円 軌 道

(6.5) の第 2 の式を積分して

$$r^2\dot{\phi} = h$$

とおくことにする．h は面積速度の 2 倍に相当する，ラザフォード散乱の場合 $r^2\dot{\phi}$ を，衝突径数を用いて面積速度を表したが，この場合はただ単に h と書いておこう．これを (6.5) の第 1 の式に代入すると

$$\mu\left(\ddot{r} - \frac{h^2}{r^3}\right) = -\frac{k}{r^2} \tag{6.7}$$

という微分方程式を得る．この微分方程式の左辺括弧内の第 2 項を右辺に移動させて

$$\mu\ddot{r} = -\frac{k}{r^2} + \frac{\mu h^2}{r^3} = -\frac{\partial}{\partial r}\left(-\frac{k}{r} + \frac{\mu h^2}{2r^2}\right)$$

という形に書いたとしよう．この式から分かるように，r 方向の運動に着目するならば，クーロン力を与える $-k/r$ というポテンシャル・エネルギーに，遠心力を与える $\mu h^2/2r^2$ が加わっていることが分かる．この $\mu h^2/2r^2$ のことを**遠心力ポテンシャル**と呼ぶ (図 6.1 参照).

(6.7) は，両辺に $\dot{r}$ を掛ければただちに積分できて

$$\frac{\mu}{2}\left(\dot{r}^2 + \frac{h^2}{r^2}\right) - \frac{k}{r} = E \tag{6.8}$$

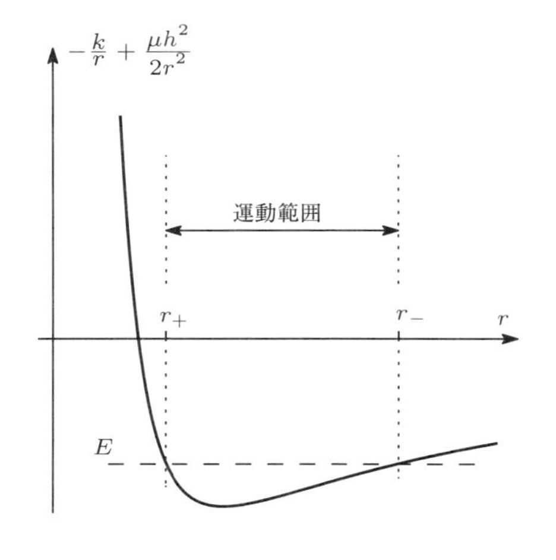

図 6.1　クーロン・ポテンシャルと遠心力ポテンシャルを合わせたポテンシャル・エネルギーの概形：$r \to \infty$ ではクーロン・ポテンシャルが，$r \to 0$ では遠心力ポテンシャルが支配的になる．電子が運動できる範囲は $r_+ < r < r_-$ となる．

を得る．E は積分定数である．この式は，運動エネルギー $\mu\dot{r}^2/2$ と，クーロン・ポテンシャル，遠心力ポテンシャルの和が時間によらない定数 E であること，すなわち電子と原子核からなる系の (重心系における) エネルギー保存則を表している．この式を変形して

$$\frac{\mu}{2}\dot{r}^2 = E + \frac{k}{r} - \frac{\mu h^2}{2r^2} = -\frac{\mu h^2}{2}\left(\frac{1}{r} - \frac{1}{r_+}\right)\left(\frac{1}{r} - \frac{1}{r_-}\right) \tag{6.9}$$

と書いたとしよう．ここで $r_\pm$ は，2 次方程式 $Er^2 + kr - \mu h^2/2 = 0$ の解であり，

$$r_\pm = \frac{-k \pm \sqrt{k^2 + 2\mu h^2 E}}{2E} \tag{6.10}$$

と定義される．(6.9) の最左辺の運動エネルギーはもちろん正でなければならないので，(6.9) の最右辺から分かるように，r は r_+ と r_- の間に限定されることになる．また，$r_\pm$ はともに正でなければならないことから，$E < 0$ であることも分かる．電子の運動は，図 6.1 の $r_+ < r < r_-$ の領域に限定される．この点はラザフォード散乱の場合と相違している．ラザフォード散乱では，(5.21) から明らかなように $E > 0$ であり，r は無限に大きくなり得たことを思い出そう．

(6.8) を解いて，時刻 t の関数として $r = r(t)$ を求めることはやや難しい．しかし電子の軌道の形，すなわち ϕ の関数として $r = r(\phi)$ を求めることは容易である．そのためには

$$\dot{r} = \frac{d\phi}{dt}\frac{dr}{d\phi} = \frac{h}{r^2}\frac{dr}{d\phi} = -h\frac{d}{d\phi}\left(\frac{1}{r}\right) = -h\frac{du}{d\phi}, \qquad u = \frac{1}{r}$$

という関係式に注意する．この関係式を (6.8) に代入すると

$$\frac{\mu}{2}\left\{h^2\left(\frac{du}{d\phi}\right)^2 + h^2u^2\right\} - ku = E$$

となるが，これをさらに整理して

$$\left(\frac{du}{d\phi}\right)^2 + \left(u - \frac{k}{\mu h^2}\right)^2 = \frac{k^2}{\mu^2 h^4} + \frac{2E}{\mu h^2} \tag{6.11}$$

を得る．この微分方程式は，ラザフォード散乱のときの (5.22) と同じ形であり，

$$u - \frac{k}{\mu h^2} = \sqrt{\frac{k^2}{\mu^2 h^4} + \frac{2E}{\mu h^2}}\cos(\phi - \phi_0) \tag{6.12}$$

というのが解であることは，実際にこれを (6.11) に代入してみれば確認すること

ができる．ここで ϕ_0 は任意の定数である．

(6.12) をもう少し整理した形

$$\frac{1}{u} = r = \frac{l}{1 + e\cos(\phi - \phi_0)}, \quad l = \frac{\mu h^2}{k}, \quad e = \sqrt{1 + \frac{2E\mu h^2}{k^2}} \tag{6.13}$$

にしてみよう．これは 2 次曲線の式であり，ラザフォード散乱の場合の解 (5.23) と同じ形をしている．e は 2 次曲線の離心率である．ただしラザフォード散乱の場合と定性的に異なるのは，電子のエネルギー E が負であること，したがって離心率が $0 \leq e < 1$ であるという点である．離心率が $0 < e < 1$ の場合の 2 次曲線は図 6.2 のような楕円である．$\cos(\phi - \phi_0) = \pm 1$ のときに r は最大あるいは最小の値

$$r_{\pm} = \frac{l}{1 \pm e} = \frac{l}{1 - e^2}(1 \mp e) = -\frac{k}{2E}\left(1 \mp \sqrt{1 + \frac{2E\mu h^2}{k^2}}\right)$$

をとる．この式はもちろん (6.10) と同じものである．r_+ と r_- の平均 a は，

$$a = \frac{1}{2}\left(\frac{l}{1+e} + \frac{l}{1-e}\right) = \frac{l}{1-e^2}$$

となるが，これは図 6.2 に示した部分の長さであり，$2a$ のことを楕円の**長軸**の長さという．図 6.2 の中で b と記した部分の長さは

$$b = a\sqrt{1 - e^2}$$

となることが知られており，$2b$ は楕円の**短軸**と呼ばれる．

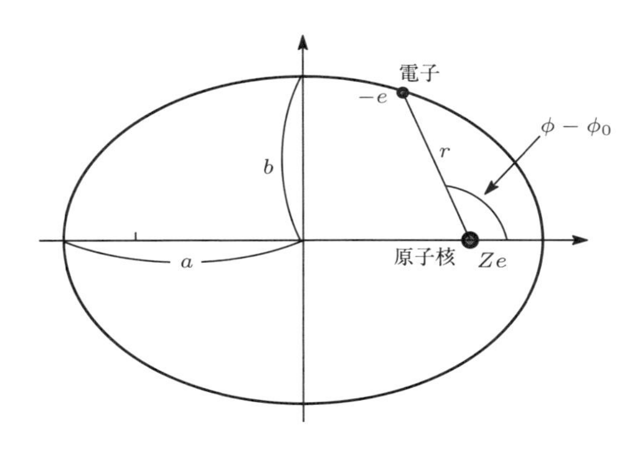

図 6.2 水素型原子では，楕円の焦点に電荷 Ze の原子核が位置し，楕円上を電子が周回している．この図の楕円の場合，長軸の長さは $2a$，短軸の長さは $2b$ である ($b < a$)．半径 a の円を縦方向に b/a の割合で圧縮した図形がこの楕円であり，面積は $\pi a^2 \times (b/a) = \pi ab$ である．

6.4 ケプラーの第3法則

電子は楕円軌道を周期的に運動するが，その周期を求めておこう．求め方は面積速度一定の法則を利用する．長軸 $2a$，短軸 $2b$ の楕円の面積は πab であることが知られている．この楕円の面積を面積速度 $h/2$ で割ったものが周期であり，

$$T = \frac{\pi ab}{(h/2)} = \frac{\pi a^2\sqrt{1-e^2}}{(h/2)} = \frac{\pi a^{3/2}\sqrt{l}}{(h/2)} = 2\pi a^{3/2}\sqrt{\frac{\mu}{k}} \tag{6.14}$$

と計算される．クーロン引力のもとでの電子の運動の場合，周期に関してはこれ以上付け加えることはない．ところが万有引力による惑星の運動の場合は注目すべきことがある．重力定数を G，太陽質量を $M_\odot$ として $k = G\mu M_\odot$ とおくならば，周期は

$$T = 2\pi a^{3/2}\frac{1}{\sqrt{GM_\odot}}$$

となり，T^2 が a^3 に比例し，その比例係数は惑星の質量に依存しないという結果を得る．これが観測を通じて知られていた**ケプラーの第3法則**である．

7 古典力学と幾何光学

第2章および第3章で，ニュートンの運動方程式 (2.1) が，直交座標では (2.2)，円筒座標では (3.8)，3次元球座標では (3.5), (3.6), (3.7) という形になることを我々は学んだ．座標系のとり方によって運動方程式は様々に形を変えることが明らかになった．一つの座標系から他の座標系への変換はやや煩雑なものとなり，この煩雑さは，実用性という意味では不満足といわざるを得ない．同時にこの煩雑さは，力学法則を普遍性を持った形で我々が掌握しきれていないことを示唆している．以下では力学法則の本質的な部分をくっきりとえぐり出すような定式化を目指す．方法としては**変分法**あるいは**変分学**と呼ばれる数学的手法を用いる．それは力学理論を幾何光学との類推の上に定式化することでもあり，ダブリンの数学者ハミルトン (W.R. Hamilton) が強く推し進めようとした考え方でもあった．力学法則をそのように洗練された形に定式化しておくことは，結果的には量子力学への道を切り開く際に大変都合がよかった．

7.1 最速降下線

変分学の原型は，1697年にベルヌーイ (Jean Bernoulli) がヨーロッパの数学者に対して提出した次の問題に現れる: 図7.1のように，質量 m の質点が点Aから点Bまで重力により曲線 $y=y(x)$ に沿って転がり落ちるとしよう．点Aでの初速はゼロとする．質点が最短時間で点Bに到達する場合の曲線 $y=y(x)$ のことを**最速降下線**と呼ぶ．ベルヌーイの問題は最速降下線は何かというものである．

以下では質点には摩擦は働かないものとする．重力加速度を g とすると，高さ y の位置における質点の速さ v は，エネルギー保存則の式，$mv^2/2+mgy=mgy_0$ を満たさなければならない．ここで y_0 は点Aの高さを表す．この式から v は

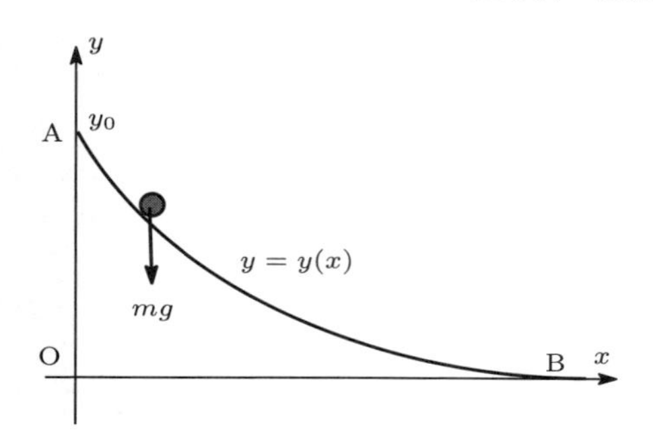

図 7.1　質量 m の質点が初速度ゼロで点 A を出発し，重力の影響のみで転がり落ちて点 B に到達する．最短時間で点 B に到達するのは $y = y(x)$ がどのような曲線の場合か？これがベルヌーイが提出した問題である．

$v = \sqrt{2g(y_0 - y)}$ となる．質点が A から B まで移動するのに要する時間 T は

$$T = \int_{\mathrm{A}}^{\mathrm{B}} \frac{\sqrt{(dx)^2 + (dy)^2}}{v} = \int_{\mathrm{A}}^{\mathrm{B}} dx \sqrt{1 + \left(\frac{dy}{dx}\right)^2} \frac{1}{\sqrt{2g(y_0 - y)}}$$

で与えられる．A と B を結ぶ最速降下線を $y = y(x)$ とし，この曲線を $y(x) \longrightarrow y(x) + \delta y(x)$ と微小に変化させたとき，T の値が変化しないという停留値の条件，$\delta T = 0$ が満たされるべき条件である．陽に書くと

$$\begin{aligned}\delta T &= \int_{\mathrm{A}}^{\mathrm{B}} dx \Bigg\{ \frac{1}{\sqrt{1 + (dy/dx)^2}} \frac{1}{\sqrt{2g(y_0 - y)}} \frac{dy}{dx} \frac{d\delta y}{dx} \\ &\qquad + \frac{1}{2} \sqrt{1 + \left(\frac{dy}{dx}\right)^2} \frac{1}{\sqrt{2g(y_0 - y)^3}} \delta y \Bigg\} \\ &= \int_{\mathrm{A}}^{\mathrm{B}} dx \Bigg\{ -\frac{d}{dx} \left(\frac{1}{\sqrt{1 + (dy/dx)^2}} \frac{1}{\sqrt{2g(y_0 - y)}} \frac{dy}{dx} \right) \\ &\qquad + \frac{1}{2} \sqrt{1 + \left(\frac{dy}{dx}\right)^2} \frac{1}{\sqrt{2g(y_0 - y)^3}} \Bigg\} \delta y\end{aligned}$$

となる．1 行目から 2 行目に移る際に部分積分を実行しているのだが，積分の両端での変分 δy はゼロとしている．任意の変分 δy に対して $\delta T = 0$ となるためには，被積分関数のなかの δy の係数部分がゼロにならなくてはいけない．すなわち

$$\begin{aligned}&-\frac{d}{dx} \left\{ \frac{1}{\sqrt{1 + (dy/dx)^2}} \frac{1}{\sqrt{2g(y_0 - y)}} \frac{dy}{dx} \right\} \\ &\qquad + \frac{1}{2} \sqrt{1 + \left(\frac{dy}{dx}\right)^2} \frac{1}{\sqrt{2g(y_0 - y)^3}} = 0\end{aligned} \tag{7.1}$$

という微分方程式が得られる．

ここでこの微分方程式を解く作業に深入りすることは避け，θ を媒介変数とした x, y の表示式

$$y = y_0 - \frac{a}{2}(1 - \cos\theta), \qquad x = \frac{a}{2}(\theta - \sin\theta) \tag{7.2}$$

が，微分方程式 (7.1) の解であることを指摘するにとどめよう．読者は (7.2) を (7.1) に代入して，(7.2) が解であることを自ら確認して頂きたい．ここで $\theta = 0$ で $x = 0, y = y_0$ となるようにしている．定数 a は点 B で $y = 0$ となることから決定される．(7.2) のように，θ でパラメータ表示される曲線は**サイクロイド**と呼ばれる．最速降下線はサイクロイドにほかならない．

何かある関数の変分をとったときにその関数に依存する量が停留値をとることを要請して有意な結果を得る方法を変分法，あるいは変分学と呼ぶ．余談ではあるが，ベルヌーイが最速降下線を求める問題を提出したとき，ニュートンはこの問題をただちに解き，なぜか匿名で解答を送ったという．その解法を見たベルヌーイは，解答者がニュートンであることをすぐに見抜いたという．

7.2 フェルマーの原理

中学や高校で幾何光学を学ぶと，光の屈折に関する**スネルの法則**というのを習う．この法則もじつは変分学と密接な関係にある．図 7.2 のように，点 A から点 B まで光が進む際，光は最短時間で到達するように光路を選ぶとしよう．これを**フェルマーの原理**という．PQ の上側および下側の媒質の屈折率を，それぞれ n_1, n_2 とする．真空中での光の速さは (1.17) で与えられ，屈折率 n の媒質中での光の速さは c/n である．図 7.2 の場合にフェルマーの原理を適用すれば，

$$\frac{n_1}{c}\frac{\overline{\mathrm{AP}}}{\cos\theta_1} + \frac{n_2}{c}\frac{\overline{\mathrm{BQ}}}{\cos\theta_2} \tag{7.3}$$

が最小になるように光の経路が決まる．θ_1, θ_2 は，図 7.2 で定義してある．これらの角度をそれぞれ $\Delta\theta_1, \Delta\theta_2$ だけわずかに変化させた場合に (7.3) が停留値をとる条件は

$$\frac{n_1}{c}\,\overline{\mathrm{AP}}\,\frac{\sin\theta_1}{\cos^2\theta_1}\,\Delta\theta_1 + \frac{n_2}{c}\,\overline{\mathrm{BQ}}\,\frac{\sin\theta_2}{\cos^2\theta_2}\,\Delta\theta_2 = 0 \tag{7.4}$$

となる．

ただし θ_1, θ_2 は独立ではなく，

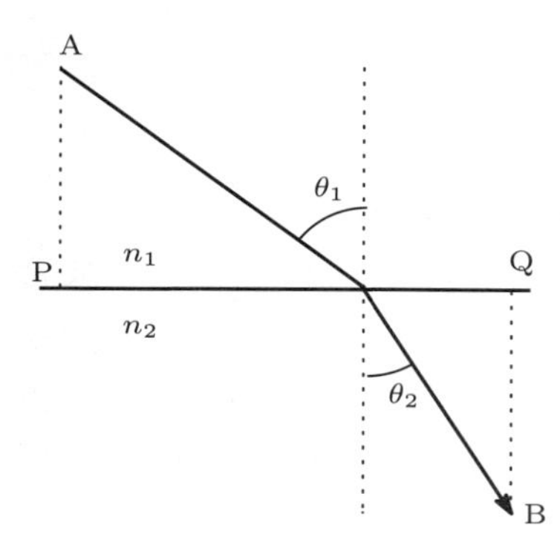

図 7.2 点 A から点 B まで光が進む場合，光線は最短時間で到達する経路を選ぶ．これをフェルマーの原理という．n_1, n_2 は媒質の屈折率である．

$$\overline{\mathrm{AP}}\tan\theta_1 + \overline{\mathrm{BQ}}\tan\theta_2 - \overline{\mathrm{PQ}} = 0 \tag{7.5}$$

という拘束条件が付いているので，$\Delta\theta_1, \Delta\theta_2$ も関係づいていて

$$\overline{\mathrm{AP}}\,\frac{1}{\cos^2\theta_1}\Delta\theta_1 + \overline{\mathrm{BQ}}\,\frac{1}{\cos^2\theta_2}\Delta\theta_2 = 0 \tag{7.6}$$

という制約を受ける．(7.4) と (7.6) を比較することにより

$$n_1\sin\theta_1 = n_2\sin\theta_2 \tag{7.7}$$

が成り立っていることが分かる．これはスネルの法則にほかならない．

7.3 屈折の法則の一般化

屈折率が $n = n(\boldsymbol{r})$ のように，座標 $\boldsymbol{r} = (x, y, z)$ に関して連続的に変化する一般的な場合 *1)，点 A から点 B に到達する光に対するフェルマーの原理は

$$\delta W = 0, \quad W \equiv \int_{\mathrm{A}}^{\mathrm{B}} ds\, n(\boldsymbol{r}) \tag{7.8}$$

と書くことができる．ここで $ds = \sqrt{d\boldsymbol{r}^2} = \sqrt{(dx)^2 + (dy)^2 + (dz)^2}$ は微小な線素の長さである．経路を記述するパラメータとして，この線素の長さ s を採用しよう．光の経路を，$\boldsymbol{r}(s)$ から $\boldsymbol{r}(s) + \delta\boldsymbol{r}(s)$ に微小変化させると，線素の変化は

$$ds \to \sqrt{(d(\boldsymbol{r} + \delta\boldsymbol{r}))^2} \approx \sqrt{(d\boldsymbol{r})^2 + 2d\boldsymbol{r}\cdot d(\delta\boldsymbol{r})} \approx ds + ds\frac{d\boldsymbol{r}}{ds}\cdot\frac{d(\delta\boldsymbol{r})}{ds}$$

となる．ここで $\delta\boldsymbol{r}$ について 2 次以上の項は無視した．これを用いると (7.8) の変

*1) 屈折率が $\boldsymbol{r}$ のみならず $d\boldsymbol{r}/ds$ にも依存する場合も考察するべきではあるが，ここでは簡単のため，屈折率は $\boldsymbol{r}$ にのみ依存するとする．

化 δW は

$$\delta W = \int_{\mathrm{A}}^{\mathrm{B}} ds \left\{ \frac{\partial n(\boldsymbol{r})}{\partial \boldsymbol{r}} \cdot \delta \boldsymbol{r} + n(\boldsymbol{r}) \frac{d\boldsymbol{r}}{ds} \cdot \frac{d\delta \boldsymbol{r}}{ds} \right\}$$
$$= \int_{\mathrm{A}}^{\mathrm{B}} ds \left\{ \frac{\partial n(\boldsymbol{r})}{\partial \boldsymbol{r}} - \frac{d}{ds} \left(n(\boldsymbol{r}) \frac{d\boldsymbol{r}}{ds} \right) \right\} \cdot \delta \boldsymbol{r} \tag{7.9}$$

となる．最後の式を得る際には，s についての部分積分を行い，両端 A, B では $\delta \boldsymbol{r}$ がゼロであるとしている．

停留値の条件 $\delta W = 0$ から光の経路は

$$\frac{d}{ds} \left(n(\boldsymbol{r}) \frac{d\boldsymbol{r}}{ds} \right) = \frac{\partial n(\boldsymbol{r})}{\partial \boldsymbol{r}} \tag{7.10}$$

を解くことによって求まる．これが (7.7) の一般化である．実際，屈折率 $n(\boldsymbol{r})$ が，例えば z のみに依存する場合，(7.10) の右辺の x 成分，y 成分はゼロとなり，

$$n(\boldsymbol{r}) \frac{dx}{ds} = \text{constant}, \quad n(\boldsymbol{r}) \frac{dy}{ds} = \text{constant}$$

となるが，これはスネルの法則 (7.7) を特別な場合として含んでいる．

7.4 光線の経路と1階の連立微分方程式

(7.10) は光線の経路を決定する2階の微分方程式である．これを2本の1階の微分方程式に書き換えよう．やり方は簡単である．まず

$$\boldsymbol{p} = n(\boldsymbol{r}) \frac{d\boldsymbol{r}}{ds} \tag{7.11}$$

というベクトルを定義する．これは各点における光線の接線方向を表している．これを用いれば (7.10) は

$$\frac{d\boldsymbol{p}}{ds} = \frac{\partial n(\boldsymbol{r})}{\partial \boldsymbol{r}} \tag{7.12}$$

となる．(7.11), (7.12) は，$\boldsymbol{p} = \boldsymbol{p}(s)$, $\boldsymbol{r} = \boldsymbol{r}(s)$ を決定するための連立の1階微分方程式となっている．

(7.11) と (7.12) は，

$$H(\boldsymbol{r}, \boldsymbol{p}) = \frac{1}{2} \left\{ \boldsymbol{p}^2 - n(\boldsymbol{r})^2 \right\} \tag{7.13}$$

という量を用いると，$\boldsymbol{r}$ と $\boldsymbol{p}$ について対称な形にすることができる．すなわち

$$n(\boldsymbol{r})\frac{d\boldsymbol{r}}{ds} = \frac{\partial H(\boldsymbol{r},\boldsymbol{p})}{\partial \boldsymbol{p}} \tag{7.14}$$

$$n(\boldsymbol{r})\frac{d\boldsymbol{p}}{ds} = -\frac{\partial H(\boldsymbol{r},\boldsymbol{p})}{\partial \boldsymbol{r}} \tag{7.15}$$

が光線の経路を決定する方程式となる．(7.14) は (7.11) と同一であり，(7.15) は (7.12) と同一である．$H(\boldsymbol{r},\boldsymbol{p})$ は特別な意味を持つ量である．なぜならば $H(\boldsymbol{r},\boldsymbol{p})$ という量は，光線の経路に沿って一定の値をとるからである．実際 $H(\boldsymbol{r},\boldsymbol{p})$ を s で微分して (7.14), (7.15) を用いれば

$$\begin{aligned}\frac{dH(\boldsymbol{r},\boldsymbol{p})}{ds} &= \frac{\partial H(\boldsymbol{r},\boldsymbol{p})}{\partial \boldsymbol{r}}\cdot\frac{d\boldsymbol{r}}{ds} + \frac{\partial H(\boldsymbol{r},\boldsymbol{p})}{\partial \boldsymbol{p}}\cdot\frac{d\boldsymbol{p}}{ds}\\ &= -n(\boldsymbol{r})\frac{\partial \boldsymbol{p}}{ds}\cdot\frac{d\boldsymbol{r}}{ds} + n(\boldsymbol{r})\frac{\partial \boldsymbol{r}}{ds}\cdot\frac{d\boldsymbol{p}}{ds}\\ &= 0\end{aligned}$$

となり，光の経路に沿って $H(\boldsymbol{r},\boldsymbol{p})$ は値が変化しないことが分かる．

7.5 アイコナール方程式

(7.3) で光の経路の変分を考える際には，積分の両端，点 A, B では $\delta\boldsymbol{r} = 0$ とした．この節ではただ単に

$$W(P, P_0) = \int_{P_0}^{P} ds\, n(\boldsymbol{r})$$

という点 P_0 から点 P までの積分を取り上げる．$W(P, P_0)$ は P の位置の関数となる．経路の微小な変分を考えると，(7.9) とは相違して部分積分の際の両端からの寄与が残る．すなわち

$$\delta W(P, P_0) = \int_{P_0}^{P} ds \left\{\frac{\partial n(\boldsymbol{r})}{\partial \boldsymbol{r}} - \frac{d}{ds}\left(n(\boldsymbol{r})\frac{d\boldsymbol{r}}{ds}\right)\right\}\cdot\delta\boldsymbol{r} + n(\boldsymbol{r})\frac{d\boldsymbol{r}}{ds}\cdot\delta\boldsymbol{r}\Bigg|_{P_0}^{P}$$

となる．光線が最短時間の経路をとるならば，右辺第 1 項は消えるので

$$\delta W(P, P_0) = n(\boldsymbol{r})\frac{d\boldsymbol{r}}{ds}\cdot\delta\boldsymbol{r}\Bigg|_{P_0}^{P}$$

と簡単化される．この式から，端点 P の座標 $\boldsymbol{r}$ についての勾配として

$$\frac{\partial W}{\partial \boldsymbol{r}} = n(\boldsymbol{r})\frac{d\boldsymbol{r}}{ds}, \quad \left(\frac{\partial W}{\partial \boldsymbol{r}}\right)^2 = n(\boldsymbol{r})^2 \tag{7.16}$$

が導かれる．(7.16) はしばしばアイコナール方程式と呼ばれ，W はハミルトンの特性関数あるいはアイコナール [*2] という．W が一定の面は光の波面を表し，$\partial W/\partial \boldsymbol{r}$ は波の進行方向を意味するベクトルとなる．(7.11) と (7.16) を比較すれば点 P における光線の接線ベクトル $\boldsymbol{p}$ は $\boldsymbol{p} = \dfrac{\partial W}{\partial \boldsymbol{r}}$ と書けることが分かる．このことから (7.16) の第 2 式は

$$H\left(\boldsymbol{r}, \frac{\partial W}{\partial \boldsymbol{r}}\right) = \frac{1}{2}\left\{\left(\frac{\partial W}{\partial \boldsymbol{r}}\right)^2 - n(\boldsymbol{r})^2\right\} = 0$$

と書くこともできる．

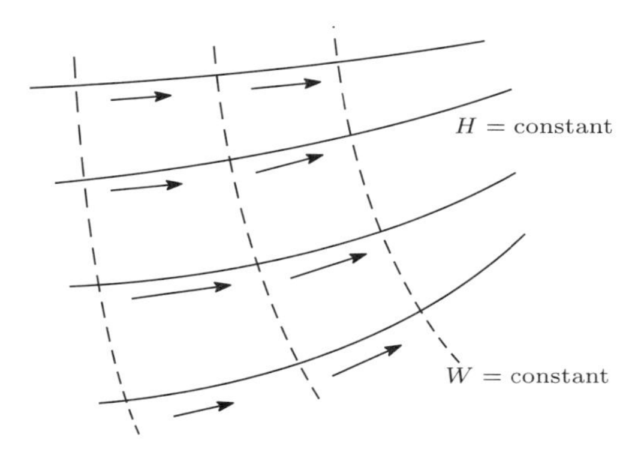

図 7.3 光の伝搬：光の経路に沿って $H(\boldsymbol{r}, \boldsymbol{p})$ は一定である．一方アイコナール W が一定の値をとる曲線群は，光の経路を表す曲線群に直交している．

7.6 モーペルチュイの原理, ヤコビの原理

フェルマーの原理により光の経路を変分法で決定することができたが，同じような考え方を古典力学にも使えないか，ポテンシャル・エネルギー $U(\boldsymbol{r})$ のもとで運動する質点の軌道の決定に適用できないか，という課題が自然に浮かび上がってくる．これについてはモーペルチュイの原理，あるいは最小作用の原理と呼ばれるものが知られている．この原理はいくつかの形に書き表すことができるのだが，ここではヤコビ (C.G. Jacobi) による定式化を説明しよう．モーペルチュイ (P.L.M. de Maupertuis) の約百年後に登場したヤコビは，1842 年から翌年にかけての冬学期にケーニヒスベルク大学で力学の講義を行った．その内容は「力学

[*2] アイコンとはギリシャ語で「像」を意味し，アイコナールは像をつくる関数というような意味である．

講義」と題する講義録に収められて広く読まれたのだが，モーペルチュイの原理の変形はその講義録のなかに登場する．m を質点の質量, E を定数とすると，質点の軌道を決定する法則が

$$\delta \int_A^B ds \sqrt{2m(E - U(\boldsymbol{r}))} = 0 \tag{7.17}$$

という停留値条件で与えられるというのがこの原理の主張である．これは**ヤコビの原理**と呼ばれている．(7.17) には時間変数が陽には含まれていないことを注意しておこう．すなわちこの形の変分原理は，幾何光学における場合と同様，質点の軌道の形，質点の軌跡を決定するためのものであり，各時刻における質点の位置を決めるものにはなっていない．

(7.17) は形式としては (7.8) のなかで

$$n(\boldsymbol{r}) \to \sqrt{2m(E - U(\boldsymbol{r}))} \tag{7.18}$$

という置き換えを行ったものになっている．そこで (7.10) でそのような置き換えを行えば，軌道の形を決定する方程式として

$$\begin{aligned} \frac{d}{ds}\left(\sqrt{2m(E-U(\boldsymbol{r}))}\frac{d\boldsymbol{r}}{ds}\right) &= \frac{\partial\sqrt{2m(E-U(\boldsymbol{r}))}}{\partial \boldsymbol{r}} \\ &= -\frac{m}{\sqrt{2m(E-U(\boldsymbol{r}))}}\frac{\partial U(\boldsymbol{r})}{\partial \boldsymbol{r}} \end{aligned}$$

を得る．この式を少し工夫して書き換えると

$$m\,\frac{\sqrt{2m(E-U(\boldsymbol{r}))}}{m}\,\frac{d}{ds}\left(\frac{\sqrt{2m(E-U(\boldsymbol{r}))}}{m}\,\frac{d\boldsymbol{r}}{ds}\right) = -\frac{\partial U(\boldsymbol{r})}{\partial \boldsymbol{r}} \tag{7.19}$$

というものになる．

さてここで時間変数 t を

$$dt = \frac{m\,ds}{\sqrt{2m(E-U(\boldsymbol{r}))}}, \qquad \frac{d}{dt} = \frac{\sqrt{2m(E-U(\boldsymbol{r}))}}{m}\,\frac{d}{ds} \tag{7.20}$$

という関係式で導入したとする．すると (7.19) は

$$m\frac{d^2\boldsymbol{r}}{dt^2} = -\frac{\partial U(\boldsymbol{r})}{\partial \boldsymbol{r}}$$

となるが，これはニュートンの運動方程式にほかならない．(7.20) によって時間変数を導入するということは

$$\frac{1}{2m}\boldsymbol{p}^2 + U(\boldsymbol{r}) = E, \quad |\boldsymbol{p}| = m\frac{ds}{dt} \tag{7.21}$$

というエネルギー保存則が成り立つことを要請していることになる．そのような時間変数を用いれば，(7.17) はニュートンの運動方程式と等価である．ここで強調すべきことは，(7.17) では，質点の位置座標 $\boldsymbol{r}$ を 3 次元直交座標，球座標，円筒座標等々，どのような座標系を用いるかに関係のないものになっているという点である．変分原理に基づいた力学法則の定式化はそのような普遍的な性格を持っている．

ヤコビの原理は質点の運動エネルギー T_{kin} を用いて時間積分の形に書き換えることができる．実際

$$\sqrt{2m(E-U(\boldsymbol{r}))}\,ds = m\left(\frac{ds}{dt}\right)^2 dt = 2T_{\text{kin}}\,dt$$

であるから，停留値条件 (7.17) は

$$\delta\int_{t_A}^{t_B} dt\,2T_{\text{kin}} = 0 \tag{7.22}$$

と書き直せる．t_A, t_B は両端における時刻である．この形の変分原理がもともとモーペルチュイが提唱したものであった．(7.22) だけを眺めていると変分原理が運動エネルギー T_{kin} のみで書かれているので，一体ポテンシャル・エネルギーの情報はどこに隠れてしまったのか，不思議に思う読者もいるに違いない．(7.22) の形で変分をとる場合は，質点の位置座標 $\boldsymbol{r}$ と時間変数 t が (7.20) によって制約を受けていることを考慮せねばならず，そこにこそポテンシャル・エネルギーの情報が入っている．これに関連して，(7.17) の変分では両端を質点が通過する時刻が固定されていないことも注意すべきである．

(7.22) の時間積分の形で変分原理を適用する際には，質点の力学的エネルギー E を固定して変分をとっていることを，再度強調しておこう．エネルギーの保存則は元来運動方程式から導くものであるから，エネルギー保存則という結果を先取りした形での変分原理はかならずしも満足できるものではない．この点は第 11 章で述べるハミルトンの原理では改良されている．

光学におけるアイコナール方程式 (7.16) の力学における対応物についても述べておこう．力学との対応関係は (7.18) の置き換えをすればよい．(7.16) でこの置き換えを実行すると

$$\left(\frac{\partial W}{\partial \boldsymbol{r}}\right)^2 = 2m\left\{E - U(\boldsymbol{r})\right\}$$

あるいは

$$\frac{1}{2m}\left(\frac{\partial W}{\partial \boldsymbol{r}}\right)^2 + U(\boldsymbol{r}) = E \tag{7.23}$$

が得られる．この方程式は第 12 章で登場するハミルトン・ヤコビ方程式から導かれるものと同じ形であることを予告しておこう．(7.23) は，力学的エネルギーの保存を表す式 (7.21) のなかの運動量ベクトル $\boldsymbol{p}$ が $\partial W/\partial \boldsymbol{r}$ に置き換わったものであることが分かるだろう．

以上の議論から分かるように，光に対するフェルマーの原理と質点に対するモーペルチュイの原理あるいはヤコビの原理との間には，何か神秘的ともいえる類似関係が潜んでいる．これが単なる類似性にとどまらず，波動性と粒子性の間に横たわる本質的な関係であることを看破したのは，第 1 章で既に登場したド・ブロイであった．ド・ブロイの理論では，相対性理論も一定の役割を演じている．詳しい議論は第 8 章で行う．

8 物質波から波動力学へ

光学におけるフェルマーの原理と力学におけるヤコビの原理との間の類似性を極限にまで押し進めよう．そうすることによって，波動光学に対応するところの波動力学の姿が自然に浮かび上がってくる．波動力学とはシュレーディンガー (E. Schrödinger) が提唱した量子力学の一つの定式化にほかならない．

8.1 伝搬する波の方程式

波動の最も簡単な例として，

$$\psi(t,x) = A\cos 2\pi\left(\frac{x}{\lambda} - \nu t\right) = A\cos 2\pi\nu\left(\frac{x}{v} - t\right) \tag{8.1}$$

を取り上げよう．A は波の振幅を表し，λ は波長，ν は振動数を表す．実際 x が λ 増大すると位相は 2π 進み，t が $1/\nu$ 進むと位相は 2π 増加する．位相が一定というのは $x - vt = \text{constant}$ のことであるから，位相が一定の場所は速さ v で x 軸の方向に移動していく．v は**位相速度**と呼ばれ，$v = \lambda\nu$ という関係がある．5.8 節で波数という用語を導入したが，それは単位長さあたり波が振動する回数に 2π を掛けたもので，

$$k = \frac{2\pi\nu}{v} = \frac{2\pi}{\lambda}$$

で与えられる．波数を用いれば (8.1) は

$$\psi(t,x) = A\cos(kx - 2\pi\nu t) \tag{8.2}$$

と書き直すことができる．(8.1) は明らかに

$$\left(\frac{1}{v^2}\frac{\partial^2}{\partial t^2} - \frac{\partial^2}{\partial x^2}\right)\psi(t,x) = 0 \tag{8.3}$$

という方程式を満足している．しかし (8.3) を満足する解は (8.1) 以外にも数多く存在する．実際 $f(x-vt)$，$g(x+vt)$ という形の関数は (8.3) を明らかに満足している．$f(x-vt)$ は x 軸の正の方向に進む波，$g(x+vt)$ は x 軸の負の方向に進む波である．

x 軸方向に限定せずに，任意の方向に進む波を次に考えよう．それは (8.2) の代わりに

$$\psi(t,\boldsymbol{r}) = A\cos(\boldsymbol{k}\cdot\boldsymbol{r} - 2\pi\nu t), \tag{8.4}$$

$$\boldsymbol{k} = (k_x, k_y, k_z), \qquad \boldsymbol{r} = (x,y,z)$$

というものを考えることになる．$\boldsymbol{k} = (k,0,0)$ の場合には，(8.4) は (8.1) になる．波の位相が一定という条件は $\boldsymbol{k}\cdot\boldsymbol{r} - 2\pi\nu t = \text{constant}$ であるから，波の進行方向は $\boldsymbol{k}$ である．$\boldsymbol{k}$ は波数ベクトルと呼ばれる．波の位相速度 v，波長 λ は

$$v = \frac{2\pi\nu}{|\boldsymbol{k}|}, \qquad \lambda = \frac{2\pi}{|\boldsymbol{k}|}$$

となる．(8.4) は明らかに

$$\left(\frac{1}{v^2}\frac{\partial^2}{\partial t^2} - \nabla^2\right)\psi(t,\boldsymbol{r}) = 0 \tag{8.5}$$

という方程式を満足している．ここで

$$\nabla^2 = \frac{\partial^2}{\partial x^2} + \frac{\partial^2}{\partial y^2} + \frac{\partial^2}{\partial z^2} \tag{8.6}$$

という記法を導入したが，この 2 階の微分演算の記号はラプラス演算子あるいはラプラシアンと呼ばれる．方程式 (8.5) の一般解は

$$f(\boldsymbol{k}\cdot\boldsymbol{r} - 2\pi\nu t), \qquad g(\boldsymbol{k}\cdot\boldsymbol{r} + 2\pi\nu t)$$

というものである．波の伝搬を記述する方程式 (8.3), (8.5) はダランベール方程式と呼ばれる．

8.2　波動光学と幾何光学

電磁気学によれば，電磁波の伝搬を記述する方程式も (8.5) の形になる．物質の屈折率を n とすれば，光の伝搬速度は c/n であるから，(8.5) は

$$\left(\frac{n^2}{c^2}\frac{\partial^2}{\partial t^2} - \nabla^2\right)\psi(t, \boldsymbol{r}) = 0 \tag{8.7}$$

となる．これが波動光学の基礎的な方程式である．

それでは幾何光学で得たアイコナール方程式と波動方程式はいかなる関係にあるのだろうか．直観的には波の振幅が波長程度の距離ではそれほど変化しない場合，波動が幾何光学的な描像になるものと予想される，このことを確認するために

$$\psi(t, \boldsymbol{r}) = A(\boldsymbol{r})\cos\{k\ (W(\boldsymbol{r}) - ct)\}$$

とおくことにしよう．これを波動方程式に入れると

$$\begin{aligned} 0 &= \left(\frac{n^2}{c^2}\frac{\partial^2}{\partial t^2} - \nabla^2\right)\psi(t, \boldsymbol{r}) \\ &= \left\{-n^2k^2A + k^2A\left(\frac{\partial W}{\partial \boldsymbol{r}}\right)^2 - \nabla^2 A\right\}\cos\{k\,(W(\boldsymbol{r}) - ct)\} \\ &\quad + k\left(A\nabla^2 W + 2\frac{\partial A}{\partial \boldsymbol{r}}\cdot\frac{\partial W}{\partial \boldsymbol{r}}\right)\sin\{k\,(W(\boldsymbol{r}) - ct)\} \end{aligned}$$

が得られる．正弦関数と余弦関数の係数をそれぞれゼロとおけば

$$k^2A\left\{-n^2 + \left(\frac{\partial W}{\partial \boldsymbol{r}}\right)^2\right\} - \nabla^2 A = 0 \tag{8.8}$$

$$A\nabla^2 W + 2\frac{\partial A}{\partial \boldsymbol{r}}\cdot\frac{\partial W}{\partial \boldsymbol{r}} = 0$$

となる．

(8.8) に注目しよう．振幅 A が波の波長程度の距離ではそれほど変化しない，なめらかな関数であるならば，(8.8) の第 2 項は第 1 項に比べて無視できるであろう．その場合

$$\left(\frac{\partial W}{\partial \boldsymbol{r}}\right)^2 = n^2 \tag{8.9}$$

が導かれる．これはアイコナール方程式にほかならない．

8.3 波の群速度

媒質中の光の伝搬を考察しよう．真空中での光速を c とするならば，媒質中での光速は $v = c/n$ である．ここで n は屈折率で，一般に屈折率は光の振動数 ν に

依存するので，以後は $n = n(\nu)$ と書くことにしよう．

(8.1) のタイプの波動で，振動数が $\nu + \delta\nu_1$, $\nu + \delta\nu_2$ の 2 種類の波動

$$A_i \cos 2\pi(\nu + \delta\nu_i)\left(\frac{n(\nu + \delta\nu_i)}{c}x - t\right) \qquad (i = 1, 2)$$

の重ね合わせを取り上げる．$\delta\nu_1$, $\delta\nu_2$ は ν に比べて十分小さいものとする．

時刻 t を Δt だけ経過させ，座標 x を Δx だけ変化させたとき，これらの波の位相の変化は

$$\begin{aligned}
&2\pi(\nu + \delta\nu_i)\left(\frac{n(\nu + \delta\nu_i)}{c}\Delta x - \Delta t\right) \\
&\quad \approx 2\pi\left((\nu + \delta\nu_i)\frac{n(\nu)}{c}\Delta x + \nu\,\delta\nu_i\frac{n'(\nu)}{c}\Delta x - (\nu + \delta\nu_i)\Delta t\right) \qquad (i = 1, 2)
\end{aligned}$$

2 種類の波の位相差は

$$2\pi\left(\delta\nu_1 - \delta\nu_2\right)\left\{\frac{1}{c}\left(n(\nu) + \nu n'(\nu)\right)\Delta x - \Delta t\right\}$$

となるのだが，もしも

$$\frac{\Delta x}{\Delta t} = \frac{c}{n(\nu) + \nu n'(\nu)} \approx \left\{\frac{1}{c}\frac{d(\nu n(\nu))}{d\nu}\right\}^{-1} \tag{8.10}$$

であるならば位相差はゼロである．(8.10) のことを波の**群速度**という．群速度とは，振動数がわずかに異なる 2 つの波の位相が揃いつつ媒質中を進む速さのことである．波の波長 λ は

$$\frac{1}{\lambda} = \frac{\nu n(\nu)}{c}$$

で与えられるから，群速度 (8.10) は

$$\left\{\frac{d}{d\nu}\left(\frac{1}{\lambda}\right)\right\}^{-1} \tag{8.11}$$

と書くこともできる．

この節では媒質中の光の伝搬を例にして群速度を説明したが，同様の概念は例えば結晶の格子振動の伝搬においても現れる．結晶では原子が格子状に並び，格子点付近で各原子が振動している．その振動が波となって伝搬すると媒質中をエネルギーが伝わる．エネルギーの塊は粒子のようにも見えるが，その伝わる速度が群速度なのである．

8.4 ド・ブロイの関係式

ド・ブロイは質量が m で，古典的には粒子と考えられている粒子に対しても波が付随していると考えた．5.8 節で既に述べた通り，物質に付随している波のことを物質波という．静止している粒子に対しては

$$\cos 2\pi\nu_0 t, \quad \sin 2\pi\nu_0 t \tag{8.12}$$

という波を付随させるのが自然であろう．特殊相対性理論によれば，静止している粒子は $E_0 = mc^2$ というエネルギーを持っている．そこでこの波の振動数 ν_0 は $\nu_0 = E_0/h$ であるとしよう．ここで h はプランク定数 (1.15) である．(8.12) は

$$\cos\left(\frac{2\pi}{h}E_0 t\right), \quad \sin\left(\frac{2\pi}{h}E_0 t\right)$$

と書き直すことができる．

それでは x 軸の方向にエネルギーが E，運動量 p で走っている粒子に対してはどのような波を付随させるべきであろうか．ド・ブロイは相対性理論の助けを借りながら，

$$\cos\left(\frac{2\pi}{h}(E\,t - p\,x)\right), \quad \sin\left(\frac{2\pi}{h}(E\,t - p\,x)\right) \tag{8.13}$$

という波を付随させるという結論を得た．この波の振動数 ν ならびに波長 λ は

$$\nu = \frac{E}{h}, \quad \frac{1}{\lambda} = \frac{p}{h} \tag{8.14}$$

となる．(8.14) の第 2 式，運動量と波長の関係式は，(1.14), (5.28) で既に登場したド・ブロイの関係式にほかならない．

特殊相対性理論によれば，運動量 p の自由粒子は $E = c\sqrt{m^2c^2 + p^2}$ というエネルギーを持ち，その速さは c^2p/E で与えられる．ところが (8.13) の波の位相速度が

$$\lambda\nu = \frac{E}{p}$$

であって，c^2p/E ではないことに注意しよう．c^2p/E という速さは，じつは波の位相速度ではなくて群速度 (8.11) に対応している．実際 (8.14) を用いて群速度を求めてみると

$$\left\{\frac{d}{d\nu}\left(\frac{1}{\lambda}\right)\right\}^{-1}=\left(\frac{dp}{dE}\right)^{-1}=\frac{d}{dp}\left(c\sqrt{m^2c^2+p^2}\right)=\frac{c\,p}{\sqrt{m^2c^2+p^2}}$$

となり，確かにこれは c^2p/E に一致している．

屈折率 n の媒質を通過する光と，粒子の力学との類似関係が興味深い．ポテンシャル $U(\boldsymbol{r})$ のもとで運動する質点の運動量が $p=\sqrt{2m(E-U(\boldsymbol{r}))}$ であることに注意すると

$$n=\frac{c}{\lambda\nu}=c\cdot\frac{h}{\lambda}\cdot\frac{1}{h\nu}\qquad\Leftrightarrow\qquad c\cdot p\cdot\frac{1}{E}=\frac{c\sqrt{2m(E-U(\boldsymbol{r}))}}{E}$$

という対応関係にある．このことから

$$\delta\int ds\,n=0\qquad\Leftrightarrow\qquad\delta\int ds\,\frac{c\sqrt{2m(E-U(\boldsymbol{r}))}}{E}=0$$

という図式が示すように，光に対するフェルマーの原理と質点に対するヤコビの原理とが，ド・ブロイの関係式を通じて互いに対応していることが明らかとなる．

8.5　シュレーディンガー方程式

8.5.1　波動力学への飛躍

8.1 節，8.2 節の議論により，波の振幅が波長程度の距離であまり変化しない場合には，波動光学が幾何光学で近似できることを学んだ．同じことが古典力学でも起こっていると思われる．幾何光学に対応する古典力学の理論はハミルトン・ヤコビ方程式であり，これはマクロ世界の理論である．ミクロの世界では基本的な波動方程式があり，その近似として古典力学が導出されることを，ド・ブロイの関係式の助けを借りながら議論することにしよう．

(8.5) の波動方程式の解として $\psi(t,\boldsymbol{r})=\phi(\boldsymbol{r})e^{-2\pi i\nu t}$ という形のものを考えよう．$\phi(\boldsymbol{r})$ の満たす方程式は

$$\left\{\frac{(2\pi)^2}{\lambda^2}+\nabla^2\right\}\phi(\boldsymbol{r})=0 \tag{8.15}$$

となる．ここで λ は波動の波長を表す．(8.15) の型の方程式はしばしば**ヘルムホルツ方程式**と呼ばれる．(8.15) にド・ブロイの関係式を用いよう．ポテンシャル $U(\boldsymbol{r})$ のなかで運動する質量 m の粒子の運動量は $|\boldsymbol{p}|^2=2m(E-U(\boldsymbol{r}))$ で与えられるので，物質波の波長は

$$\frac{1}{\lambda^2} = \frac{|\boldsymbol{p}|^2}{h^2} = \frac{2m}{h^2}(E - U(\boldsymbol{r}))$$

となる．これを (8.15) に代入すれば

$$\left\{\frac{(2\pi)^2}{h^2} 2m(E - U(\boldsymbol{r})) + \nabla^2\right\}\phi(\boldsymbol{r}) = 0$$

あるいは

$$\left\{-\frac{\hbar^2}{2m}\nabla^2 + U(\boldsymbol{r})\right\}\phi(\boldsymbol{r}) = E\phi(\boldsymbol{r}) \tag{8.16}$$

という方程式が得られる．これがポテンシャル $U(\boldsymbol{r})$ のなかで運動する粒子に対するシュレーディンガー方程式である．ここで $\hbar$ は (1.16) で導入した記法である．$\psi(t, \boldsymbol{r}) = \phi(\boldsymbol{r})e^{-2\pi iEt/h} = \phi(\boldsymbol{r})e^{-iEt/\hbar}$ という波動が

$$\left\{-\frac{\hbar^2}{2m}\nabla^2 + U(\boldsymbol{r})\right\}\psi(t, \boldsymbol{r}) = i\hbar\frac{\partial}{\partial t}\psi(t, \boldsymbol{r}) \tag{8.17}$$

という方程式を満たすこともすぐに分かる．(8.17) は時間に依存する形でのシュレーディンガー方程式である．$\phi(\boldsymbol{r})$, $\psi(t, \boldsymbol{r})$ はシュレーディンガーの波動関数と呼ばれる．

シュレーディンガー方程式 (8.16), (8.17) こそが 1.3 節，1.5 節で述べたような現象を記述するのにふさわしい基礎方程式である．(8.17) の右辺に純虚数 $i = \sqrt{-1}$ が現れていることは注目に値する．基礎方程式に虚数が存在するということは，波動関数 $\psi(t, \boldsymbol{r})$ が実数ではあり得ないことを意味している．電場や磁場の波が実数で表現できたのとは対照的である．純虚数あるいは複素数というのは，元来は人間が想像力を逞しくして考案した数であったはずなのだが，量子力学的な自然現象の記述において複素数は不可欠の数体系となる．量子力学のなかで最も重要なこの方程式にはいろいろな特徴がある．以下にそれらをまとめておこう．

8.5.2 ハミルトン・ヤコビ方程式との関係

8.2 節で我々は，光学の基礎になる波動方程式 (8.7) から出発して，波の振幅が波長程度の距離ではそれほど変化しないという近似のもとでアイコナール方程式 (8.9) を導いた．全く同じ技法を用いて，シュレーディンガー方程式 (8.16) から出発して，プランク定数が小さいという近似のもとでハミルトン・ヤコビ方程式 (7.23) を導きたい．プランク定数が小さいと見なせる場合というのは，波動性が

隠れ粒子性が強く現れてくる場合のことである．

まず波動関数 $\phi(\boldsymbol{r})$ を

$$\phi(\boldsymbol{r}) = \exp\left(\frac{i}{\hbar}W(\boldsymbol{r})\right), \qquad W(\boldsymbol{r}) = W_0(\boldsymbol{r}) + \frac{\hbar}{i}W_1(\boldsymbol{r}) + \left(\frac{\hbar}{i}\right)^2 W_2(\boldsymbol{r}) + \cdots$$

とおくことにしよう．指数の肩の関数 $W(\boldsymbol{r})$ を $\hbar$ のベキで展開して，$\hbar$ の効果を順次取り入れていく．この展開式を (8.16) に代入すると

$$\begin{aligned} E\,\phi(\boldsymbol{r}) &= \left\{-\frac{\hbar^2}{2m}\nabla^2 + U(\boldsymbol{r})\right\}\phi(\boldsymbol{r}) \\ &= \left\{\frac{1}{2m}\left(\frac{\partial W_0(\boldsymbol{r})}{\partial \boldsymbol{r}}\right)^2 + U(\boldsymbol{r})\right\}\phi(\boldsymbol{r}) \\ &\quad -\frac{i\hbar}{2m}\left\{2\frac{\partial W_0(\boldsymbol{r})}{\partial \boldsymbol{r}}\cdot\frac{\partial W_1(\boldsymbol{r})}{\partial \boldsymbol{r}} + \nabla^2 W_0(\boldsymbol{r})\right\}\phi(\boldsymbol{r}) + \mathcal{O}(\hbar^2) \end{aligned}$$

となる．$\hbar$ が小さいとして，$\hbar$ を含む項を全て捨てればシュレーディンガー方程式は

$$\frac{1}{2m}\left(\frac{\partial W_0(\boldsymbol{r})}{\partial \boldsymbol{r}}\right)^2 + U(\boldsymbol{r}) = E \tag{8.18}$$

となる．これはハミルトン・ヤコビ方程式 (7.23) と同じものである．これが古典力学的な近似となる．$\hbar$ について 1 次の効果を取り入れる場合というのは**準古典近似**と呼ぶのだが，準古典近似では

$$2\frac{\partial W_0(\boldsymbol{r})}{\partial \boldsymbol{r}}\cdot\frac{\partial W_1(\boldsymbol{r})}{\partial \boldsymbol{r}} + \nabla^2 W_0(\boldsymbol{r}) = 0$$

を解いて $W_1(\boldsymbol{r})$ による補正を考慮することになる．このように $\hbar$ のベキで展開して順次近似を上げていく方法のことを **WKB 近似** [*1] と呼ぶ．

8.5.3 交 換 関 係

ポテンシャルの中を運動する粒子のエネルギーは，古典力学では

$$H(\boldsymbol{r}, \boldsymbol{p}) = \frac{1}{2m}\boldsymbol{p}^2 + U(\boldsymbol{r}) \tag{8.19}$$

で記述される．$\boldsymbol{r}$ と $\boldsymbol{p}$ のこの関数はハミルトン関数あるいはハミルトニアンと呼ばれる．ハミルトン関数とシュレーディンガー方程式 (8.16)，(8.17) の左辺の微

[*1] WKB は G. Wentzel, H.A. Kramers, L. Brillouin の 3 人の物理学者の名前の頭文字を表している．

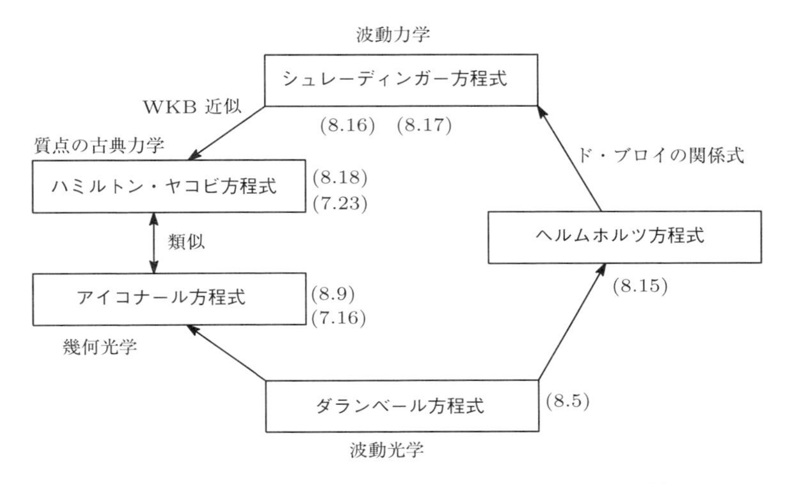

図 **8.1** 本書に登場する様々な方程式とそれらの間の関係

分演算を比較すると，興味深い関係が浮かび上がってくる．すなわち古典力学における質点の運動量 $\boldsymbol{p}$ が，シュレーディンガー方程式では微分演算 $-i\hbar\partial/\partial\boldsymbol{r}$ に置き換わっている．成分ごとに書けば，運動量の各成分が

$$p_x \to \widehat{p}_x \equiv -i\hbar\frac{\partial}{\partial x}, \quad p_y \to \widehat{p}_y \equiv -i\hbar\frac{\partial}{\partial y}, \quad p_z \to \widehat{p}_z \equiv -i\hbar\frac{\partial}{\partial z} \tag{8.20}$$

に置き換えられていて，ハミルトン関数は

$$\begin{aligned} H(\boldsymbol{r},\boldsymbol{p}) \to \widehat{H}(\widehat{\boldsymbol{r}},\widehat{\boldsymbol{p}}) &= \frac{1}{2m}\left(\widehat{p}_x^2+\widehat{p}_y^2+\widehat{p}_z^2\right)+U(\widehat{\boldsymbol{r}}) \\ &= -\frac{\hbar^2}{2m}\left(\frac{\partial^2}{\partial x^2}+\frac{\partial^2}{\partial y^2}+\frac{\partial^2}{\partial z^2}\right)+U(\widehat{\boldsymbol{r}}) \end{aligned}$$

という微分演算子，ハミルトン演算子に置き換わっている．ここで $\widehat{\boldsymbol{r}} = (\widehat{x},\widehat{y},\widehat{z})$ は $\boldsymbol{r} = (x,y,z)$ と同じものではあるが，量子力学的な量であることを意味するためにハットを付けた．

量子力学においては，座標と運動量の微分演算子の間に重要な関係があることを指摘しよう．まず任意の x の関数 $f(x)$ に対して

$$\frac{d}{dx}(xf(x)) = x\frac{df(x)}{dx}+f(x)$$

あるいは両辺に $-i\hbar$ を掛けて整理し

$$-i\hbar\left(\frac{d}{dx}\,x - x\frac{d}{dx}\right)f(x) = -i\hbar f(x)$$

という関係があることに注目する．この関係が任意の関数 $f(x)$ に対して成り立つことから，$f(x)$ を取り払って

$$-i\hbar\left(\frac{d}{dx}\,x - x\frac{d}{dx}\right) = -i\hbar$$

と書くことが許されるだろう．y, z についての微分演算についても同様の式を書くことができる．よって我々は

$$\widehat{p}_x\,\widehat{x} - \widehat{x}\,\widehat{p}_x = -i\hbar, \quad \widehat{p}_y\,\widehat{y} - \widehat{y}\,\widehat{p}_y = -i\hbar, \quad \widehat{p}_z\,\widehat{z} - \widehat{z}\,\widehat{p}_z = -i\hbar$$

という演算子の間の関係を知る．$[\widehat{A}, \widehat{B}] = \widehat{A}\widehat{B} - \widehat{B}\widehat{A}$ という記号を用いるならば，これらを

$$[\widehat{p}_x,\,\widehat{x}] = -i\hbar, \quad [\widehat{p}_y,\,\widehat{y}] = -i\hbar, \quad [\widehat{p}_z,\,\widehat{z}] = -i\hbar \tag{8.21}$$

と書くこともできる．座標および運動量を表す演算子の間にこのような**交換関係**があることが，量子力学の基礎にある最も重要な関係式なのである．(8.21) 以外の交換関係は全てゼロである．

交換関係については以下の諸性質があることを注意しておこう．

$$\begin{aligned}
&(1)\quad [\widehat{A}, \widehat{B}] = -[\widehat{B}, \widehat{A}] \\
&(2)\quad [\widehat{A}, \widehat{B}] + [\widehat{A}, \widehat{C}] = [\widehat{A}, \widehat{B} + \widehat{C}] \\
&(3)\quad [\widehat{A}\widehat{B}, \widehat{C}] = \widehat{A}[\widehat{B}, \widehat{C}] + [\widehat{A}, \widehat{C}]\widehat{B} \\
&(4)\quad [\widehat{A}, [\widehat{B}, \widehat{C}]] + [\widehat{B}, [\widehat{C}, \widehat{A}]] + [\widehat{C}, [\widehat{A}, \widehat{B}]] = 0
\end{aligned} \tag{8.22}$$

$\widehat{A}, \widehat{B}, \widehat{C}$ は任意の演算子である．これらの関係式は全て交換関係の定義に立ち戻れば容易に確認できる．(4) はヤコビ恒等式と呼ばれる．

8.6 角 運 動 量

古典力学では，原点のまわりの質点の角運動量 $\boldsymbol{L}$ は 3 次元直交座標系では (3.13) によって定義されていた．量子力学においては，角運動量ベクトルは演算子 $\widehat{\boldsymbol{L}}$ によって表され，古典力学の場合と全く同じように各成分は

$$\widehat{L}_x = \widehat{y}\,\widehat{p}_z - \widehat{z}\,\widehat{p}_y, \quad \widehat{L}_y = \widehat{z}\,\widehat{p}_x - \widehat{x}\,\widehat{p}_z, \quad \widehat{L}_z = \widehat{x}\,\widehat{p}_y - \widehat{y}\,\widehat{p}_x$$

によって定義される．すると $\widehat{\boldsymbol{L}}$ の各成分の間には興味深い交換関係が浮かび上がってくる．例えば $[\widehat{L}_x,\ \widehat{L}_y]$ を (8.21) に基づいて計算してみると

$$\begin{aligned}\left[\widehat{L}_x,\ \widehat{L}_y\right] &= [\widehat{y}\,\widehat{p}_z - \widehat{z}\,\widehat{p}_y, \widehat{z}\,\widehat{p}_x - \widehat{x}\,\widehat{p}_z] \\ &= \widehat{y}\ [\widehat{p}_z,\ \widehat{z}]\ \widehat{p}_x + \widehat{p}_y\ [\widehat{z},\ \widehat{p}_z]\ \widehat{x} \\ &= i\hbar\,(\widehat{x}\,\widehat{p}_y - \widehat{y}\,\widehat{p}_x) \\ &= i\hbar\widehat{L}_z\end{aligned}$$

となる．全く同様の計算を繰り返すことによって，

$$\left[\widehat{L}_x,\ \widehat{L}_y\right] = i\hbar\widehat{L}_z,\ \left[\widehat{L}_y,\ \widehat{L}_z\right] = i\hbar\widehat{L}_x,\ \left[\widehat{L}_z,\ \widehat{L}_x\right] = i\hbar\widehat{L}_y \tag{8.23}$$

という，数学的にも興味深い交換関係に到達する．

角運動量ベクトルの 2 乗を

$$\widehat{\boldsymbol{L}}^2 = (\widehat{L}_x)^2 + (\widehat{L}_y)^2 + (\widehat{L}_z)^2 \tag{8.24}$$

によって定義すると，この量もまた興味深い性質を持つ．すなわち

$$\left[\widehat{\boldsymbol{L}}^2,\ \widehat{L}_x\right] = \left[\widehat{\boldsymbol{L}}^2,\ \widehat{L}_y\right] = \left[\widehat{\boldsymbol{L}}^2,\ \widehat{L}_z\right] = 0 \tag{8.25}$$

という，単純な交換が可能であることを証明することができる．例えば $\widehat{\boldsymbol{L}}^2$ と $\widehat{L}_x$ の交換関係を計算すると

$$\begin{aligned}\left[\widehat{\boldsymbol{L}}^2,\ \widehat{L}_x\right] &= \left[(\widehat{L}_x)^2 + (\widehat{L}_y)^2 + (\widehat{L}_z)^2, \widehat{L}_x\right] \\ &= \widehat{L}_y\left[\widehat{L}_y,\ \widehat{L}_x\right] + \left[\widehat{L}_y,\ \widehat{L}_x\right]\widehat{L}_y + \widehat{L}_z\left[\widehat{L}_z,\ \widehat{L}_x\right] + \left[\widehat{L}_z,\ \widehat{L}_x\right]\widehat{L}_z \\ &= i\hbar\left(-\widehat{L}_y\,\widehat{L}_z - \widehat{L}_z\,\widehat{L}_y + \widehat{L}_z\,\widehat{L}_y + \widehat{L}_y\,\widehat{L}_z\right) \\ &= 0\end{aligned}$$

となり，交換することが分かる．$\widehat{L}_y$，$\widehat{L}_z$ との交換関係も同様にして示せる．上の式変形では交換関係の性質，(8.22) の (3) を頻繁に用いている．

8.7　調和振動子の量子力学的取り扱い (その 1)

シュレーディンガー方程式の具体的な応用を 1 次元調和振動子を例にして説明

しよう．調和振動子は，原点 $(x=0)$ からの距離に比例した力で原点方向の力を受け，原点を中心にして振動している．調和振動子の質量を m，振動数を ν とすればその位置エネルギーは

$$U(x)=\frac{m}{2}(2\pi\nu)^2x^2$$

となる．これを (8.16) に代入すると，解くべきシュレーディンガー方程式は

$$\left\{-\frac{\hbar^2}{2m}\frac{d^2}{dx^2}+\frac{m}{2}(2\pi\nu)^2x^2\right\}\phi(x)=E\,\phi(x) \tag{8.26}$$

となることが分かる．1 次元調和振動子は y 方向，z 方向には振動しないとするので，波動関数 $\phi(x)$ も x のみの関数とし，(8.26) の左辺には y, z についての微分は現れない．

シュレーディンガー方程式 (8.26) を $\phi(x)$ が **2 乗可積分**，すなわち

$$\int_{-\infty}^{+\infty}dx\,|\phi(x)|^2<\infty$$

という条件のもとで解くことにしよう．その場合，任意のエネルギー E に対して解が存在するわけではなく，ある特定の値の場合にのみ解が存在する．結論を述べるならば，(8.26) 右辺の E が

$$E_n=\left(n+\frac{1}{2}\right)h\nu \qquad (n=0,1,2,\cdots) \tag{8.27}$$

という離散的な値の場合にのみ解が存在する．対応する解を $\phi_n(x)$ と記すならば，$n=0,1,2$ については

$$\phi_0(x)=N_0\exp\left(-\frac{\xi^2}{2}\,x^2\right) \tag{8.28}$$

$$\phi_1(x)=N_1\,x\exp\left(-\frac{\xi^2}{2}\,x^2\right)$$

$$\phi_2(x)=N_2\left(2\xi^2x^2-1\right)\exp\left(-\frac{\xi^2}{2}\,x^2\right) \qquad \left(\xi\equiv 2\pi\sqrt{\frac{m\nu}{h}}\right)$$

$$\vdots$$

となる．N_0, N_1, N_2, $\cdots$ はゼロ以外の任意の定数であるが，通常は

$$\int_{-\infty}^{+\infty}dx\,|\phi_n(x)|^2=1 \qquad (n=0,1,2,\cdots) \tag{8.29}$$

となるように N_n $(n = 0, 1, 2, \cdots)$ を決める．この条件を課すと

$$N_0 = \sqrt{\frac{\xi}{\sqrt{\pi}}}, \quad N_1 = \sqrt{\frac{2\xi^3}{\sqrt{\pi}}}, \quad N_2 = \sqrt{\frac{\xi}{2\sqrt{\pi}}} \tag{8.30}$$

となる．$\phi_0(x)$, $\phi_1(x)$, $\phi_2(x)$ が微分方程式 (8.26) の解であることは，読者自ら微分を実行して確認して頂きたい．

シュレーディンガー方程式 (8.26) はハミルトン演算子

$$\begin{aligned}\widehat{H}(\widehat{x}, \widehat{p}) &= \frac{1}{2m}\widehat{p}^2 + \frac{m}{2}(2\pi\nu)^2\widehat{x}^2 \\ &= -\frac{\hbar^2}{2m}\frac{d^2}{dx^2} + \frac{m}{2}(2\pi\nu)^2 x^2\end{aligned} \tag{8.31}$$

を用いれば，$\widehat{H}\phi(x) = E\phi(x)$ と書くこともできる．この方程式が解を持つことを許す E_n をハミルトン演算子の**固有値**と呼び，対応する解 $\phi_n(x)$ のことをハミルトン演算子の**固有関数**と呼ぶ．固有値や固有関数を求める問題のことを**固有値問題**と呼ぶ．ハミルトン演算子の固有値問題がシュレーディンガー方程式にほかならない．

$\phi_0(x)$, $\phi_1(x)$, $\phi_2(x)$ をグラフに描いたのが図 8.2 である．この波動関数は古典

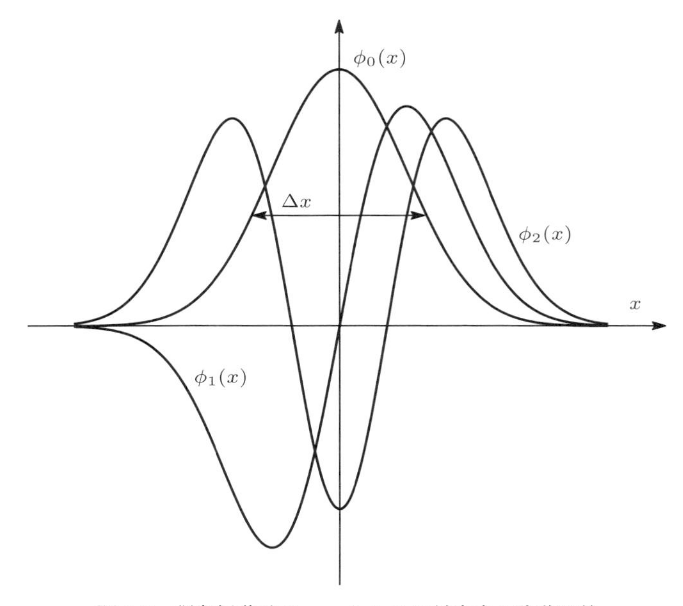

図 8.2　調和振動子の $n = 0, 1, 2$ に対応する波動関数

力学には対応物がなく，量子力学特有の新しい概念である．その物理的意味について述べよう．波動関数が (8.29) によって規格化されているとする．位置 x と $x+\Delta x$ の微小な領域に振動子が存在する確率が $|\phi(x)|^2\Delta x$ になる，というのが波動関数の解釈である．波動関数 $\phi(x)$ は**確率振幅**とも呼ばれる．古典統計力学においても確率という考え方はお目見えするが，確率振幅という概念は量子力学において初めて登場したものである．

量子力学ではエネルギーが一番低い状態のことを**基底状態**と呼ぶ．調和振動子の基底状態，すなわち $E_0 = h\nu/2$ の状態を記述する波動関数 (8.28) をもう少し詳しく調べてみよう．古典力学での調和振動子の場合，エネルギーが一番低い場合というのは静止状態であり，エネルギーはゼロのはずである．ところが量子力学では，$E_0 = h\nu/2$ が示すようにゼロではない．基底状態でも振動している．この事実はしばしば**零点振動**と呼ばれ，$E_0 = h\nu/2$ を零点エネルギーと呼ぶ．実際，図 8.2 の $\phi_0(x)$ の形を見ると，振動の中心 $x=0$ の周囲に波動関数が広がっている．振動子は揺らいでいるのである．その揺らぎの幅 Δx は，(8.28) の関数形から読み取ることができて

$$(\Delta x)^2 = \frac{1}{2\xi^2} = \frac{1}{(2\pi)^2}\frac{h}{2m\nu} \tag{8.32}$$

であることが分かる．振動子の運動量も $p=0$ の周囲で揺らいでいるのだが，その大きさ Δp は，運動エネルギーと位置エネルギーの和が $E_0 = h\nu/2$ であることから Δx と関係づいており，

$$\frac{1}{2m}(\Delta p)^2 + \frac{m}{2}(2\pi\nu)^2(\Delta x)^2 = \frac{1}{2m}(\Delta p)^2 + \frac{1}{4}h\nu = \frac{1}{2}h\nu$$

を満たさなければならない．すなわち

$$(\Delta p)^2 = \frac{mh\nu}{2} \tag{8.33}$$

となることが分かる．(8.32) と (8.33) の 2 つの式から我々は

$$\Delta x\,\Delta p = \frac{1}{2\pi}\sqrt{\frac{h}{2m\nu}} \times \sqrt{\frac{mh\nu}{2}} = \frac{1}{2}\frac{h}{2\pi} = \frac{\hbar}{2}$$

という式を導くことができる．この式は座標と運動量の揺らぎは独立ではなく，プランク定数 $\hbar$ によって縛られていることを意味している．一般の状態の場合には

$$\Delta x\,\Delta p \geq \frac{\hbar}{2} \tag{8.34}$$

という不等式を示すことができるのだが，この式から Δx, Δp は両方を同時に精度よく測定することはできないことが分かる．(8.34) は**不確定性関係**と呼ばれている．

9 剛体の力学と電子スピン

この章では剛体の古典力学を学ぶが，電子スピンの量子力学的な記述の方法のなかに，古典力学とよく似た側面があることも併せて学ぼう．

9.1 剛体の記述法

質点とは質量は持つが大きさを持たない，数学的に理想化された概念であることを第1章で述べた．現代の物理学では，電子もクォークやニュートリノも今のところは大きさを持たない素粒子として扱われる．しかし二酸化炭素分子やアンモニア分子のように，ミクロの世界でも大きさを持つものが大部分であるし，野球のボールや惑星などは明らかに大きさを持っている．第1章では剛体という概念も導入したが，これは大きさを持つが変形しない物体のことであり，剛体上の任意の2点の距離は不変であるとしている．これもまた数学的に理想化された概念である．そのように理想化することによって，大きさを持つ物体の運動を，数学的にしっかりとした基礎の上に立って議論することが可能になる．この章では剛体の力学を学ぶ．

質点の位置座標を指定するのに3つの座標を必要としたのと同様，剛体も，その重心の位置を指定するのに3つの座標が必要である．剛体の場合は重心の位置を指定しただけではその運動状態を決めたことにはならず，どの方向にどれぐらいの角度，回転しているかを指定しなければならない．回転の方向を指定するのに2つ，回転の角度を指定するのにさらに1つ，合計3個の量を指定しなければならない．

9.2 剛体の運動エネルギー

剛体の重心の運動は，重心に全質量が集中した質点と考えて運動方程式を立てて解けばよい．その意味では質点の力学と変わりはない．そこで以下では重心は静止しているとし，重心のまわりの回転運動を議論する．

静止している重心を原点とし，剛体の各点の位置ベクトルを $\boldsymbol{r} = (x, y, z)$，その点の速度ベクトルを $\boldsymbol{v}$ とする．剛体が $\boldsymbol{\omega} = (\omega_x, \omega_y, \omega_z)$ というベクトルの方向に右ネジが進む向きに回転しているとする．回転の角速度は $|\boldsymbol{\omega}|$ であるとする．このとき，$\boldsymbol{v}$ と $\boldsymbol{r}$, $\boldsymbol{\omega}$ の関係は

$$\boldsymbol{v} = \boldsymbol{\omega} \times \boldsymbol{r} = (\omega_y z - \omega_z y,\ \omega_z x - \omega_x z,\ \omega_x y - \omega_y x)$$

となる．

回転による運動エネルギー T_{kin} を求めよう．運動エネルギーは，剛体を各小部分に分けてその小部分の運動エネルギーの総和をとればよい．点 $\boldsymbol{r}$ 近傍の単位体積あたりの質量を $\boldsymbol{\rho}(\boldsymbol{r})$ とする．点 $\boldsymbol{r}$ 近傍の単位体積あたりの運動エネルギーは $\rho(\boldsymbol{r})\boldsymbol{v}^2/2$ となるから，剛体全体の運動エネルギーは，積分して

$$\begin{aligned} T_{\text{kin}} &= \frac{1}{2}\int d^3\boldsymbol{r}\ \rho(\boldsymbol{r})\boldsymbol{v}^2 \\ &= \frac{1}{2}\int d^3\boldsymbol{r}\ \rho(\boldsymbol{r})\left\{(\omega_y z - \omega_z y)^2 + (\omega_z x - \omega_x z)^2 + (\omega_x y - \omega_y x)^2\right\} \end{aligned} \tag{9.1}$$

という式を得る．T_{kin} は，$\boldsymbol{\omega} = (\omega_x, \omega_y, \omega_z)$ の各成分についての 2 次式ゆえ

$$T_{\text{kin}} = \frac{1}{2}(\omega_x, \omega_y, \omega_z)\begin{pmatrix} I_{xx} & I_{xy} & I_{xz} \\ I_{yx} & I_{yy} & I_{yz} \\ I_{zx} & I_{zy} & I_{zz} \end{pmatrix}\begin{pmatrix} \omega_x \\ \omega_y \\ \omega_z \end{pmatrix} \tag{9.2}$$

という形に書くことができる．(9.1) と (9.2) を比較すれば，(9.2) の 3 行 3 列の行列の各要素は

$$\begin{aligned} I_{xx} &= \int d^3\boldsymbol{r}\rho(\boldsymbol{r})\left(y^2 + z^2\right), \qquad I_{yz} = I_{zy} = -\int d^3\boldsymbol{r}\rho(\boldsymbol{r})\ yz \\ I_{yy} &= \int d^3\boldsymbol{r}\rho(\boldsymbol{r})\left(z^2 + x^2\right), \qquad I_{zx} = I_{xz} = -\int d^3\boldsymbol{r}\rho(\boldsymbol{r})\ zx \\ I_{zz} &= \int d^3\boldsymbol{r}\rho(\boldsymbol{r})\left(x^2 + y^2\right), \qquad I_{xy} = I_{yx} = -\int d^3\boldsymbol{r}\rho(\boldsymbol{r})\ xy \end{aligned}$$

で与えられることが分かる．I_{ij} $(i, j = x, y, z)$ のことを慣性テンソルと呼ぶ．

9.3 剛体の角運動量

剛体の重心のまわりの回転に伴う角運動量 $\boldsymbol{L}$ を調べよう．点 $\boldsymbol{r}$ の近傍の単位体積の角運動量は $\rho(\boldsymbol{r})(\boldsymbol{r}\times\boldsymbol{v})$ であるから，これを剛体全体にわたって積分したもの，

$$\boldsymbol{L}=\int d^3\boldsymbol{r}\rho(\boldsymbol{r})\,(\boldsymbol{r}\times\boldsymbol{v})=\int d^3\boldsymbol{r}\rho(\boldsymbol{r})\,(\boldsymbol{r}\times(\boldsymbol{\omega}\times\boldsymbol{r}))$$
$$=\int d^3\boldsymbol{r}\rho(\boldsymbol{r})\left\{\boldsymbol{r}^2\boldsymbol{\omega}-(\boldsymbol{\omega}\cdot\boldsymbol{r})\boldsymbol{r}\right\} \tag{9.3}$$

が剛体の角運動量となる．ここでベクトルの外積に関する公式

$$\boldsymbol{A}\times(\boldsymbol{B}\times\boldsymbol{C})=\boldsymbol{B}(\boldsymbol{A}\cdot\boldsymbol{C})-\boldsymbol{C}(\boldsymbol{A}\cdot\boldsymbol{B})$$

を用いている．(9.3) はじつは (9.1) と

$$\boldsymbol{L}=\frac{\partial T_{\rm kin}}{\partial\boldsymbol{\omega}}\equiv\left(\frac{\partial T_{\rm kin}}{\partial\omega_x},\ \frac{\partial T_{\rm kin}}{\partial\omega_y},\ \frac{\partial T_{\rm kin}}{\partial\omega_z}\right) \tag{9.4}$$

という関係式で繋がっている．このことを確認するためには，(9.1) の式を

$$T_{\rm kin}=\frac{1}{2}\int d^3\boldsymbol{r}\,\rho(\boldsymbol{r})\,(\boldsymbol{\omega}\times\boldsymbol{r})^2=\frac{1}{2}\int d^3\boldsymbol{r}\,\rho(\boldsymbol{r})\left\{\boldsymbol{r}^2\boldsymbol{\omega}^2-(\boldsymbol{\omega}\cdot\boldsymbol{r})^2\right\}$$

と書き換え，この形での $T_{\rm kin}$ を $\boldsymbol{\omega}$ で実際に微分してみると (9.3) が得られることで証明できる．(9.4) に (9.2) の $T_{\rm kin}$ を代入すれば

$$\begin{pmatrix} L_x\\ L_y\\ L_z\end{pmatrix}=\begin{pmatrix} I_{xx} & I_{xy} & I_{xz}\\ I_{yx} & I_{yy} & I_{yz}\\ I_{zx} & I_{zy} & I_{zz}\end{pmatrix}\begin{pmatrix}\omega_x\\ \omega_y\\ \omega_z\end{pmatrix}$$

となることが分かる．

9.4 剛体の運動方程式

剛体の重心のまわりの回転運動を記述するためには角運動量 $\boldsymbol{L}$ の時間変化を知ればよい．そこで $\boldsymbol{L}$ の時間変化を決定するために，$\boldsymbol{L}$ を時間微分すると

$$\frac{d\boldsymbol{L}}{dt}=\int d^3\boldsymbol{r}\,\rho(\boldsymbol{r})\left(\boldsymbol{r}\times\frac{d\boldsymbol{v}}{dt}\right)$$

となる．被積分関数のなかの $\boldsymbol{r}$ を時間微分したことによる寄与は，ベクトルの

外積の性質によりゼロとなることに注意しよう．ここでニュートンの運動方程式を適用しよう．すなわち点 $\boldsymbol{r}$ の近傍の単位体積に働く力を $\boldsymbol{F}(\boldsymbol{r})$ とすれば，$\boldsymbol{F}(\boldsymbol{r}) = \rho(\boldsymbol{r})d\boldsymbol{v}/dt$ が成り立つ．この関係式を用いれば，角運動量ベクトルの時間変化は

$$\frac{d\boldsymbol{L}}{dt} = \int d^3\boldsymbol{r}\,\{\boldsymbol{r} \times F(\boldsymbol{r})\} \equiv \boldsymbol{N} \tag{9.5}$$

となることが分かる．ここで $\boldsymbol{N}$ は最後の等式で定義されており，力の能率あるいは力のモーメントと呼ばれる．(9.5) が剛体の回転を記述する基礎的な方程式である．

(9.5) が実際に成り立っていることを示す例はいろいろある．摩擦とか地球の引力の影響がない，宇宙空間の無重力状態での実験を想像してみよう．無重力の宇宙ステーションのなかで A さんと B さんが腕相撲をしたとする．何が起こるだろうか? A さんが B さんに及ぼす力のモーメントを $\boldsymbol{N}$ とすると，B さんが A さんに及ぼす力のモーメントは $-\boldsymbol{N}$ となる．2 人はともに角運動量を獲得して回転を始めるのだが，(9.5) により，回転の方向が逆になることが分かる．同様にして摩擦のない状態でネジを回したとする．ネジに $\boldsymbol{N}$ の力のモーメントを及ぼせば，回した本人には $-\boldsymbol{N}$ のモーメントが働き，ネジが回転したのと逆向きに回転を始めることが分かる．この類いの実験は実際に宇宙ステーションのなかで行われたことがあり，その映像は YouTube で見ることができるので，是非一度ご覧頂きたい．

9.5　磁場中での磁石の回転

一様な磁場 $\boldsymbol{\mathcal{B}}$ のなかに置かれた棒磁石の運動を調べてみよう．図 9.1 のように，磁石の N 極と S 極には大きさが同じで方向が反対の力が働く．したがって磁石の重心は静止したままでも，重心のまわりを回転する．回転のモーメントは

$$\boldsymbol{N} = \boldsymbol{M} \times \boldsymbol{\mathcal{B}} \tag{9.6}$$

となる．$\boldsymbol{M}$ は磁気能率と呼ばれる量である．(9.6) を (9.5) に代入すれば，棒磁石の回転運動は

$$\frac{d\boldsymbol{L}}{dt} = \boldsymbol{M} \times \boldsymbol{\mathcal{B}} \tag{9.7}$$

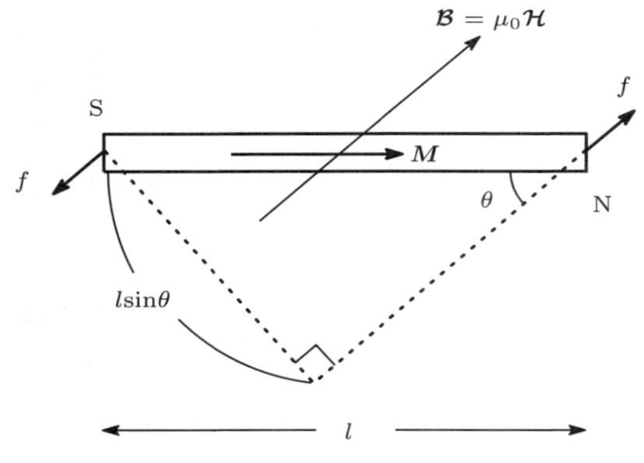

図 9.1 磁場 $\mathcal{B} = \mu_0 \mathcal{H}$ ($\mu_0 = 4\pi \times 10^{-7}$) のなかに置かれた磁石には矢印の方向に $f = q_m|\mathcal{H}|$ の力が働く．ここで q_m は磁石の磁荷 (磁気量) である．回転モーメントの大きさは $lq_m|\mathcal{H}|\sin\theta$ すなわち $\mu_0|\boldsymbol{M}||\mathcal{H}|\sin\theta$ であるから，ベクトルとしての回転モーメントは $\boldsymbol{M}\times\mathcal{B}$ になることが分かる．

によって記述されることになる．

ここで角運動量 $\boldsymbol{L}$ と磁気能率 $\boldsymbol{M}$ が同じ方向を向いている場合，すなわち

$$\boldsymbol{M} = \gamma \boldsymbol{L} \tag{9.8}$$

と書ける場合を調べよう．ここで γ は定数である．読者は電磁気学において，円形の電流が周囲につくる磁場が磁石のつくる磁場と同じになることを学んだことがあるだろう．円形電流は電子の円運動によってつくられるので，電子の軌道角運動量と磁気能率の方向が平行 (あるいは反平行) になること，すなわち (9.8) が成り立つことが素直に理解できる．しかしここではさらに一歩踏み込んで，4.3 節で触れた電子スピンという自転角運動量と電子固有の磁気能率の間にも，(9.8) と同様の比例関係が成り立つことを注意しておこう．この点については次の 9.6 節で詳しく議論する．

(9.8) を用いると (9.7) は

$$\frac{d\boldsymbol{L}}{dt} = \boldsymbol{M}\times\mathcal{B} = \gamma\boldsymbol{L}\times\mathcal{B} = -\gamma\mathcal{B}\times\boldsymbol{L} \tag{9.9}$$

となる．$\mathcal{B}\times\boldsymbol{L}$ は $\mathcal{B}$ および $\boldsymbol{L}$ と直交していることから，

$$\boldsymbol{L}\cdot\frac{d\boldsymbol{L}}{dt} = \frac{1}{2}\frac{d\boldsymbol{L}^2}{dt} = \gamma\boldsymbol{L}\cdot(\boldsymbol{L}\times\mathcal{B}) = 0 \tag{9.10}$$

$$\mathcal{B}\cdot\frac{d\boldsymbol{L}}{dt} = \frac{d(\mathcal{B}\cdot\boldsymbol{L})}{dt} = \gamma\mathcal{B}\cdot(\boldsymbol{L}\times\mathcal{B}) = 0 \tag{9.11}$$

という式がすぐに得られる．(9.10) は $\boldsymbol{L}$ の大きさが保存量であることを意味している．一方 (9.11) は，$\boldsymbol{L}$ の磁場 $\mathcal{B}$ の方向への射影成分が保存することを意味している．このことから角運動量 $\boldsymbol{L}$ の運動は，図 9.2 のように円錐形を描きながら磁場 $\mathcal{B}$ の方向のまわりを，$\mathcal{B}$ との角度を一定に保ちつつ周回することが分かる．

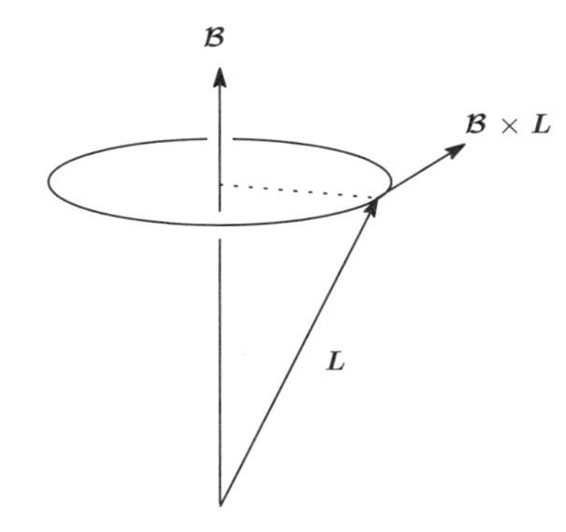

図 **9.2**　磁場 $\boldsymbol{\mathcal{B}}$ のもとでの棒磁石の運動．$\boldsymbol{L}$ は大きさを保存しながら図の円錐の形を描きながら運動をする．

9.6　シュテルン・ゲルラッハの実験

9.5 節では (9.8) の場合について，一様磁場中での磁石の運動を取り上げたが，磁場が一様ではなくて場所の関数 ($\boldsymbol{\mathcal{B}} = \boldsymbol{\mathcal{B}}(\boldsymbol{r})$) であるならば，N 極と S 極に働く力の大きさが異なり，磁石の重心にも力が働いて重心が運動する．電磁気学によれば，磁気能率 $\boldsymbol{M}$ の磁石が $\boldsymbol{\mathcal{B}}(\boldsymbol{r})$ の磁場のなかに置かれると

$$-\boldsymbol{M} \cdot \boldsymbol{\mathcal{B}}(\boldsymbol{r}) \tag{9.12}$$

というエネルギーを持つ．したがってこの磁石には

$$\frac{\partial}{\partial \boldsymbol{r}} \left(\boldsymbol{M} \cdot \boldsymbol{\mathcal{B}}(\boldsymbol{r}) \right) \tag{9.13}$$

という力が働くことになる．

以上の古典電磁気学の知識が，電子のスピンという概念を確立する上で役に立つ．図 9.3 はシュテルン (O. Stern) とゲルラッハ (W. Gerlach) が行った実験の概略図である．K の位置の炉で熱せられた銀の原子は B を通過し，不均一な磁場が掛けられた領域を通過して板 P に到達する．すると銀原子のビームは磁場の不均一な方向に 2 つに分かれたというのである．勾配を持った磁場のもとで電子に力が働いたのであるから，(9.13) の形の力が働いたと解釈せざるを得ない．銀原子の場合，電子が原子核のまわりを周回運動することによって生じる軌道角運動量はゼロであり，磁場を感じているのは電子自身が持つ磁気能率である．電子は点状の粒子ではあるが，それ自体が磁気能率を持つ．電子はまた自転角運動量，スピン $\boldsymbol{S}$ を持っている．そして (9.8) と同じように，電子の磁気能率はスピンの

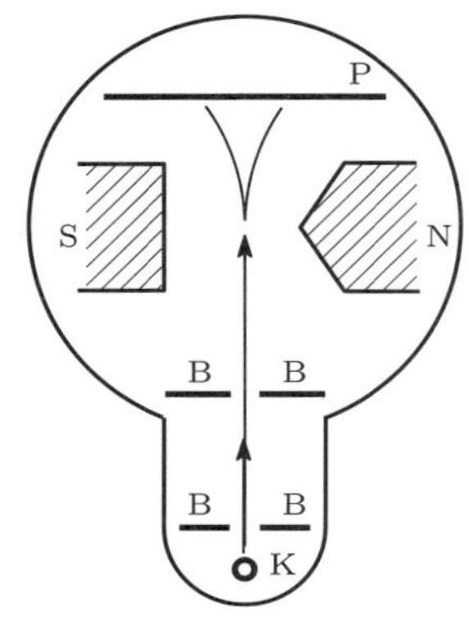

図 **9.3** シュテルン・ゲルラッハの実験の概略：炉 K から放出された銀の原子線は絞り B を通過し，不均一な磁場の掛かった領域を通ってプレート P に到達する．c.f. W. Gerlach und O. Stern: *Zeitschrift für Physik*, **9**, 349, 352 (1922).

ベクトルに比例した $\gamma\boldsymbol{S}$ という形で与えられ，磁場中では (9.12) と同様，

$$-\gamma\boldsymbol{S}\cdot\boldsymbol{\mathcal{B}} \tag{9.14}$$

というエネルギーを持つ．電子の場合の γ はしばしば

$$\gamma = -g\frac{e}{2m_e}$$

という形に書かれる．m_e は電子質量であり，磁場 $\boldsymbol{\mathcal{B}}$ との結合を特徴づける定数 g は **g 因子**，$e\hbar/2m_e$ は**ボーア磁子**と呼ばれる．

シュテルン・ゲルラッハの実験でビームが 2 つに分かれたのは，電子スピンの許される状態が 2 種類あり，(9.13) に相当する力が，2 つの状態で異なることによりビームが分かれたと解釈される．量子力学での角運動量の理論によれば，許される状態が 2 つであるということは，電子のスピンが 1/2 であることを意味している．なぜならば，スピン S の粒子は $2S+1$ 個の状態を取り得ることが数学的に知られており，$2S+1=2$ とおけば，$S=1/2$ となるからである．

なお，ボーア磁子ならびに現在知られている電子の g 因子の値は

$$\frac{e\hbar}{2m_e} = 5.7883817555(79)\times 10^{-11}\,\mathrm{MeV}\cdot\mathrm{T}^{-1}$$
$$\frac{g-2}{2} = (1159.65218073 \pm 0.00000028)\times 10^{-6} \tag{9.15}$$

というものである (T：Tesla)．点粒子の電子が磁気能率や自転角運動量を持つという一見奇妙な事実は，数学的にはディラック (P.A.M. Dirac) の相対論的方程式によって見事に説明され，$g=2$ が自動的に導かれる．$g=2$ からのわずかなずれ (9.15) は**くりこみ理論**によって説明され，実験と理論の一致はきわめてよい．

ディラックの相対論的方程式が提出される以前においては，電子を電荷と質量が一様に詰まった球体として捉え，この古典的なモデルを用いて電子の自転運動から電子の自転角運動量と磁気能率の関係を得ようとしたことがあった．すると電子の g 因子は正しく計算できないという困難に遭遇し，電子スピンは古典的に記述不可能であると結論された．ちょうどその時期にディラックが相対論的方程式を発見し，点粒子でありながら自転しているという描像とともに，正しい g 因子を賦与された電子の記述方法が確立したのであった．

9.7　電子スピンの記述法

電子スピンを量子力学的に記述する方法の概略を述べよう．電子に 2 つの状態があることが実験的に明らかになったので，電子の波動関数も 2 つ準備しなければならず，

$$\psi(t,\boldsymbol{r}) = \begin{pmatrix} \psi_1(t,\boldsymbol{r}) \\ \psi_2(t,\boldsymbol{r}) \end{pmatrix} \tag{9.16}$$

という 2 成分の量を考えることになる．しかし磁場とスピンの相互作用がない場合には，この 2 つの成分 $\psi_1(t,\boldsymbol{r})$，$\psi_2(t,\boldsymbol{r})$ に違いはなく，同じシュレーディンガー方程式

$$i\hbar\frac{\partial}{\partial t}\begin{pmatrix} \psi_1(t,\boldsymbol{r}) \\ \psi_2(t,\boldsymbol{r}) \end{pmatrix} = \hat{H}\begin{pmatrix} \psi_1(t,\boldsymbol{r}) \\ \psi_2(t,\boldsymbol{r}) \end{pmatrix}, \quad \hat{H} = -\frac{\hbar^2}{2m}\nabla^2 + U(\boldsymbol{r})$$

を満たす．$U(\boldsymbol{r})$ はポテンシャルである．磁場が存在する場合，スピンは磁場と相互作用して (9.14) というエネルギーを寄与するのであるから，この項をハミルトン演算子に追加して

$$\hat{H} \to \hat{H} - \gamma\boldsymbol{S}\cdot\boldsymbol{\mathcal{B}}$$

というものを考えることになる．

ハミルトン演算子に追加された $-\gamma\boldsymbol{S}\cdot\boldsymbol{\mathcal{B}}$ が数学的にいかなるものであるか，さらに詳しく述べよう．$\boldsymbol{S} = (S_x, S_y, S_z)$ は 2 成分の量 (9.16) に作用するのであるから，$\boldsymbol{S}$ は 2 行 2 列の行列 3 個の組でなければならない．2 行 2 列の行列 3 個の組がどうしてスピンという自転角運動量を表現していることになるのか，読者は

不思議に思うことであろう．ここで軌道角運動量のベクトル $\boldsymbol{L} = (L_x, L_y, L_z)$ の 3 つの成分が，量子力学では (8.23) という交換関係を満たすことを思い出そう．数学的には，(8.23) と同じ交換関係を満足するものは全て角運動量と呼ばれるだけの可能性を持つ．重要なことは，3 次元空間を回転させたときに，$\boldsymbol{L}$ が作用する波動関数 (8.16) や (8.17)，あるいは $\boldsymbol{S}$ が作用する波動関数 (9.16) がどのように振る舞うかという性質にある．(8.23) を導いた際には，(8.20) のように軌道運動量 $\boldsymbol{L}$ を微分演算子と同定し，微分演算子が波動関数 (8.16) や (8.17) に作用するとした．同様にしてハミルトン演算子に追加する $-\gamma \boldsymbol{S} \cdot \boldsymbol{\mathcal{B}}$ という項のなかのスピン $\boldsymbol{S}$ も，

$$[S_x, S_y] = i\hbar S_z, \quad [S_y, S_z] = i\hbar S_x, \quad [S_z, S_x] = i\hbar S_y \tag{9.17}$$

を満足する 2 行 2 列の行列であるとし，この行列が 2 成分の波動関数 (9.16) に作用する．3 次元空間を回転させたときに 2 成分の波動関数が数学的にある特定の振る舞いをするならば，$\boldsymbol{S}$ は角運動量と呼ばれるだけの資格を得る．この 2 成分は電子のいわば「内部状態」を記述するものであり，軌道角運動量とは別物であることから自転角運動量と呼ばれるにふさわしい．

(9.17) を満足する 2×2 の行列 S_x, S_y, S_z は一意に決まるわけではないが，パウリ (W. Pauli) に従って

$$S_x = \frac{\hbar}{2}\sigma_1, \quad S_y = \frac{\hbar}{2}\sigma_2, \quad S_z = \frac{\hbar}{2}\sigma_3$$

と表すことが多い．ここで

$$\sigma_1 = \begin{pmatrix} 0 & 1 \\ 1 & 0 \end{pmatrix}, \quad \sigma_2 = \begin{pmatrix} 0 & -i \\ i & 0 \end{pmatrix}, \quad \sigma_3 = \begin{pmatrix} 1 & 0 \\ 0 & -1 \end{pmatrix}$$

はパウリのスピン行列と呼ばれる．これらの S_x, S_y, S_z が (9.17) を満足することは読者自ら確認して頂きたい．パウリのスピン行列の形 (特に σ_1 と σ_2) を見れば明らかなように，$-\gamma \boldsymbol{S} \cdot \boldsymbol{\mathcal{B}}$ という相互作用は，$\psi_1(t, \boldsymbol{r})$ と $\psi_2(t, \boldsymbol{r})$ とを結び付ける働きをしていて，これら 2 成分の方程式はもはや独立ではなく，連立方程式になっていることが分かる．

9.8 状態の重ね合わせ

スピンが z 軸の正の方向を向いている状態，ならびに負の方向を向いている状

態は，それぞれ

$$\Psi_\uparrow = \begin{pmatrix} 1 \\ 0 \end{pmatrix}, \quad \Psi_\downarrow = \begin{pmatrix} 0 \\ 1 \end{pmatrix}$$

となる．その理由は

$$S_z \Psi_\uparrow = \frac{\hbar}{2}\Psi_\uparrow, \quad S_z \Psi_\downarrow = -\frac{\hbar}{2}\Psi_\downarrow$$

という関係が満たされているからである．スピンが任意の方向，例えば $\boldsymbol{n} = (\sin\theta\cos\phi, \sin\theta\sin\phi, \cos\theta)$ という方向を向いている状態も容易に見つけることができる．それはスピン $\boldsymbol{S}$ を $\boldsymbol{n}$ の方向に射影した行列

$$\begin{aligned}\boldsymbol{S}\cdot\boldsymbol{n} &= \frac{\hbar}{2}\left(\sigma_x \sin\theta\cos\phi + \sigma_y \sin\theta\sin\phi + \sigma_z\cos\theta\right) \\ &= \frac{\hbar}{2}\begin{pmatrix} \cos\theta & e^{-i\phi}\sin\theta \\ e^{i\phi}\sin\theta & -\cos\theta \end{pmatrix}\end{aligned}$$

の固有ベクトルを求めればよい．固有値 $\hbar/2$ に対応する固有ベクトルは

$$\begin{aligned}\Psi(\theta,\phi) &\equiv \begin{pmatrix} \cos(\theta/2) \\ e^{i\phi}\sin(\theta/2) \end{pmatrix} \\ &= \cos(\theta/2)\Psi_\uparrow + e^{i\phi}\sin(\theta/2)\Psi_\downarrow \end{aligned} \tag{9.18}$$

である．実際これが固有ベクトルであることを確認しておこう．$\Psi(\theta,\phi)$ に $\boldsymbol{S}\cdot\boldsymbol{n}$ を掛けると

$$\begin{aligned}(\boldsymbol{S}\cdot\boldsymbol{n})\Psi(\theta,\phi) &= \frac{\hbar}{2}\begin{pmatrix} \cos\theta & e^{-i\phi}\sin\theta \\ e^{i\phi}\sin\theta & -\cos\theta \end{pmatrix}\begin{pmatrix} \cos(\theta/2) \\ e^{i\phi}\sin(\theta/2) \end{pmatrix} \\ &= \frac{\hbar}{2}\begin{pmatrix} \cos(\theta/2) \\ e^{i\phi}\sin(\theta/2) \end{pmatrix}\end{aligned}$$

となって確かに固有値 $\hbar/2$ の固有ベクトルであることが分かる．同様にして固有値が $-\hbar/2$ の状態は

$$\begin{aligned}\Psi(\theta+\pi,\phi) &= \begin{pmatrix} -\sin(\theta/2) \\ e^{i\phi}\cos(\theta/2) \end{pmatrix} \\ &= -\sin(\theta/2)\Psi_\uparrow + e^{i\phi}\cos(\theta/2)\Psi_\downarrow \end{aligned} \tag{9.19}$$

であり，容易に

$$(\boldsymbol{S}\cdot\boldsymbol{n})\Psi(\theta+\pi,\phi) = -\frac{\hbar}{2}\Psi(\theta+\pi,\phi)$$

を確認することができる．

(9.18), (9.19) を見て分かるように，$\boldsymbol{S}\cdot\boldsymbol{n}$ の固有状態は $\Psi_\uparrow$, $\Psi_\downarrow$ の 1 次結合であり，重ね合わせの状態になっている．$\Psi_\uparrow$, $\Psi_\downarrow$ の前の係数の絶対値の 2 乗は，$\Psi_\uparrow$, $\Psi_\downarrow$ の状態にある確率を表している．例えば (9.18) の $\Psi(\theta,\psi)$ の場合，スピンが z 軸の正の方向を向いている確率は $\cos^2(\theta/2)$，負の方向を向いている確率は $\sin^2(\theta/2)$ である．

9.9　磁場中での電子スピンの運動

磁気双極子の回転運動が古典力学では (9.9) で記述されることを述べたが，電子スピンの運動もまた，類似の方程式で記述されることをシュレーディンガー方程式を用いて説明しよう．電子のスピン運動のみに興味があるので，電子の運動エネルギーやポテンシャル・エネルギーを無視し，$-\gamma\boldsymbol{S}\cdot\boldsymbol{\mathcal{B}}$ のみを考慮した簡単化された方程式

$$i\hbar\frac{\partial\psi(t)}{\partial t} = -\gamma\left(\boldsymbol{S}\cdot\boldsymbol{\mathcal{B}}\right)\psi(t), \qquad \psi(t) = \begin{pmatrix}\psi_1(t)\\ \psi_2(t)\end{pmatrix} \tag{9.20}$$

を考察する．

スピン $\boldsymbol{S}$ を波動関数で挟んだ

$$\langle\boldsymbol{S}(t)\rangle = \psi^\dagger(t)\boldsymbol{S}\psi(t)$$

という量を取り上げよう．ここで $\dagger$ は，複素共役をとって転置する操作を意味する記号である．$\psi^\dagger(t)$ の満たす方程式は (9.20) の $\dagger$ をとって

$$-i\hbar\frac{d\psi^\dagger(t)}{dt} = -\gamma\psi^\dagger(t)(\boldsymbol{S}^\dagger\cdot\boldsymbol{\mathcal{B}}) = -\gamma\psi^\dagger(t)(\boldsymbol{S}\cdot\boldsymbol{\mathcal{B}}) \tag{9.21}$$

となる．ここでパウリのスピン行列は，$\dagger$ をとっても元に戻るという事実を使っている．(9.20), (9.21) を用いて $\langle S_x(t)\rangle$ の時間発展を計算すると

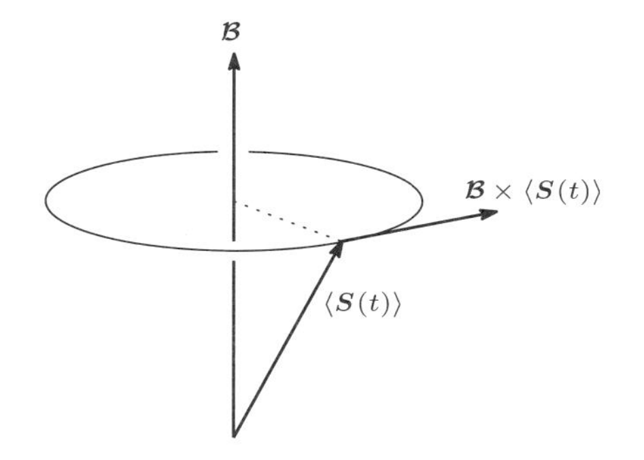

図 9.4　磁場 $\mathcal{B}$ により，電子スピンは $\mathcal{B} \times \langle \boldsymbol{S}(t) \rangle$ の方向にトルクを受けて回転する．

$$
\begin{aligned}
i\hbar \frac{d\langle S_x(t)\rangle}{dt} &= i\hbar \left\{ \psi^\dagger(t) S_x \frac{d\psi(t)}{dt} + \frac{d\psi^\dagger(t)}{dt} S_x \psi(t) \right\} \\
&= -\gamma \left\{ \psi^\dagger(t) S_x \left(\boldsymbol{S} \cdot \mathcal{B} \right) \psi(t) - \psi^\dagger(t) \left(\boldsymbol{S} \cdot \mathcal{B} \right) S_x \psi(t) \right\} \\
&= -\gamma \psi^\dagger(t) \left[S_x, \left(\boldsymbol{S} \cdot \mathcal{B} \right) \right] \psi(t) \\
&= -i\hbar\gamma \psi^\dagger(t) \left(\mathcal{B} \times \boldsymbol{S} \right)_x \psi(t) \\
&= -i\hbar\gamma \left(\mathcal{B} \times \langle \boldsymbol{S}(t) \rangle \right)_x
\end{aligned}
$$

となることが分かる．ここで (9.17) により

$$
\begin{aligned}
[S_x,\ \boldsymbol{S} \cdot \mathcal{B}] &= [S_x,\ S_x \mathcal{B}_x + S_y \mathcal{B}_y + S_z \mathcal{B}_z] \\
&= [S_x, S_y] \mathcal{B}_y + [S_x, S_z] \mathcal{B}_z \\
&= i\hbar \left(S_z \mathcal{B}_y - S_y \mathcal{B}_z \right) \\
&= i\hbar \left(\mathcal{B} \times \boldsymbol{S} \right)_x
\end{aligned}
$$

という関係式を用いている．$\langle S_y(t) \rangle$, $\langle S_y(t) \rangle$ の時間発展も同様の方程式で記述され，最終的に 3 成分まとめて

$$
\frac{d\langle \boldsymbol{S}(t) \rangle}{dt} = -\gamma\, \mathcal{B} \times \langle \boldsymbol{S}(t) \rangle
$$

という方程式を得る．これは古典力学における (9.9) と同じ形をしている．したがって図 9.4 に描いたように，$\langle \boldsymbol{S}(t) \rangle$ は，$\mathcal{B}$ との角度を一定に保ちながら，円錐の斜面に沿って回転運動をする．

9.10 スピンの流れ

電子は電荷 $-e$ を持つので，導体中を電子が移動すればそれは電荷の移動を意味し，電流として観測される．20 世紀の人類は電流を活用した様々な電気製品を開発し，我々の生活の質を著しく向上させてきた．20 世紀はエレクトロニクスの時代だったといえる．

一方前節までの議論により，電子には電荷以外に自転角運動量，スピンという特性が賦与されていることを学んだ．電子が移動すれば「スピンの流れ」という別の種類の流れが生じ得る．例えば図 9.5 のように，スピン上向きの電子が右方向に，スピン下向きの電子が左方向に移動するとしよう．左右両方向に同じ数の電子が移動するならば，全体として電荷は流れず，電流はゼロである．しかしスピンは上向きのものが全体として右に移動していることになる．

スピンの流れと電流の違いは，電流は必ず保存するのに対して，スピンの流れは保存するとは限らない点にある．スピンは移動に伴って方向がばらつき，いわゆる緩和現象が起こる．しかし緩和が起こる距離よりも短い距離においては，スピンの流れも近似的に保存するといってよい．そしてそのような短い距離で電子を制御する技術が進歩すれば，スピンの流れをいろいろな科学技術に応用することが可能になる．そのような技術は総称してスピントロニクスと呼ばれ，21 世紀に大いに発展が期待され，かつ現在活発に研究が進められている分野である．

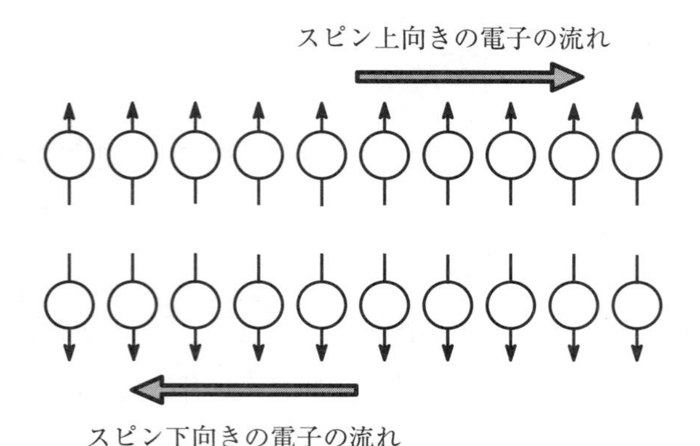

図 9.5　スピンの流れ

10 オイラー・ラグランジュ方程式

第8章において，我々は力学と光学の類似性に基づいてシュレーディンガー方程式まで一気に突き進み，第9章では電子のスピンについても学んだ．ミクロの世界を探究する理論的武器としては，シュレーディンガー方程式と電子スピンの概念を身につけていればほとんど十分であり，読者は，原子・分子の世界をさらに深く探究していきたいという心境になっていることだろう．しかし一方で量子力学の理論的，構造的な側面や，シュレーディンガー方程式の解釈といった面を深く理解するためには，やや逆説的ではあるが，古典力学のさらなる学習が必須となる．例えば第8章で見たように，シュレーディンガー方程式ではハミルトン関数が中心的な役割を演じていて「力」とか「加速度」などという概念は影を潜めている．古典力学もハミルトン関数を中心に据えた形式に整えておくことが望ましい．そしてまた，量子力学では交換関係という新しい量が出現することを第8章で学んだが，これが古典力学では何に対応しているのかを明らかにするべきであろう．そのためにはオイラー (L. Euler) やラグランジュ (J.L. Lagrange) による古典力学の定式化を学ばなければならない．

量子力学との関連をひとまず離れても，オイラーやラグランジュによる力学の定式化は実用的な価値を有する．機械工学などで複雑なマクロな動力学を扱う場合，それぞれの箇所に働く力を同定して運動方程式を立てる作業はかなり煩雑なものになる．オイラーやラグランジュの定式化ならば，運動エネルギーとポテンシャル・エネルギーに着目すれば，運動方程式に到達するのは比較的容易になる．第10章，第11章はそのような力学の定式化を学ぶ．

10.1　広義座標，広義の力

N 個の質点の運動を考えよう．第 i 番目の質点の質量を m_i，位置座標を $\boldsymbol{r}_i$，その質点に働く力を $\boldsymbol{F}_i$ とする．ニュートンの運動方程式は (2.1) を各質点に対して適用したものであり，

$$m_i \frac{d^2 \boldsymbol{r}_i}{dt^2} = \boldsymbol{F}_i \qquad (i = 1, \cdots, N) \tag{10.1}$$

となる．質点の位置を記述する変数としては，3 次元直交座標 $\boldsymbol{r}_i = (x_i, y_i, z_i)$ $(i = 1, \cdots, N)$ の代わりに $(q_1, q_2, \cdots, q_n)$ という n 個の別の変数の集まりを採用したとする．n は一般には $n = 3N$ であるが，運動に制限が加えられている場合には，$n < 3N$ となる．$\boldsymbol{r}_i$ は $(q_1, q_2, \cdots, q_n)$ の関数，すなわち

$$\boldsymbol{r}_i = \boldsymbol{r}_i(q_1, q_2, \cdots, q_n) \qquad (i = 1, \cdots, N)$$

と書ける．$(q_1, q_2, \cdots, q_n)$ のことを**広義座標**と呼ぶ [*1]．広義座標としては，例えば球座標や円筒座標などが具体的な例である．

さて第 i 番目の質点の位置座標が $\delta \boldsymbol{r}_i$ だけ移動すると，力 F_i は $\boldsymbol{F}_i \cdot \delta \boldsymbol{r}_i$ の仕事をする．この仕事の総和を q_r の変化によるものとして，

$$\sum_{i=1}^{N} \boldsymbol{F}_i \cdot d\boldsymbol{r}_i = \sum_{i=1}^{N} \sum_{r=1}^{n} \boldsymbol{F}_i \cdot \frac{\partial \boldsymbol{r}_i}{\partial q_r} dq_r = \sum_{r=1}^{n} G_r dq_r$$

と書き換える．ここで G_r は

$$G_r = \sum_{i=1}^{N} \boldsymbol{F}_i \cdot \frac{\partial \boldsymbol{r}_i}{\partial q_r} \tag{10.2}$$

によって定義され，$(G_1, \cdots, G_n)$ を**広義の力**，G_r をその r 成分と呼ぶ．

10.2　ラグランジュ関数

広義の力を用いて運動方程式を書き直そう．(10.1) により，第 i 番目の質点の任意の変位 $\delta \boldsymbol{r}_i$ に対して

[*1] 広義座標のことを一般化座標とも呼ぶ．同様に (10.2) の広義の力のことを一般化された力とも呼ぶ．

$$0=\sum_{i=1}^{N}\left(m_i\frac{d^2\boldsymbol{r}_i}{dt^2}-\boldsymbol{F}_i\right)\cdot\delta\boldsymbol{r}_i=\sum_{r=1}^{n}\left(\sum_{i=1}^{N}m_i\frac{d^2\boldsymbol{r}_i}{dt^2}\cdot\frac{\partial\boldsymbol{r}_i}{\partial q_r}-G_r\right)\delta q_r$$

が成り立つ．この式が広義座標の任意の変分 δq_r に対して成り立つためには

$$G_r=\sum_{i=1}^{N}m_i\frac{d^2\boldsymbol{r}_i}{dt^2}\cdot\frac{\partial\boldsymbol{r}_i}{\partial q_r}$$

が成り立たなければならない．これが広義座標を用いた場合の運動方程式である．$\dot{\boldsymbol{r}}_i$ が $(q_1,\cdots,q_n,\dot{q}_1,\cdots,\dot{q}_n)$ の関数であることに注意しながら，この方程式を変形すると

$$\begin{aligned}
G_r&=\sum_{i=1}^{N}m_i\frac{d^2\boldsymbol{r}_i}{dt^2}\cdot\frac{\partial\boldsymbol{r}_i}{\partial q_r}\\
&=\sum_{i=1}^{N}m_i\left\{\frac{d}{dt}\left(\dot{\boldsymbol{r}}_i\cdot\frac{\partial\boldsymbol{r}_i}{\partial q_r}\right)-\dot{\boldsymbol{r}}_i\cdot\frac{d}{dt}\left(\frac{\partial\boldsymbol{r}_i}{\partial q_r}\right)\right\}\\
&=\sum_{i=1}^{N}m_i\left\{\frac{d}{dt}\left(\dot{\boldsymbol{r}}_i\cdot\frac{\partial\boldsymbol{r}_i}{\partial q_r}\right)-\dot{\boldsymbol{r}}_i\cdot\sum_{s=1}^{n}\frac{\partial}{\partial q_s}\left(\frac{\partial\boldsymbol{r}_i}{\partial q_r}\right)\dot{q}_s\right\} &&(10.3)\\
&=\sum_{i=1}^{N}m_i\left\{\frac{d}{dt}\left(\dot{\boldsymbol{r}}_i\cdot\frac{\partial\boldsymbol{r}_i}{\partial q_r}\right)-\dot{\boldsymbol{r}}_i\cdot\sum_{s=1}^{n}\frac{\partial}{\partial q_s}\left(\frac{\partial\boldsymbol{r}_i}{\partial q_r}\dot{q}_s\right)\right\} &&(10.4)\\
&=\sum_{i=1}^{N}m_i\left\{\frac{d}{dt}\left(\dot{\boldsymbol{r}}_i\cdot\frac{\partial\boldsymbol{r}_i}{\partial q_r}\right)-\dot{\boldsymbol{r}}_i\cdot\frac{\partial\dot{\boldsymbol{r}}_i}{\partial q_r}\right\} &&(10.5)
\end{aligned}$$

が得られる．ここで q_s で偏微分をするときには，$\dot{q}_s$ は独立な変数と見なすことに注意しよう．(10.3) から (10.4) へ移るときにはこのことを使っている．(10.4) から (10.5) に移るときには，

$$\sum_{s=1}^{n}\frac{\partial}{\partial q_s}\left(\frac{\partial\boldsymbol{r}_i}{\partial q_r}\dot{q}_s\right)=\sum_{s=1}^{n}\frac{\partial}{\partial q_r}\left(\frac{\partial\boldsymbol{r}_i}{\partial q_s}\dot{q}_s\right)=\frac{\partial\dot{\boldsymbol{r}}_i}{\partial q_r}$$

を用いている．

ここで次の恒等式

$$\frac{\partial\dot{\boldsymbol{r}}_i}{\partial\dot{q}_r}=\frac{\partial}{\partial\dot{q}_r}\left(\sum_{s=1}^{n}\frac{\partial\boldsymbol{r}_i}{\partial q_s}\dot{q}_s\right)=\sum_{s=1}^{n}\frac{\partial\boldsymbol{r}_i}{\partial q_s}\frac{\partial\dot{q}_s}{\partial\dot{q}_r}=\frac{\partial\boldsymbol{r}_i}{\partial q_r} \tag{10.6}$$

に注意しよう．これを (10.5) に代入すると

$$G_r=\sum_{i=1}^{N}m_i\left\{\frac{d}{dt}\left(\dot{\boldsymbol{r}}_i\cdot\frac{\partial\dot{\boldsymbol{r}}_i}{\partial\dot{q}_r}\right)-\dot{\boldsymbol{r}}_i\cdot\frac{\partial\dot{\boldsymbol{r}}_i}{\partial q_r}\right\}=\frac{d}{dt}\left(\frac{\partial T_{\rm kin}}{\partial\dot{q}_r}\right)-\frac{\partial T_{\rm kin}}{\partial q_r} \tag{10.7}$$

となる．ここで T_{kin} は全質点の運動エネルギーの和であり，

$$T_{\mathrm{kin}} = \sum_{i=1}^{N} \frac{1}{2} m_i \dot{\boldsymbol{r}}_i^2 \tag{10.8}$$

で定義される．(10.7) が一般化された運動方程式になる．

質点に働く力が保存力でポテンシャル $U(\boldsymbol{r}_1, \cdots, \boldsymbol{r}_N)$ から導かれるとする．すなわち

$$\boldsymbol{F}_i = -\frac{\partial U(\boldsymbol{r}_1, \cdots, \boldsymbol{r}_N)}{\partial \boldsymbol{r}_i}$$

とするならば，広義の力 (10.2) は

$$G_r = \sum_{i=1}^{N} \boldsymbol{F}_i \cdot \frac{\partial \boldsymbol{r}_i}{\partial q_r} = -\sum_{i=1}^{N} \frac{\partial U(\boldsymbol{r}_1, \cdots, \boldsymbol{r}_N)}{\partial \boldsymbol{r}_i} \cdot \frac{\partial \boldsymbol{r}_i}{\partial q_r} = -\frac{\partial U(\boldsymbol{r}_1, \cdots, \boldsymbol{r}_N)}{\partial q_r}$$

となる．よって運動方程式 (10.7) は

$$-\frac{\partial U(\boldsymbol{r}_1, \cdots, \boldsymbol{r}_N)}{\partial q_r} = \frac{d}{dt}\left(\frac{\partial T_{\mathrm{kin}}}{\partial \dot{q}_r}\right) - \frac{\partial T_{\mathrm{kin}}}{\partial q_r}$$

$$\text{or} \quad \frac{d}{dt}\left(\frac{\partial L}{\partial \dot{q}_r}\right) - \frac{\partial L}{\partial q_r} = 0 \qquad (r = 1, 2, \cdots, n) \tag{10.9}$$

と書き直すことができる．ここで L は

$$L = T_{\mathrm{kin}} - U(\boldsymbol{r}_1, \cdots, \boldsymbol{r}_N) \tag{10.10}$$

で定義され，ラグランジュ関数あるいはラグランジアンと呼ばれる．(10.9) では，L は $(q_1, \cdots, q_n, \dot{q}_1, \cdots, \dot{q}_n)$ を独立な変数とする関数と見なして偏微分を行っている．(10.9) はオイラー・ラグランジュ方程式と呼ばれている．

オイラー・ラグランジュ方程式の最大の利点は，ラグランジュ関数という 1 個の関数を決めさえすれば，あとは一気に運動方程式 (10.9) を書き下せることにある．各質点に働く力や加速度をいちいち精査する必要は全くない．ラグランジュが彼の著書『解析力学』の序文の中で「読者はこの本の中に一つも図形を見出すことはないであろう」と書いた裏側には，多くの図形を駆使して力学を論じたニュートンの『プリンキピア』と自らの著書を対比させ，ラグランジュ関数さえ決めれば，あとは機械的に議論を進められるという主張が，控え目に込められていたのかもしれない．そのような利点と密接に関係していることではあるが，オイラー・ラグランジュ方程式は，広義座標 $(q_1, q_2, \cdots, q_n)$ がいかなるものであるかに無

関係な方程式であることも素晴らしい点である．広義座標が円筒座標であっても3次元球座標であっても，運動方程式 (10.7) あるいは (10.9) の形は変わらない．1次元調和振動子，3次元空間における円筒座標，球座標の場合について (10.7), (10.9) を具体的に調べてみよう．

【例 1】　1 次元調和振動子

1次元調和振動子のラグランジュ関数は，質点の質量を m, 位置座標を q, 振動子の振動数を ν として

$$L = \frac{m}{2}\dot{q}^2 - \frac{m}{2}(2\pi\nu)^2 q^2 \tag{10.11}$$

とすればよい．実際これを用いると

$$\frac{\partial L}{\partial \dot{q}} = m\dot{q}, \qquad \frac{\partial L}{\partial q} = -m(2\pi\nu)^2 q$$

となり，オイラー・ラグランジュ方程式は

$$\frac{d}{dt}\left(\frac{\partial L}{\partial \dot{q}}\right) - \frac{\partial L}{\partial q} = m\ddot{q} + m(2\pi\nu)^2 q = 0$$

となる．これは調和振動子の運動方程式にほかならない．

【例 2】　円筒座標

円筒座標を用いた場合の運動エネルギーは (3.11)，すなわち

$$T_{\mathrm{kin}} = \frac{m}{2}\left\{\dot{\rho}^2 + (\rho\,\dot{\phi})^2 + \dot{z}^2\right\}$$

で与えられる．この場合に (10.7) を計算すると

$$\begin{aligned}
\frac{d}{dt}\left(\frac{\partial T_{\mathrm{kin}}}{\partial \dot{\rho}}\right) - \frac{\partial T_{\mathrm{kin}}}{\partial \rho} &= m\left(\ddot{\rho} - \rho\dot{\phi}^2\right) \\
\frac{d}{dt}\left(\frac{\partial T_{\mathrm{kin}}}{\partial \dot{\phi}}\right) - \frac{\partial T_{\mathrm{kin}}}{\partial \phi} &= m\frac{d}{dt}\left(\rho^2\dot{\phi}\right) = m\rho\left(2\dot{\rho} + \rho\ddot{\phi}\right) \\
\frac{d}{dt}\left(\frac{\partial T_{\mathrm{kin}}}{\partial \dot{z}}\right) - \frac{\partial T_{\mathrm{kin}}}{\partial z} &= m\ddot{z}
\end{aligned}$$

となる．これらを一般化された力に等しいとおいたものが運動方程式であり，それは (3.8) と同じものである．

【例 3】　球座標

質量が m_1, m_2 の2つの質点の運動エネルギーを重心座標 $\boldsymbol{R}$ ならびに相対座

標 (r,θ,ϕ) で表すならば，それは (5.11) となる．この 2 つの質点の間に働く力のポテンシャル・エネルギーを $U(r,\theta,\phi)$ とすれば，ラグランジュ関数は

$$L = T_{\mathrm{kin}} - U(r,\theta,\phi) \tag{10.12}$$

$$T_{\mathrm{kin}} = \frac{m_1+m_2}{2}\left\{\dot{X}^2+\dot{Y}^2+\dot{Z}^2\right\} + \frac{\mu}{2}\left\{(\dot{r})^2+(r\dot{\theta})^2+(r\,\dot{\phi}\sin\theta)^2\right\}$$

となる．ここで μ は 2 つの質点の換算質量であり，重心座標を $\boldsymbol{R}=(X,Y,Z)$ とした．そこで相対座標に関するオイラー・ラグランジュ方程式を一気に書き下せば

$$0 = \frac{d}{dt}\left(\frac{\partial L}{\partial \dot{r}}\right) - \frac{\partial L}{\partial r} = \mu\left(\ddot{r} - r\dot{\theta}^2 - r\dot{\phi}^2\sin^2\theta\right) + \frac{\partial U}{\partial r}$$

$$\begin{aligned}0 = \frac{d}{dt}\left(\frac{\partial L}{\partial \dot{\theta}}\right) - \frac{\partial L}{\partial \theta} &= \mu\frac{d}{dt}\left(r^2\dot{\theta}\right) - \mu r^2\dot{\phi}^2\sin\theta\cos\theta + \frac{\partial U}{\partial \theta}\\ &= \mu r\left(2\dot{r}\,\dot{\theta} + r\,\ddot{\theta} - r\dot{\phi}^2\sin\theta\cos\theta\right) + \frac{\partial U}{\partial \theta}\end{aligned}$$

$$\begin{aligned}0 &= \frac{d}{dt}\left(\frac{\partial L}{\partial \dot{\phi}}\right) - \frac{\partial L}{\partial \phi} = \mu\frac{d}{dt}\left(r^2\dot{\phi}\sin^2\theta\right) + \frac{\partial U}{\partial \phi}\\ &= \mu\,r\sin\theta\left(2\dot{r}\,\dot{\phi}\sin\theta + r\,\ddot{\phi}\sin\theta + 2r\,\dot{\phi}\,\dot{\theta}\cos\theta\right) + \frac{\partial U}{\partial \phi}\end{aligned}$$

となる．ラザフォード散乱の解析の際に導いた方程式 (3.5), (3.6), (3.7) あるいは (5.14), (5.15), (5.16) が比較的容易に導出できることが実感できるであろう．

重心運動の運動方程式も同様にして導くことができる．例えば力学変数 X についてのオイラー・ラグランジュ方程式は，ポテンシャル・エネルギーが重心座標に依存しないために簡単になって

$$\frac{d}{dt}\left(\frac{\partial L}{\partial \dot{X}}\right) - \frac{\partial L}{\partial X} = (m_1+m_2)\ddot{X} = 0$$

となる．同様にして $\ddot{Y}=0$, $\ddot{Z}=0$ も導ける．これは，2 粒子系に外からの力が働いていない場合の方程式である．

10.3　オイラー・ラグランジュ方程式の座標変換不変性

オイラー・ラグランジュ方程式 (10.9) を導く際に広義座標 $(q_1,q_2,\cdots,q_n)$ がいかなるものであるかを一切指定しなかったのだから，広義座標の詳細にかかわらずオイラー・ラグランジュ方程式の形が変わらないことは自明である．しかし

この点は大いに強調すべきことでもあるので，直接計算によってこの自明の事実を確かめておこう．

$(q_1, q_2, \cdots, q_n)$ とは別の広義座標の組 $(Q_1, Q_2, \cdots, Q_n)$ を考え，

$$q_i = q_i(Q_1, \cdots, Q_n) \qquad (i = 1, \cdots, n) \tag{10.13}$$
$$\dot{q}_i = \dot{q}_i(Q_1, \cdots, Q_n, \dot{Q}_1, \cdots, \dot{Q}_n) \qquad (i = 1, \cdots, n)$$

という関数関係が与えられているとする．$\dot{q}_i$ は一般には $2n$ 個の変数 $(Q_1, \cdots, Q_n, \dot{Q}_1, \cdots, \dot{Q}_n)$ に依存することを注意しよう．以下に示したいのは，

$$\frac{d}{dt}\left(\frac{\partial L}{\partial \dot{Q}_s}\right) - \frac{\partial L}{\partial Q_s} = \sum_{r=1}^{n}\left\{\frac{d}{dt}\left(\frac{\partial L}{\partial \dot{q}_r}\right) - \frac{\partial L}{\partial q_r}\right\}\frac{\partial q_r}{\partial Q_s} \tag{10.14}$$

という等式である．この等式は，ある広義座標 $(q_1, \cdots, q_n)$ を採択してオイラー・ラグランジュ方程式が成り立つのならば，別の広義座標 $(Q_1, \cdots, Q_n)$ を採択してもやはりオイラー・ラグランジュ方程式が成立することを意味している．

(10.14) の左辺をまず次のように変形してみよう．

$$\begin{aligned}\frac{d}{dt}\left(\frac{\partial L}{\partial \dot{Q}_s}\right) - \frac{\partial L}{\partial Q_s} &= \sum_{r=1}^{n}\left\{\frac{d}{dt}\left(\frac{\partial L}{\partial \dot{q}_r}\frac{\partial \dot{q}_r}{\partial \dot{Q}_s}\right) - \frac{\partial L}{\partial q_r}\frac{\partial q_r}{\partial Q_s} - \frac{\partial L}{\partial \dot{q}_r}\frac{\partial \dot{q}_r}{\partial Q_s}\right\}\\ &= \sum_{r=1}^{n}\left\{\frac{d}{dt}\left(\frac{\partial L}{\partial \dot{q}_r}\frac{\partial q_r}{\partial Q_s}\right) - \frac{\partial L}{\partial q_r}\frac{\partial q_r}{\partial Q_s} - \frac{\partial L}{\partial \dot{q}_r}\frac{\partial \dot{q}_r}{\partial Q_s}\right\}\end{aligned} \tag{10.15}$$

ここで (10.6) と同様に

$$\frac{\partial \dot{q}_r}{\partial \dot{Q}_s} = \frac{\partial}{\partial \dot{Q}_s}\left(\sum_{u=1}^{n}\frac{\partial q_r}{\partial Q_u}\dot{Q}_u\right) = \sum_{u=1}^{n}\frac{\partial q_r}{\partial Q_u}\frac{\partial \dot{Q}_u}{\partial \dot{Q}_s} = \frac{\partial q_r}{\partial Q_s} \tag{10.16}$$

を用いている．(10.15) の右辺第 1 項をさらに次のように変形する．

$$\begin{aligned}\frac{d}{dt}\left(\frac{\partial L}{\partial \dot{q}_r}\frac{\partial q_r}{\partial Q_s}\right) &= \frac{d}{dt}\left(\frac{\partial L}{\partial \dot{q}_r}\right)\frac{\partial q_r}{\partial Q_s} + \frac{\partial L}{\partial \dot{q}_r}\frac{d}{dt}\left(\frac{\partial q_r}{\partial Q_s}\right)\\ &= \frac{d}{dt}\left(\frac{\partial L}{\partial \dot{q}_r}\right)\frac{\partial q_r}{\partial Q_s} + \frac{\partial L}{\partial \dot{q}_r}\sum_{u=1}^{n}\frac{\partial^2 q_r}{\partial Q_u \partial Q_s}\dot{Q}_u\end{aligned}$$

(10.15) の右辺第 3 項もまた

$$-\frac{\partial L}{\partial \dot{q}_r}\frac{\partial \dot{q}_r}{\partial Q_s} = -\frac{\partial L}{\partial \dot{q}_r}\sum_{u=1}^{n}\frac{\partial^2 q_r}{\partial Q_u \partial Q_s}\dot{Q}_u$$

と書き換えられる．これらを (10.15) に代入すればただちに (10.14) が得られる．オイラー・ラグランジュ方程式が，広義座標の選択にかかわりなく普遍的な形をしているという事実はこの方程式の特徴であり，重要な点である．

10.4 広 義 運 動 量

質点系の運動エネルギーの総和が，広義座標の選択に依存しない形に書けることを指摘しておく．$\sum_r (\partial L/\partial \dot{q}_r)\dot{q}_r$ という量に注目しよう．(10.13) および (10.16) の関係により，この量は

$$\begin{aligned}\sum_{s=1}^{n} \frac{\partial L}{\partial \dot{Q}_s}\dot{Q}_s &= \sum_{s=1}^{n}\left(\sum_{r=1}^{n}\frac{\partial L}{\partial \dot{q}_r}\frac{\partial \dot{q}_r}{\partial \dot{Q}_s}\right)\left(\sum_{u=1}^{n}\frac{\partial Q_s}{\partial q_u}\dot{q}_u\right)\\ &= \sum_{s=1}^{n}\left(\sum_{r=1}^{n}\frac{\partial L}{\partial \dot{q}_r}\frac{\partial q_r}{\partial Q_s}\right)\left(\sum_{u=1}^{n}\frac{\partial Q_s}{\partial q_u}\dot{q}_u\right)\\ &= \sum_{r=1}^{n}\sum_{u=1}^{n}\frac{\partial L}{\partial \dot{q}_r}\delta_{ru}\dot{q}_u\\ &= \sum_{r=1}^{n}\frac{\partial L}{\partial \dot{q}_r}\dot{q}_r\end{aligned}$$

と書き換えることができて，この量が広義座標の選び方に依存しない，普遍的な量であることが証明できた．

直交座標の場合にこの不変量を計算してみよう．ラグランジュ関数ならびに運動エネルギーがそれぞれが (10.10), (10.8) で与えられているとすると

$$\sum_{i=1}^{N}\frac{\partial L}{\partial \dot{\boldsymbol{r}}_i}\cdot\dot{\boldsymbol{r}}_i = \sum_{i=1}^{N} m_i\dot{\boldsymbol{r}}_i\cdot\dot{\boldsymbol{r}}_i = 2T_{\mathrm{kin}}$$

という関係式を得る．この式の左辺は座標の選択に依存しないのだから，運動エネルギーの総和 T_{kin} は，いかなる広義座標の場合にも

$$2T_{\mathrm{kin}} = \sum_{r=1}^{n}\frac{\partial L}{\partial \dot{q}_r}\dot{q}_r \tag{10.17}$$

と書くことができる．この関係式は，T_{kin} が広義座標の時間微分の 2 次式で与えられていることと等価である．

広義座標 $(q_1, \cdots, q_n)$ が与えられているとき，**広義運動量** *2) あるいは**正準共役運動量** $(p_1, \cdots, p_n)$ を定義しよう．それは

$$p_r = \frac{\partial L}{\partial \dot{q}_r} \qquad (r = 1, \cdots, n) \tag{10.18}$$

で与えられる．通常の 3 次元直交座標の場合には通常の運動量になっていることは容易に確認できるだろう．(10.17) は広義運動量を用いて

$$2T_{\text{kin}} = \sum_{r=1}^{n} p_r \dot{q}_r$$

と書き直すことができる．(10.18) は $(\dot{q}_1, \cdots, \dot{q}_n)$ が与えられたときに $(p_1, \cdots, p_n)$ を定義する式になっている．それでは逆に $(p_1, \cdots, p_n)$ が与えられたときに，$(\dot{q}_1, \cdots, \dot{q}_n)$ が求められるか，不安を感じる読者がいるかもしれない．しかし一般にラグランジュ関数の運動エネルギーの部分が $(\dot{q}_1, \cdots, \dot{q}_n)$ の 2 次式で，しかも必ず正の値をとる正定値 2 次式ならば，(10.18) は $(\dot{q}_1, \cdots, \dot{q}_n)$ について逆解きのできる代数方程式になっている．したがって $(\dot{q}_1, \cdots, \dot{q}_n)$ と $(p_1, \cdots, p_n)$ の間は自由に行ったり来たりできるのである．

円筒座標と球座標の場合について，広義運動量を例示しよう．

【例 1】 円筒座標における運動量

円筒座標を用いた場合の運動エネルギーは (3.11) であるから，広義運動量は

$$p_\rho = m\dot{\rho}, \quad p_\phi = m\rho^2\dot{\phi}, \quad p_z = m\dot{z}$$

となる．運動エネルギー (3.11) の 2 倍が

$$2T_{\text{kin}} = p_\rho\dot{\rho} + p_\phi\dot{\phi} + p_z\dot{z}$$

と書けることはただちに見てとれるであろう．

【例 2】 球座標における運動量

質量が m_1, m_2 の 2 つの質点系のラグランジュ関数 (10.12) を取り上げよう．広義運動量は

$$p_X = \frac{\partial L}{\partial \dot{X}} = (m_1 + m_2)\dot{X}, \qquad p_r = \frac{\partial L}{\partial \dot{r}} = \mu\dot{r},$$

---

*2) 広義運動量のことを一般化運動量とも呼ぶ．

$$p_Y = \frac{\partial L}{\partial \dot{Y}} = (m_1 + m_2)\dot{Y}, \qquad p_\theta = \frac{\partial L}{\partial \dot{\theta}} = \mu r^2 \dot{\theta},$$
$$p_Z = \frac{\partial L}{\partial \dot{Z}} = (m_1 + m_2)\dot{Z}, \qquad p_\phi = \frac{\partial L}{\partial \dot{\phi}} = \mu r^2 \sin^2\theta\, \dot{\phi}$$

となる．μ は換算質量である．(10.12) の第 1 項の運動エネルギーの 2 倍が

$$2T_{\mathrm{kin}} = p_X\dot{X} + p_Y\dot{Y} + p_Z\dot{Z} + p_r\dot{r} + p_\theta\dot{\theta} + p_\phi\dot{\phi}$$

となっていることが確認できるであろう．

10.5 エネルギー保存則

力学的エネルギーの保存則がどのように成り立っているのか，広義座標を用いて調べてみよう．まずラグランジュ関数を

$$L = T_{\mathrm{kin}} - U = 2T_{\mathrm{kin}} - (T_{\mathrm{kin}} + U) = \sum_{r=1}^{n} \frac{\partial L}{\partial \dot{q}_r}\dot{q}_r - H$$

と書き直し，ハミルトン関数

$$H = T_{\mathrm{kin}} + U = \sum_{r=1}^{n} \frac{\partial L}{\partial \dot{q}_r}\dot{q}_r - L = \sum_{r=1}^{n} p_r\dot{q}_r - L \tag{10.19}$$

を定義しよう．ハミルトン関数が質点系のエネルギーを表している．1 粒子で直交座標系の場合には，(10.19) は以前に定義した (8.19) に帰着する．第 7 章で媒質中の光の伝搬を調べたとき，(7.13) の H という量が光の経路に沿って一定であることを述べたが，力学においても類似のことがあり，ハミルトン関数 (10.19) がじつは時間に依存しない．このことを確認するために，(10.19) の時間微分を実行すると

$$\begin{aligned}\frac{dH}{dt} &= \frac{d}{dt}\left(\sum_{r=1}^{n} \frac{\partial L}{\partial \dot{q}_r}\dot{q}_r - L\right)\\ &= \frac{d}{dt}\left(\sum_{r=1}^{n} \frac{\partial L}{\partial \dot{q}_r}\dot{q}_r\right) - \sum_{r=1}^{n}\left(\frac{\partial L}{\partial q_r}\dot{q}_r + \frac{\partial L}{\partial \dot{q}_r}\ddot{q}_r\right)\\ &= \sum_{r=1}^{n}\left\{\frac{d}{dt}\left(\frac{\partial L}{\partial \dot{q}_r}\right) - \frac{\partial L}{\partial q_r}\right\}\dot{q}_r\end{aligned}$$

を得る．この式は，オイラー・ラグランジュの運動方程式が満たされているなら

ば，力学的エネルギーが保存していることを意味している．

ラグランジュ関数が $(q_1, \cdots, q_n, \dot{q}_1, \cdots, \dot{q}_n)$ の関数であったのに対して，ハミルトン関数は $(q_1, \cdots, q_n, p_1, \cdots, p_n)$ の関数

$$H = H(q_1, \cdots, q_n, p_1, \cdots, p_n) \tag{10.20}$$

である．(10.19) は変数の組を $(q_1, \cdots, q_n, \dot{q}_1, \cdots, \dot{q}_n)$ から $(q_1, \cdots, q_n, p_1, \cdots, p_n)$ へ変換するものとなっている．このような変換は一般に**ルジャンドル変換**という．量子力学ではハミルトン演算子がシュレーディンガー方程式に現れて，中心的な役割を担っていることを第 8 章で述べた．古典力学におけるハミルトン関数はこれに対応するものであり，ラグランジュ関数をルジャンドル変換したものとして登場する代物である．そしてそれは，光学における (7.13) に対応するものでもある．

10.6　電磁場中の荷電粒子

電磁ベクトル・ポテンシャル $\boldsymbol{A}(t, \boldsymbol{r})$，ならびにスカラー・ポテンシャル $\Phi(t, \boldsymbol{r})$ のもとで運動する荷電粒子のラグランジュ関数について述べておこう．電磁気学にまだ慣れていない読者は，これらのポテンシャルと電場 $\boldsymbol{\mathcal{E}}$，磁束密度 $\boldsymbol{\mathcal{B}}$ が

$$\begin{gathered}\boldsymbol{\mathcal{E}} = -\frac{\partial \Phi}{\partial \boldsymbol{r}} - \frac{\partial \boldsymbol{A}}{\partial t} \\ \boldsymbol{\mathcal{B}} = \left(\frac{\partial A_3}{\partial x_2} - \frac{\partial A_2}{\partial x_3}, \frac{\partial A_1}{\partial x_3} - \frac{\partial A_3}{\partial x_1}, \frac{\partial A_2}{\partial x_1} - \frac{\partial A_1}{\partial x_2} \right) \\ \boldsymbol{A} = (A_1, A_2, A_3), \qquad \boldsymbol{r} = (x_1, x_2, x_3)\end{gathered} \tag{10.21}$$

という関係で結ばれていることを頭の片隅に入れておけば十分である．ここで後の便宜上，$\boldsymbol{r} = (x, y, z)$ の代わりに $\boldsymbol{r} = (x_1, x_2, x_3)$ という記法を用いた．

荷電粒子の質量を m，電荷を $-e$ としよう．結果を先に述べるならば，ラグランジュ関数として次のものを採用する．

$$L = \frac{m}{2}\left(\frac{d\boldsymbol{r}}{dt}\right)^2 + e\Phi(t, \boldsymbol{r}) - e\boldsymbol{A}(t, \boldsymbol{r}) \cdot \frac{d\boldsymbol{r}}{dt} \tag{10.22}$$

このラグランジュ関数から運動方程式を導出しよう．位置ベクトル $\boldsymbol{r}$ の各成分を $\boldsymbol{r} = (x_1, x_2, x_3)$ とし，変分を計算すると

$$\frac{d}{dt}\left(\frac{\partial L}{\partial\left(dx_i/dt\right)}\right)=\frac{d}{dt}\left(m\frac{dx_i}{dt}-eA_i(t,\boldsymbol{r})\right)$$
$$=m\frac{d^2x_i}{dt^2}-e\frac{\partial A_i}{\partial t}-e\sum_{j=1}^{3}\frac{dx_j}{dt}\frac{\partial A_i}{\partial x_j}$$
$$\left(\frac{\partial L}{\partial x_i}\right)=e\frac{\partial\Phi}{\partial x_i}-e\sum_{j=1}^{3}\frac{\partial A_j}{\partial x_i}\frac{dx_j}{dt}$$

となる．よってオイラー・ラグランジュ方程式は

$$0=\frac{d}{dt}\left(\frac{\partial L}{\partial\left(dx_i/dt\right)}\right)-\left(\frac{\partial L}{\partial x_i}\right)$$
$$=m\frac{d^2x_i}{dt^2}-e\left(\frac{\partial A_i}{\partial t}+\frac{\partial\Phi}{\partial x_i}\right)-e\sum_{j=1}^{3}\frac{dx_j}{dt}\left(\frac{\partial A_i}{dx_j}-\frac{\partial A_j}{dx_i}\right)$$

となる．ここで電場，磁束密度が (10.21) で書き表されることを思い出せば，オイラー・ラグランジュ方程式は

$$m\frac{d^2\boldsymbol{r}}{dt^2}=(-e)\left(\boldsymbol{\mathcal{E}}+\frac{d\boldsymbol{r}}{dt}\times\boldsymbol{\mathcal{B}}\right) \tag{10.23}$$

という，電磁気学で馴染み深いものとなる．

ハミルトン関数も導いておこう．正準共役運動量は

$$\boldsymbol{p}=\frac{\partial L}{\partial(d\boldsymbol{r}/dt)}=m\frac{d\boldsymbol{r}}{dt}-e\boldsymbol{A} \tag{10.24}$$

であるから，ハミルトン関数は，ルジャンドル変換を施して

$$H=\boldsymbol{p}\cdot\frac{d\boldsymbol{r}}{dt}-L=\frac{1}{m}\boldsymbol{p}\cdot(\boldsymbol{p}+e\boldsymbol{A})-\left(\frac{\boldsymbol{p}^2}{2m}-\frac{e^2}{2m}\boldsymbol{A}^2+e\Phi\right)$$
$$=\frac{1}{2m}\left(\boldsymbol{p}+e\boldsymbol{A}\right)^2-e\Phi \tag{10.25}$$

となる．

10.7 電子と電磁場の相互作用と量子力学

電磁場中での荷電粒子の運動を記述するシュレーディンガー方程式は，(10.25) において (8.20) の置き換えを実行してハミルトン演算子を構成すればよい．すなわち

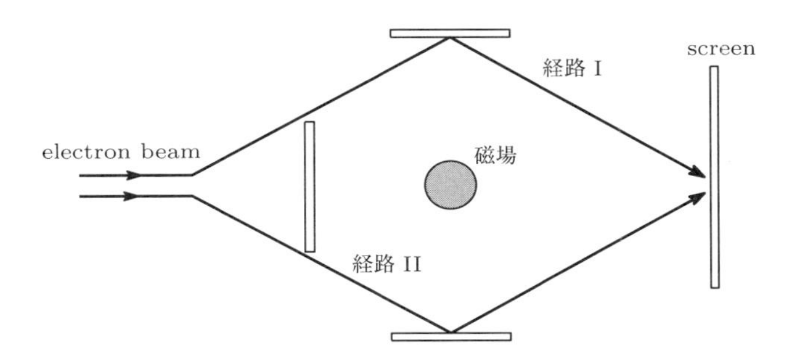

図 10.1 中央の円形部分には紙面垂直に磁場が掛けられている．左側から電子ビームが入射し，右端のスクリーンに到達する．電子の波動は，経路 I，経路 II のどちらを通過したかによって位相に差が生じ，干渉現象が起こる．電子は磁場が無い領域を通過するにもかかわらず，ポテンシャル $\boldsymbol{A}$ を感じ得る．c.f. Y. Aharonov and D. Bohm: *Phys. Rev.* **115**, 485–491 (1959).

$$
\begin{aligned}
i\hbar\frac{\partial\psi(t,\boldsymbol{r})}{\partial t} &= \widehat{H}\psi(t,\boldsymbol{r}) \\
&= \left\{\frac{1}{2m}\left(-i\hbar\frac{\partial}{\partial\boldsymbol{r}}+e\boldsymbol{A}\right)^2 - e\Phi\right\}\psi(t,\boldsymbol{r})
\end{aligned}
\tag{10.26}
$$

あるいは

$$
\left(i\hbar\frac{\partial}{\partial t}+e\Phi\right)\psi(t,\boldsymbol{r}) = \frac{1}{2m}\left(-i\hbar\frac{\partial}{\partial\boldsymbol{r}}+e\boldsymbol{A}\right)^2\psi(t,\boldsymbol{r}) \tag{10.27}
$$

が基礎となるシュレーディンガー方程式である．この方程式にはベクトル・ポテンシャル $\boldsymbol{A}$ ならびにスカラー・ポテンシャル Φ が登場していることは注目すべきであろう．古典力学における運動方程式 (10.23) では，電場 $\boldsymbol{\mathcal{E}}$, 磁束密度 $\boldsymbol{\mathcal{B}}$ が現れていた点で事情が異なる．

古典電磁気学では，電場や磁場が観測される量であり，ベクトル・ポテンシャルやスカラー・ポテンシャルは電磁場の基礎方程式を解くための補助的な役割を担っていたにとどまる．$\boldsymbol{A}$ や Φ は古典物理では一般には観測量とは考えられていない．しかし量子論的にはいかがであろうか．古典物理と相違して，シュレーディンガー方程式という基礎方程式の中に $\boldsymbol{A}$ や Φ が含まれていることから，$\boldsymbol{A}$ や Φ から構成される量が観測可能になり得る．そのような例としてアハラノフ・ボーム効果あるいは **AB** 効果と呼ばれるものが知られている (図 10.1 参照)．詳しくは量子力学関連の本を参照して頂きたい．

11 ハミルトンの運動方程式

11.1 正準方程式

(10.20) のところで述べたように，ハミルトン関数は広義座標と広義運動量の $2n$ 変数関数である．その意味するところは例えば H を q_r で偏微分するとき，残りの広義座標のみならず，全ての広義運動量 p_r も独立変数と見なすということである．このことを念頭に置きながらオイラー・ラグランジュ方程式をハミルトン関数を用いて書き換える．H を p_r で偏微分すると

$$
\begin{aligned}
\frac{\partial H}{\partial p_r} &= \frac{\partial}{\partial p_r}\left(\sum_{s=1}^{n} p_s \dot{q}_s - L\right)_q \\
&= \dot{q}_r + \sum_{s=1}^{n} p_s \left(\frac{\partial \dot{q}_s}{\partial p_r}\right)_q - \left(\frac{\partial L}{\partial p_r}\right)_q \\
&= \dot{q}_r + \sum_{s=1}^{n} p_s \left(\frac{\partial \dot{q}_s}{\partial p_r}\right)_q - \sum_{s=1}^{n}\left(\frac{\partial L}{\partial \dot{q}_s}\right)_q \left(\frac{\partial \dot{q}_s}{\partial p_r}\right)_q \\
&= \dot{q}_r
\end{aligned}
\tag{11.1}
$$

を得る．ここで括弧の右下の添え字は，偏微分するときにその文字の変数が固定されていることを (念のため) 忘れないようにするためのものである．(11.1) はラグランジュ関数から広義運動量を定義した (10.18) のいわば逆になっていて，ハミルトン関数から広義座標の時間微分を与える式になっている．

同様にしてハミルトン関数を広義座標で微分すると

$$
\begin{aligned}
\frac{\partial H}{\partial q_r} &= \frac{\partial}{\partial q_r}\left(\sum_{s=1}^{n} p_s \dot{q}_s - L\right)_p \\
&= \sum_{s=1}^{n} p_s \left(\frac{\partial \dot{q}_s}{\partial q_r}\right)_p - \left(\frac{\partial L}{\partial q_r}\right)_{\dot{q}} - \sum_{s=1}^{n}\left(\frac{\partial L}{\partial \dot{q}_s}\right)_q \left(\frac{\partial \dot{q}_s}{\partial q_r}\right)_p
\end{aligned}
$$

$$= -\left(\frac{\partial L}{\partial q_r}\right)_{\dot{q}}$$
$$= -\frac{d}{dt}\left(\frac{\partial L}{\partial \dot{q}_r}\right)_q$$
$$= -\dot{p}_r \tag{11.2}$$

が得られる．上の式変形ではオイラー・ラグランジュ方程式を用いていることに注意しよう．

(11.1) と (11.2) を改めて対の形で

$$\dot{q}_r = \frac{\partial H}{\partial p_r}, \quad \dot{p}_r = -\frac{\partial H}{\partial q_r} \qquad (r = 1, \cdots, n) \tag{11.3}$$

と書いておこう．(11.3) の $2n$ 個の方程式がハミルトンの**正準方程式**であり，q_r, p_r は**正準変数**と呼ぶ．上の議論では正準方程式をオイラー・ラグランジュ方程式から導いたが，逆に正準方程式からオイラー・ラグランジュ方程式を導くこともできる．両者は数学的に同じ内容を持っている．光学において光の経路を決定する方程式が (7.14), (7.15) であることを既に学んだが，(7.14), (7.15) と (11.3) とは形式的にきわめてよく似ている．

オイラー・ラグランジュ方程式は n 個の未知関数 $(q_1, \cdots, q_n)$ に対する n 個の 2 階微分方程式である．それに対して正準方程式は，$2n$ 個の未知関数 $(q_1, \cdots, q_n)$, $(p_1, \cdots, p_n)$ に対する $2n$ 個の 1 階微分方程式になっている．オイラー・ラグランジュ方程式と正準方程式は数学的には等価であり，それらの優劣を論じることはできない．両者は相補的な関係にある．ただ量子力学を建設するにあたっては，古典力学で正準方程式が準備されていたことは大変に有効であった．量子力学ではハミルトン関数が特別な役割を果たすからである．一方で相対性理論を取り入れた量子力学を考えるにあたっては，ラグランジュ関数を基礎に置いた方が都合がよい場合がある．両者はやはり相補的というべきである．

11.2　ハミルトンの原理

オイラー・ラグランジュ方程式が変分原理を用いて導けることを以下に述べよう．時刻 t_i から t_f までのラグランジュ関数の積分が，停留値をとるという条件を考えよう．すなわち質点の軌跡 $q_r = q_r(t)$ を微小に $q_r(t) \to q_r(t) + \delta q_r(t)$ と

変形しても，ラグランジュ関数の時間積分が不変であるという条件

$$
\begin{aligned}
0 &= \delta \int_{t_i}^{t_f} dt\, L(q_1, \cdots, q_n, \dot{q}_1, \cdots, \dot{q}_n) \\
&= \int_{t_i}^{t_f} dt \Big\{ L(q_1 + \delta q_1, \cdots, q_n + \delta q_n, \dot{q}_1 + \delta\dot{q}_1, \cdots, \dot{q}_n + \delta\dot{q}_n) \\
&\qquad\qquad - L(q_1, \cdots, q_n, \dot{q}_1, \cdots, \dot{q}_n) \Big\} \\
&= \sum_{r=1}^{n} \int_{t_i}^{t_f} dt \left\{ \frac{\partial L}{\partial q_r}\delta q_r + \frac{\partial L}{\partial \dot{q}_r}\delta\dot{q}_r \right\} \qquad (11.4)
\end{aligned}
$$

というものを取り上げる．この際，第 7 章で述べたヤコビの原理の場合とは相違して，始点と終点を通過する時刻 t_i, t_f は固定し，変分も $\delta q_r(t_i) = \delta q_r(t_f) = 0$ という条件を満たすものとする．ここで

$$
\delta\dot{q}_r = \frac{d}{dt}\delta q_r
$$

であることに注意して (11.4) の第 2 項を部分積分すると

$$
\begin{aligned}
0 &= \sum_{r=1}^{n} \int_{t_i}^{t_f} dt \left\{ \frac{\partial L}{\partial q_r} - \frac{d}{dt}\left(\frac{\partial L}{\partial \dot{q}_r}\right) \right\} \delta q_r + \sum_{r=1}^{n} \int_{t_i}^{t_f} dt \frac{d}{dt}\left(\frac{\partial L}{\partial \dot{q}_r}\delta q_r\right) \\
&= \sum_{r=1}^{n} \int_{t_i}^{t_f} dt \left\{ \frac{\partial L}{\partial q_r} - \frac{d}{dt}\left(\frac{\partial L}{\partial \dot{q}_r}\right) \right\} \delta q_r
\end{aligned}
$$

を得る．最後の式を得る際には $\delta q_r(t_i) = \delta q_r(t_f) = 0$ を用いている．以上の計算から明らかなように，変分原理

$$
\delta \int_{t_i}^{t_f} dt\, L(q_1, \cdots, q_n, \dot{q}_1, \cdots, \dot{q}_n) = 0 \qquad (11.5)
$$

を課すこととオイラー・ラグランジュ方程式 (10.9) とは数学的に等価なのである．(11.5) はハミルトンの原理と呼ばれる．

10. 3 節でオイラー・ラグランジュ方程式が広義座標のとり方に依存しないことを示した．このことは，ハミルトンの原理を用いれば自明になる．ラグランジュ関数の中の運動エネルギー $T_{\rm kin}$ ならびにポテンシャル U を，3 次元直交座標，球座標，円筒座標等々のうちのどの座標を用いるか，ハミルトンの原理では指定していないからである．第 3 章で，我々は運動方程式が座標系のとり方によって様々な形に書き換えられることを学んだ．それはやや複雑な書き換えでもあった．しかし座標変換の手続きを，運動方程式の段階ではなくてラグランジュ関数の段階で行えば，運動方程式の書き換えは比較的容易になることをハミルトンの原理は教えてくれている．

11.3 正準方程式と変分原理

オイラー・ラグランジュ方程式と正準方程式が等価であることを 11.1 節で述べたが，この事実を変分原理の立場で確認しておこう．ハミルトンの原理 (11.5) にルジャンドル変換 (10.19) を代入すると

$$\delta \int_{t_i}^{t_f} dt \left(\sum_{r=1}^{n} p_r \dot{q}_r - H(q_1, \cdots, q_n, p_1, \cdots, p_n) \right) = 0 \qquad (11.6)$$

という変分原理が得られる．ハミルトン関数の変分は

$$\delta H = \sum_{r=1}^{n} \frac{\partial H}{\partial q_r} \delta q_r + \sum_{r=1}^{n} \frac{\partial H}{\partial p_r} \delta p_r$$

であるから，(11.6) は

$$\begin{aligned} &\int_{t_i}^{t_f} dt \sum_{r=1}^{n} \left\{ (\delta p_r \dot{q}_r + p_r \delta \dot{q}_r) - \left(\frac{\partial H}{\partial q_r} \delta q_r + \frac{\partial H}{\partial p_r} \delta p_r \right) \right\} \\ &\quad = \int_{t_i}^{t_f} dt \sum_{r=1}^{n} \left\{ \left(\dot{q}_r - \frac{\partial H}{\partial p_r} \right) \delta p_r - \left(\dot{p}_r + \frac{\partial H}{\partial q_r} \right) \delta q_r + \frac{d}{dt} (p_r \delta q_r) \right\} \end{aligned}$$

と書き換えることができる．最後の項は，すぐに積分できて時刻 t_f, t_i における $p_r \delta q_r$ の値の差として与えられる．しかし時刻 t_f, t_i においては $\delta q_r = 0$ という条件のもとでの変分を考えているので，最後の項はじつはゼロになる．したがって任意の変分 δq_r, δp_r のもとで (11.6) が成り立つためには，ハミルトンの正準方程式 (11.3) が成り立たなければならない．ハミルトンの原理によって正準方程式が導けたことになる．

11.4 正 準 変 換

第 3 章では直交座標，円筒座標，球座標等々，様々な座標系を学んだ．これらは互いに座標変換で結ばれており，それは一般的には座標変数 $(q_1, \cdots, q_n)$ から座標変数 $(Q_1, \cdots, Q_n)$ への変換，

$$q_r \to Q_r = Q_r(q_1, \cdots, q_n, t) \qquad (r = 1, \cdots, n)$$

というものになる．ところが正準方程式においては座標変数と正準共役な運動量変数を独立変数として扱っているので，変換も一般的なものにして

$$q_r \to Q_r = Q_r\left(q_1, \cdots, q_n, p_1, \cdots, p_n, t\right) \quad (r = 1, \cdots, n) \tag{11.7}$$

$$p_r \to P_r = P_r\left(q_1, \cdots, q_n, p_1, \cdots, p_n, t\right) \quad (r = 1, \cdots, n) \tag{11.8}$$

という拡張したものを考える．ここでは特に正準方程式の形が変わらない変換を考える．形が変わらないという意味は，Q_r, P_r の時間発展が

$$\frac{dQ_r}{dt} = \frac{\partial K}{\partial P_r}, \qquad \frac{dP_r}{dt} = -\frac{\partial K}{\partial Q_r} \qquad (r = 1, \cdots, n) \tag{11.9}$$

という形の微分方程式で記述されるということである．ここで

$$K = K\left(Q_1, \cdots, Q_n, P_1, \cdots, P_r\right)$$

という関数は，変換後のハミルトン関数の役割を果たしている．正準方程式の形を変えない変換 (11.7), (11.8) のことを**正準変換**という．

正準変換の一般論を展開するにはハミルトンの原理を土台にするのがよい．11.3 節の議論から明らかなように，(11.9) の方程式は

$$\delta \int_{t_i}^{t_f} dt \left(\sum_{r=1}^{n} P_r \dot{Q}_r - K \right) = 0 \tag{11.10}$$

という変分原理から導かれる．この微分方程式が変換前の正準方程式 (11.3) と等価であるためには，2 つの変分原理，(11.6) と (11.10) が同じ内容である必要がある．そのためには

$$\sum_{r=1}^{n} p_r dq_r - H dt = \sum_{r=1}^{n} P_r dQ_r - K dt + dF \tag{11.11}$$

という関係が満たされていれば十分である．ここで最後の項の F は $2n$ 個の力学変数と時刻の関数であり，時刻 t について全微分である．dF/dt の積分はすぐにできて

$$\int_{t_i}^{t_f} dt\, \frac{dF}{dt} = F(t_f) - F(t_i)$$

という寄与を与えるが，変分原理を適用して力学変数についての変分をとる際，時刻 t_i, t_f での変分はゼロとするので，$\delta\left(F(t_f) - F(t_i)\right) = 0$ であり，正準方程式の導出に影響を及ぼさない．正準変換は F という任意の関数が入り込む余地を残しており，このことが正準変換を多彩なものにしている．(11.11) における F のように，正準変換を特徴づける関数のことを**母関数**と呼ぶ．

11.5 母　関　数

母関数は $2n$ 個の力学変数の関数であるが，その $2n$ 個の変数の選択は，(11.11) の微分形式をどの変数の組み合わせで書き換えるかに応じて種々のものが考えられる．以下では

$$
\begin{aligned}
&\text{(I)} \quad F_1 = F_1(q_1, \cdots, q_n, Q_1, \cdots, Q_n, t)\\
&\text{(II)} \quad F_2 = F_2(q_1, \cdots, q_n, P_1, \cdots, P_n, t)\\
&\text{(III)} \quad F_3 = F_3(p_1, \cdots, p_n, Q_1, \cdots, Q_n, t)\\
&\text{(IV)} \quad F_4 = F_4(p_1, \cdots, p_n, P_1, \cdots, P_n, t)
\end{aligned}
$$

という 4 種類の組み合わせを考察しよう．

- **(I) の場合**

(11.11) において $F = F_1$ とおいたものを実際に微分して

$$
\begin{aligned}
\sum_{r=1}^{n} p_r dq_r - H dt &= \sum_{r=1}^{n} P_r dQ_r - K dt + dF_1 \\
&= \sum_{r=1}^{n} P_r dQ_r - K dt + \sum_{r=1}^{n} \left(\frac{\partial F_1}{\partial q_r} dq_r + \frac{\partial F_1}{\partial Q_r} dQ_r \right) + \frac{\partial F_1}{\partial t} dt
\end{aligned}
\tag{11.12}
$$

と書いたとする．これを整理すれば

$$
\sum_{r=1}^{n} \left\{ \left(p_r - \frac{\partial F_1}{\partial q_r} \right) dq_r + \left(-P_r - \frac{\partial F_1}{\partial Q_r} \right) dQ_r \right\} + \left(-H + K - \frac{\partial F_1}{\partial t} \right) dt = 0
$$

とまとめられる．q_r, Q_r, t を独立な変数と見なしているのだから，これが成り立つためには dq_r, dQ_r, dt の係数がそれぞれゼロでなければならない．すなわち

$$
p_r = \frac{\partial F_1}{\partial q_r}, \qquad P_r = -\frac{\partial F_1}{\partial Q_r}, \qquad K = H + \frac{\partial F_1}{\partial t} \tag{11.13}
$$

が導かれる．$p_r = \partial F_1/\partial q_r$ を Q_r について解けば，(11.7) の関数形が決まる．これを $P_r = -\partial F_1/\partial Q_r$ に代入すれば (11.8) の関数形が決まる．

- **(II) の場合**

(11.12) を次のように書き換える．

$$\sum_{r=1}^{n} p_r dq_r - Hdt = -\sum_{r=1}^{n} Q_r dP_r - Kdt + d\left(F_1 + \sum_{r=1}^{n} P_r Q_r\right)$$
$$= -\sum_{r=1}^{n} Q_r dP_r - Kdt + dF_2 \tag{11.14}$$

ここで F_2 は

$$F_2(q_1, \cdots, q_n, P_1, \cdots, P_n, t) = F_1(q_1, \cdots, q_n, Q_1, \cdots, Q_n, t) + \sum_{r=1}^{n} P_r Q_r$$

によって定義されている．F_2 が Q_r に依存しないことは

$$\frac{\partial F_2}{\partial Q_r} = \frac{\partial F_1}{\partial Q_r} + P_r = 0$$

となることから確かめられる．q_r, P_r, t を独立な変数とし (11.14) が成り立つためには，(11.14) を

$$\sum_{r=1}^{n} \left\{ \left(p_r - \frac{\partial F_2}{\partial q_r}\right) dq_r + \left(Q_r - \frac{\partial F_2}{\partial P_r}\right) dP_r \right\} + \left(-H + K - \frac{\partial F_2}{\partial t}\right) dt = 0$$

と書き直してみれば分かるように

$$p_r = \frac{\partial F_2}{\partial q_r}, \quad Q_r = \frac{\partial F_2}{\partial P_r}, \quad K = H + \frac{\partial F_2}{\partial t} \tag{11.15}$$

という関係が成り立たねばならない．$p_r = \partial F_2/\partial q_r$ を P_r について解けば (11.8) の関数形が決まり，それを $Q_r = \partial F_2/\partial P_r$ に代入すれば (11.7) の関数形が決まる．

• **(III)** の場合

(11.12) をさらに次のように書き換える．

$$-\sum_{r=1}^{n} q_r dp_r - Hdt = \sum_{r=1}^{n} P_r dQ_r - Kdt + d\left(F_1 - \sum_{r=1}^{n} p_r q_r\right)$$
$$= \sum_{r=1}^{n} P_r dQ_r - Kdt + dF_3 \tag{11.16}$$

ここで F_3 は

$$F_3\left(p_1, \cdots, p_n, Q_1, \cdots, Q_n, t\right) = F_1\left(q_1, \cdots, q_n, Q_1, \cdots, Q_n, t\right) - \sum_{r=1}^{n} p_r q_r$$

と定義している．F_3 が q_r に依存しないことは，実際に F_3 を q_r で微分してみると

$$\frac{\partial F_3}{\partial q_r} = \frac{\partial F_1}{\partial q_r} - p_r = 0$$

となることから分かる．p_r, Q_r, t を独立な変数とし，(11.16) が常に成り立つためには，(11.16) を

$$\sum_{r=1}^{n} \left\{ \left(q_r + \frac{\partial F_3}{\partial p_r} \right) dp_r + \left(P_r + \frac{\partial F_3}{\partial Q_r} \right) dQ_r \right\} + \left(H - K + \frac{\partial F_3}{\partial t} \right) dt = 0$$

と書き直してみれば分かるように

$$q_r = -\frac{\partial F_3}{\partial p_r}, \quad P_r = -\frac{\partial F_3}{\partial Q_r}, \quad K = H + \frac{\partial F_3}{\partial t} \tag{11.17}$$

という関係式が成り立たねばならない．最初の式を Q_r について解けば Q_r が q_r, p_r によって表される．それを第 2 の式に代入すれば P_r が q_r, p_r によって表されることになる．

• **(IV)** の場合

最後に (11.12) を次のように書き換えてみる．

$$\begin{aligned} -\sum_{r=1}^{n} q_r dp_r - Hdt &= -\sum_{r=1}^{n} Q_r dP_r - Kdt + d\left(F_1 + \sum_{r=1}^{n} P_r Q_r - \sum_{r=1}^{n} p_r q_r \right) \\ &= -\sum_{r=1}^{n} Q_r dP_r - Kdt + dF_4 \end{aligned} \tag{11.18}$$

ここで F_4 は

$$\begin{aligned} F_4(p_1, \cdots, p_n, P_1, \cdots, P_n, t) &= F_1(q_1, \cdots, q_n, Q_1, \cdots, Q_n, t) \\ &\quad + \sum_{r-1}^{n} P_r Q_r - \sum_{r=1}^{n} p_r q_r \end{aligned}$$

によって定義されている．F_4 が q_r, Q_r に依存しないことは

$$\frac{\partial F_4}{\partial q_r} = \frac{\partial F_1}{\partial q_r} + \sum_{s=1}^{n} \frac{\partial F_1}{\partial Q_s} \frac{\partial Q_s}{\partial q_r} + \sum_{s=1}^{n} P_s \frac{\partial Q_s}{\partial q_r} - p_r = 0$$

$$\frac{\partial F_4}{\partial Q_r} = \frac{\partial F_1}{\partial Q_r} + \sum_{s=1}^{n} \frac{\partial F_1}{\partial q_s} \frac{\partial q_s}{\partial Q_r} + P_r - \sum_{s=1}^{n} p_s \frac{\partial q_s}{\partial Q_r} = 0$$

から明らかである．以前と同様にして (11.18) を

$$\sum_{r=1}^{n} \left\{ \left(q_r + \frac{\partial F_4}{\partial p_r} \right) dp_r + \left(-Q_r + \frac{\partial F_4}{\partial P_r} \right) dP_r \right\} + \left(H - K + \frac{\partial F_4}{\partial t} \right) dt = 0$$

と書き換えてみれば明らかなように

$$q_r = -\frac{\partial F_4}{\partial p_r}, \quad Q_r = \frac{\partial F_4}{\partial P_r}, \quad K = H + \frac{\partial F_4}{\partial t}$$

という関係式が成り立つ．第1の式を P_r について解けば P_r が q_r, p_r の関数として表され，それを第2の式に代入すれば Q_r が q_r, p_r の関数として表されることになる．

11.6　正準変換の具体的な例

11.5節で述べた4通りの正準変換のうち，(III) および (I) の具体例を挙げておこう．

【例1】　直交座標から球座標への座標変換

質量 m, ポテンシャル U のもとで運動する質点のハミルトン関数は，直交座標系では

$$H = \frac{1}{2m}\left(p_x^2 + p_y^2 + p_z^2\right) + U \tag{11.19}$$

で与えられる．この質点の運動を球座標で記述するために正準変換を行う．そのためには次の (III) のタイプの母関数

$$F_3\left(p_x, p_y, p_z, r, \theta, \phi\right) = -p_x r\sin\theta\cos\phi - p_y r\sin\theta\sin\phi - p_z r\cos\theta$$

を取り上げよう．この母関数が，実際に直交座標から球座標への変換を表していることは，(11.17) の最初の式を用いて

$$x = -\frac{\partial F_3}{\partial p_x} = r\sin\theta\cos\phi, \quad y = -\frac{\partial F_3}{\partial p_y} = r\sin\theta\sin\phi, \quad z = -\frac{\partial F_3}{\partial p_z} = r\cos\theta$$

という座標の変換式を導けることから分かる．

球座標における運動量は，(11.17) の2番目の公式を用いて

$$p_r = -\frac{\partial F_3}{\partial r} = p_x\sin\theta\cos\phi + p_y\sin\theta\sin\phi + p_z\cos\theta$$

$$p_\theta = -\frac{\partial F_3}{\partial \theta} = p_x r\cos\theta\cos\phi + p_y r\cos\theta\sin\phi - p_z r\sin\theta$$

$$p_\phi = -\frac{\partial F_3}{\partial \phi} = -p_x r\sin\theta\sin\phi + p_y r\sin\theta\cos\phi$$

となる．これを p_x, p_y, p_z についての3元連立1次方程式と見なして解けば，

$$p_x = \sin\theta\cos\phi\, p_r + \cos\theta\cos\phi\left(\frac{p_\theta}{r}\right) - \sin\phi\left(\frac{p_\phi}{r\sin\theta}\right)$$
$$p_y = \sin\theta\sin\phi\, p_r + \cos\theta\sin\phi\left(\frac{p_\theta}{r}\right) + \cos\phi\left(\frac{p_\phi}{r\sin\theta}\right)$$
$$p_z = \cos\theta\, p_r - \sin\theta\left(\frac{p_\theta}{r}\right) \tag{11.20}$$

が得られる．F_3 は時間 t に陽には依存していないので，(11.17) の 3 番目の公式によりハミルトン関数は変わらない．そこで (11.20) を (11.19) に代入して球座標におけるハミルトン関数

$$H = \frac{1}{2m}\left(p_r^2 + \frac{p_\theta^2}{r^2} + \frac{p_\phi^2}{r^2\sin^2\theta}\right) + U$$

が得られる．

【例 2】　調和振動子 (作用変数，角変数への変数変換)

調和振動子を作用変数，角変数と呼ばれる変数を用いて記述する方法の一端に触れておこう．調和振動子のラグランジュ関数は (10.11)，すなわち

$$L = \frac{m}{2}\dot{q}^2 - \frac{m}{2}(2\pi\nu)^2 q^2$$

で与えられる．正準共役運動量は $p = \partial L/\dot{q} = m\dot{q}$ であるから，ルジャンドル変換を施してハミルトン関数は

$$H = \frac{1}{2m}p^2 + \frac{m}{2}(2\pi\nu)^2 q^2 \tag{11.21}$$

となる．この振動子の運動を作用変数，角変数で記述することにいかなる意義，特徴があるのかについては第 16 章で説明する．やや天下り式ではあるが，ここではタイプ (I) の母関数

$$F_1(q, w) = \frac{m}{2}(2\pi\nu)q^2\cot(2\pi w) \tag{11.22}$$

を取り上げよう．w が角変数と呼ばれるものである．(11.22) をいかにして導くかについては 14.5 節および 16.3 節までお預けとする．

(11.13) の最初の 2 つの式を用いれば

$$p = \frac{\partial F_1}{\partial q} = m(2\pi\nu)q\cot(2\pi w), \quad J = -\frac{\partial F_1}{\partial w} = \frac{m}{2}\frac{(2\pi)^2\nu\, q^2}{\sin^2(2\pi w)}$$

となる．ここで変換後の運動量を Q の代わりに J と記した．J が作用変数と呼ばれるものである．$F_1(q, w)$ が時間を陽に含んでいないので，(11.13) の 3 番目

の公式によりハミルトン関数は変わらない．p の式を (11.21) に代入すると

$$H=\frac{m}{2}(2\pi\nu)^2\left\{q^2\cot^2(2\pi w)+q^2\right\}=J\nu \tag{11.23}$$

となることが分かり，ハミルトン関数が作用変数のみを含んでいて角変数に依存しないことが分かる．これが作用変数，角変数を用いる場合の一般的な特徴である．ハミルトンの正準方程式はじつに簡単化され，

$$\frac{dw}{dt}=\frac{\partial H}{\partial J}=\nu,\quad \frac{dJ}{dt}=-\frac{\partial H}{\partial w}=0 \tag{11.24}$$

となる．すなわち J という作用変数は変数ではあるのだが，運動方程式の結果，時間に依存しない定数となる．角変数 w は時間 t について 1 次関数

$$w=\nu t+\text{constant}$$

になる．力学変数をうまく選べば，力学の問題が簡単に解けてしまうことをこの例は教えてくれている．

11.7 無限小の時間発展と正準変換

力学変数の時間変化も，無限小の正準変換を次々に行っていく操作と捉えることができる．これは力学に新しい見方を与えるという意味で興味深いので，ここに節を改めて説明しよう．座標変数 q_r ならびに運動量変数 p_r は，時刻が t から時刻 $t+\Delta t$ まで経過した際に

$$Q_r=q_r+\dot{q}_r\Delta t=q_r+\frac{\partial H}{\partial p_r}\Delta t,\quad P_r=p_r+\dot{p}_r\Delta t=p_r-\frac{\partial H}{\partial q_r}\Delta t$$

という量に変化する．ここで Δt は微小な時間間隔であるとする．この時間変化を

$$(q_1,\cdots,q_n,p_1,\cdots,p_n)\to(Q_1,\cdots,Q_n,P_1,\cdots,P_n)$$

という正準変換として捉えたい．そのためには次のタイプ (II) の母関数

$$F_2(q,P)=\sum_r q_rP_r+H(q,P)\Delta t$$

を用いればよい．実際 (11.15) の公式により

$$p_r=\frac{\partial F_2}{\partial q_r}=P_r+\frac{\partial H}{\partial q_r}\Delta t$$

$$Q_r = \frac{\partial F_2}{\partial P_r} = q_r + \frac{\partial H}{\partial P_r}\Delta t \approx q_r + \frac{\partial H}{\partial p_r}\Delta t$$

となり，確かに時間発展が正準変換となっていることが分かる．

古典力学における時間発展のこの見方は，じつは量子力学においても似た事情にある．量子力学には，ハイゼンベルク形式とシュレーディンガー形式の，2 種類の等価な理論形式がある．ハイゼンベルク形式では，古典力学と同じように力学変数は時間発展し，その時間発展はユニタリー変換と呼ばれる変換で記述される．古典力学における正準変換が，量子力学ではユニタリー変換に取って代わられている．これに対してシュレーディンガー形式では力学変数は時間発展せず，常に元の時刻の力学変数を用いて理論を記述するという形式になっている．微小時間ではなくて，有限の時間にわたる時間発展を記述する正準変換については 12.5 節で説明する．

11.8 正 準 不 変 量

正準変換のもとで不変な量を正準不変量と呼ぶ．正準不変量としてラグランジュ括弧ならびにポアソン括弧と呼ばれるものが知られているので，以下にそれらを説明しよう．

正準変数 q_r, p_r が 2 つの変数 u, v によってパラメータ表示されているとしよう．このとき

$$(u, v)_{q,p} = \sum_{r=1}^{n} \left(\frac{\partial q_r}{\partial u}\frac{\partial p_r}{\partial v} - \frac{\partial p_r}{\partial u}\frac{\partial q_r}{\partial v} \right)$$

をラグランジュ括弧と定義する．左辺の括弧に添え字 q, p を付けたのは，正準変数のとり方を指定するためのもので，他の正準変数 Q_r, P_r を採用した場合は

$$(u, v)_{Q,P} = \sum_{r=1}^{n} \left(\frac{\partial Q_r}{\partial u}\frac{\partial P_r}{\partial v} - \frac{\partial P_r}{\partial u}\frac{\partial Q_r}{\partial v} \right)$$

と書くことになる．

ところがこのラグランジュ括弧は正準変数のとり方に依存しないことが示せる．正準変数 q_r, p_r と Q_r, P_r とが，例えば (11.15) のように母関数 F_2 によって関係づけられているとしよう．(11.15) の第 1 式を u で微分すると

$$\frac{\partial p_r}{\partial u} = \frac{\partial}{\partial u}\left(\frac{\partial F_2}{\partial q_r}\right) = \sum_{s=1}^{n} \left(\frac{\partial^2 F_2}{\partial q_r \partial q_s}\frac{\partial q_s}{\partial u} + \frac{\partial^2 F_2}{\partial q_r \partial P_s}\frac{\partial P_s}{\partial u} \right)$$

が得られる．$\partial p_r/\partial v$ も全く同様の式になる．そうするとラグランジュ括弧は

$$(u,v)_{q,p} = \sum_{r=1}^{n} \begin{vmatrix} \dfrac{\partial q_r}{\partial u} & \dfrac{\partial p_r}{\partial u} \\ \dfrac{\partial q_r}{\partial v} & \dfrac{\partial p_r}{\partial v} \end{vmatrix}$$

$$= \sum_{r,s=1}^{n} \frac{\partial^2 F_2}{\partial q_r \partial q_s} \begin{vmatrix} \dfrac{\partial q_r}{\partial u} & \dfrac{\partial q_s}{\partial u} \\ \dfrac{\partial q_r}{\partial v} & \dfrac{\partial q_s}{\partial v} \end{vmatrix} + \sum_{r,s=1}^{n} \frac{\partial^2 F_2}{\partial q_r \partial P_s} \begin{vmatrix} \dfrac{\partial q_r}{\partial u} & \dfrac{\partial P_s}{\partial u} \\ \dfrac{\partial q_r}{\partial v} & \dfrac{\partial P_s}{\partial v} \end{vmatrix}$$

となるのだが，この式の右辺第 1 項は，r, s の入れ替えに関して対称な量と反対称な量の積になっているので，r, s について和をとればゼロになる．したがって第 2 項のみが生き残って

$$(u,v)_{q,p} = \sum_{r,s=1}^{n} \frac{\partial^2 F_2}{\partial q_r \partial P_s} \begin{vmatrix} \dfrac{\partial q_r}{\partial u} & \dfrac{\partial P_s}{\partial u} \\ \dfrac{\partial q_r}{\partial v} & \dfrac{\partial P_s}{\partial v} \end{vmatrix}$$

が導かれる．全く同様にして (11.15) の第 2 式を利用すると

$$(u,v)_{Q,P} = \sum_{r,s=1}^{n} \frac{\partial^2 F_2}{\partial P_s \partial q_r} \begin{vmatrix} \dfrac{\partial q_r}{\partial u} & \dfrac{\partial P_s}{\partial u} \\ \dfrac{\partial q_r}{\partial v} & \dfrac{\partial P_s}{\partial v} \end{vmatrix}$$

が得られ，ラグランジュ括弧が正準変数のとり方に依存しないこと，すなわち

$$(u,v)_{q,p} = (u,v)_{Q,P} \tag{11.25}$$

が示された．

次にポアソン括弧を定義しよう．A, B が正準変数 q_r, p_r の関数であるとき A, B のポアソン括弧は

$$\{A, B\}_{q,p} = \sum_{r=1}^{n} \left(\frac{\partial A}{\partial q_r}\frac{\partial B}{\partial p_r} - \frac{\partial B}{\partial q_r}\frac{\partial A}{\partial p_r} \right)$$

によって定義される．このポアソン括弧はじつはラグランジュ括弧と密接な関係がある．正準変数 q_r, p_r の関数

$$u_l = u_l(q_1, \cdots, q_n, p_1, \cdots, p_n) \qquad (l = 1, \cdots, 2n)$$

が $2n$ 個あるとしよう．このとき，次の関係式を証明することができる．

$$\sum_{l=1}^{2n} (u_l, u_r)_{q,p} \{u_l, u_s\}_{q,p} = \delta_{rs} \tag{11.26}$$

実際左辺は

$$\sum_{l=1}^{2n} \sum_{k=1}^{n} \sum_{m=1}^{n} \left(\frac{\partial q_k}{\partial u_l} \frac{\partial p_k}{\partial u_r} - \frac{\partial p_k}{\partial u_l} \frac{\partial q_k}{\partial u_r} \right) \left(\frac{\partial u_l}{\partial q_m} \frac{\partial u_s}{\partial p_m} - \frac{\partial u_s}{\partial q_m} \frac{\partial u_l}{\partial p_m} \right) \tag{11.27}$$

となるのだが，この括弧を展開すると 4 つの項が現れる．そのうちの 1 つは

$$\sum_{l=1}^{2n} \sum_{k=1}^{n} \sum_{m=1}^{n} \frac{\partial q_k}{\partial u_l} \frac{\partial p_k}{\partial u_r} \frac{\partial u_l}{\partial q_m} \frac{\partial u_s}{\partial p_m} = \sum_{k=1}^{n} \sum_{m=1}^{n} \delta_{km} \frac{\partial p_k}{\partial u_r} \frac{\partial u_s}{\partial p_m} = \sum_{k=1}^{n} \frac{\partial p_k}{\partial u_r} \frac{\partial u_s}{\partial p_k}$$

となる．同様に (11.27) を展開した残りの 3 項は

$$\sum_{l=1}^{2n} \sum_{k=1}^{n} \sum_{m=1}^{n} \frac{\partial p_k}{\partial u_l} \frac{\partial q_k}{\partial u_r} \frac{\partial u_s}{\partial q_m} \frac{\partial u_l}{\partial p_m} = \sum_{k=1}^{n} \frac{\partial q_k}{\partial u_r} \frac{\partial u_s}{\partial q_k}$$

$$-\sum_{l=1}^{2n} \sum_{k=1}^{n} \sum_{m=1}^{n} \frac{\partial p_k}{\partial u_l} \frac{\partial q_k}{\partial u_r} \frac{\partial u_l}{\partial q_m} \frac{\partial u_s}{\partial p_m} = -\sum_{k=1}^{n} \sum_{m=1}^{n} \frac{\partial p_k}{\partial q_m} \frac{\partial q_k}{\partial u_r} \frac{\partial u_s}{\partial p_m} = 0$$

$$-\sum_{l=1}^{2n} \sum_{k=1}^{n} \sum_{m=1}^{n} \frac{\partial q_k}{\partial u_l} \frac{\partial p_k}{\partial u_r} \frac{\partial u_s}{\partial q_m} \frac{\partial u_l}{\partial p_m} = -\sum_{k=1}^{n} \sum_{m=1}^{n} \frac{\partial q_k}{\partial p_m} \frac{\partial p_k}{\partial u_r} \frac{\partial u_s}{\partial q_m} = 0$$

となる．よって 4 つの項を寄せ集めれば，(11.27) は

$$\sum_{k=1}^{n} \frac{\partial p_k}{\partial u_r} \frac{\partial u_s}{\partial p_k} + \sum_{k=1}^{n} \frac{\partial q_k}{\partial u_r} \frac{\partial u_s}{\partial q_k} + 0 + 0 = \frac{\partial u_s}{\partial u_r} = \delta_{rs}$$

となり，(11.26) が証明された．ポアソン括弧は (11.26) の意味において，ラグランジュ括弧のいわば「逆」になっている．

(11.26) からポアソン括弧に関する重要な関係式を導くことができる．まず (11.26) において u_l を一般の正準変数 $Q_1, \cdots, Q_n, P_1, \cdots, P_n$ とおき，$u_r = Q_r$, $u_s = P_s$ とすれば

$$\sum_{l=1}^{n} (Q_l, Q_r)_{q,p} \{Q_l, P_s\}_{q,p} + \sum_{l=1}^{n} (P_l, Q_r)_{q,p} \{P_l, P_s\}_{q,p} = 0 \tag{11.28}$$

となる．ところでラグランジュ括弧については，(11.25) により全ての正準変数に対して

$$(Q_l, Q_s)_{q,p} = 0, \quad (P_l, Q_s)_{q,p} = -\delta_{ls}, \quad (P_l, P_s)_{q,p} = 0 \qquad (11.29)$$

が成り立つので，これらを (11.28) に代入すればポアソン括弧についても一般に

$$\{P_r, P_s\}_{q,p} = 0$$

が成り立つことが分かる．全く同じように (11.26) において u_l を一般の正準変数 $Q_1, \cdots, Q_n, P_1, \cdots, P_n$ とおき，$u_r = P_r$, $u_s = Q_s$ とすれば

$$\sum_{l=1}^{n} (Q_l, P_r)_{q,p} \{Q_l, Q_s\}_{q,p} + \sum_{l=1}^{n} (P_l, P_r)_{q,p} \{P_l, Q_s\}_{q,p} = 0$$

となり，(11.29) により

$$\{Q_r, Q_s\}_{q,p} = 0$$

となることが分かる．最後に (11.26) において u_l を一般の正準変数 $Q_1, \cdots, Q_n, P_1, \cdots, P_n$ とおき，$u_r = Q_r$, $u_s = Q_s$ とすれば

$$\sum_{l=1}^{n} (Q_l, Q_r)_{q,p} \{Q_l, Q_s\}_{q,p} + \sum_{l=1}^{n} (P_l, Q_r)_{q,p} \{P_l, Q_s\}_{q,p} = \delta_{rs}$$

となり，(11.29) により

$$\{Q_s, P_r\}_{q,p} = \delta_{rs}$$

が得られる．以上まとめて次の定理を得る．

定理 1

Q_r, P_r が正準変数であるならば

$$\{Q_r, Q_s\}_{q,p} = 0, \quad \{P_r, P_s\}_{q,p} = 0, \quad \{Q_r, P_s\}_{q,p} = \delta_{rs} \quad (11.30)$$

が成り立つ．

逆に (11.30) を満足する Q_r, P_r は正準変数であることを示すこともできる．(11.30) は Q_r, P_r が正準変数であるための必要十分条件になっている．この定理を基礎にして，ポアソン括弧が正準変数のとり方に依存しないこと，すなわち正準変数の任意の関数 A, B に対して

$$\{A, B\}_{q,p} = \{A, B\}_{Q,P}$$

を直接計算によって示したい．$\{A, B\}_{q,p}$ を定義に従って書き換えていくと

$$
\begin{aligned}
&\{A, B\}_{q,p} \\
&= \sum_{r,s=1}^{n} \left[\frac{\partial A}{\partial q_r} \left(\frac{\partial B}{\partial Q_s} \frac{\partial Q_s}{\partial p_r} + \frac{\partial B}{\partial P_s} \frac{\partial P_s}{\partial p_r} \right) - \left(\frac{\partial B}{\partial Q_s} \frac{\partial Q_s}{\partial q_r} + \frac{\partial B}{\partial P_s} \frac{\partial P_s}{\partial q_r} \right) \frac{\partial A}{\partial p_r} \right] \\
&= \sum_{s=1}^{n} \left[\frac{\partial B}{\partial Q_s} \{A, Q_s\}_{q,p} + \frac{\partial B}{\partial P_s} \{A, P_s\}_{q,p} \right]
\end{aligned}
\tag{11.31}
$$

を得る．(11.31) で A に Q_k を代入し，B を A に置き換えると

$$
\{Q_k, A\}_{q,p} = \sum_{s=1}^{n} \left[\frac{\partial A}{\partial Q_s} \{Q_k, Q_s\}_{q,p} + \frac{\partial A}{\partial P_s} \{Q_k, P_s\}_{q,p} \right] = \frac{\partial A}{\partial P_k}
$$

が得られる．全く同様に (11.31) で A に P_k を代入し，B を A に置き換えると

$$
\{P_k, A\}_{q,p} = \sum_{s=1}^{n} \left[\frac{\partial A}{\partial Q_s} \{P_k, Q_s\}_{q,p} + \frac{\partial A}{\partial P_s} \{P_k, P_s\}_{q,p} \right] = -\frac{\partial A}{\partial Q_k}
$$

が得られる．これらを (11.31) に代入すれば

$$
\{A, B\}_{q,p} = \sum_{s=1}^{n} \left[-\frac{\partial B}{\partial Q_s} \frac{\partial A}{\partial P_s} + \frac{\partial B}{\partial P_s} \frac{\partial A}{\partial Q_s} \right] = \{A, B\}_{Q,P}
$$

となって所望の結果が得られた．

このようにポアソン括弧も，ラグランジュ括弧と同様に正準変数の選択に依存しない正準不変量であることが分かった．したがって括弧の右下に q, p 等々の添え字を付ける必要はなく，以後はラグランジュ括弧およびポアソン括弧を (u, v), $\{u, v\}$ 等々と記すことにする．

11.9　ポアソン括弧の諸性質

古典力学と量子力学の関係を学ぶ上で，ポアソン括弧は重要な役割を演じる．そこで以下にポアソン括弧の諸性質をまとめておく．ポアソン括弧は量子力学では交換関係に対応しており，交換関係には 8.5 節の末尾にまとめた諸性質 (8.22) が賦与されていることを既に学んだ．興味深いことにポアソン括弧には，(8.22) に類似の次の性質がある．

定理 2

正準変数の任意の関数 A, B, C に対して以下の関係式が成り立つ.

$$\begin{aligned}
&(1)\quad \{A, B\} = -\{B, A\} \\
&(2)\quad \{A, B\} + \{A, C\} = \{A, B + C\} \\
&(3)\quad \{AB, C\} = A\{B, C\} + \{A, C\}B \\
&(4)\quad \{A, \{B, C\}\} + \{B, \{C, A\}\} + \{C, \{A, B\}\} = 0
\end{aligned} \tag{11.32}$$

(1), (2), (3) はポアソン括弧の定義から明らかであろう. (4) は (8.22) の場合と同様にヤコビ恒等式と呼ばれる. ヤコビ恒等式の証明は直接計算に頼るのが単純明快である. 証明は読者の演習問題としたい.

定理 3

正準変数ならびに時刻 t の任意の関数 $A = A(q_1, \cdots, q_n, p_1, \cdots, p_n, t)$ の時間発展は

$$\frac{dA}{dt} = \{A, H\} + \frac{\partial A}{\partial t} \tag{11.33}$$

によって記述される.

実際 A を t で微分し, ハミルトンの正準方程式を用いると

$$\begin{aligned}
\frac{dA}{dt} &= \sum_{r=1}^{n} \left(\frac{\partial A}{\partial q_r} \frac{dq_r}{dt} + \frac{\partial A}{\partial p_r} \frac{dp_r}{dt} \right) + \frac{\partial A}{\partial t} \\
&= \sum_{r=1}^{n} \left(\frac{\partial A}{\partial q_r} \frac{\partial H}{\partial p_r} - \frac{\partial A}{\partial p_r} \frac{\partial H}{\partial q_r} \right) + \frac{\partial A}{\partial t}
\end{aligned}$$

となるが, これは (11.33) にほかならない. 特に $A = q_r$, $A = p_r$ の場合には

$$\frac{dq_r}{dt} = \{q_r, H\}, \quad \frac{dp_r}{dt} = \{p_r, H\} \qquad (r = 1, \cdots, n)$$

となるが, これはハミルトンの正準方程式をポアソン括弧を用いて書き表したものになっている.

定理 4

(i) 2つの物理量 A, B が

$$\frac{dA}{dt} = \{A, H\} + \frac{\partial A}{\partial t}, \quad \frac{dB}{dt} = \{B, H\} + \frac{\partial B}{\partial t}$$

という方程式を満たすならば，$C = \{A, B\}$ もまた

$$\frac{dC}{dt} = \{C, H\} + \frac{\partial C}{\partial t}$$

という方程式を満たす．

(ii) A, B が保存量ならば，$\{A, B\}$ も保存量である．

(i) については，t 微分をポアソン括弧のなかに入れて構わないことに注意すれば

$$\begin{aligned}\frac{d}{dt}\{A, B\} &= \left\{\frac{dA}{dt}, B\right\} + \left\{A, \frac{dB}{dt}\right\} \\ &= \left\{\{A, H\} + \frac{\partial A}{\partial t}, B\right\} + \left\{A, \{B, H\} + \frac{\partial B}{\partial t}\right\} \\ &= \{\{A, H\}, B\} + \{\{H, B\}, A\} + \frac{\partial}{\partial t}\{A, B\} \\ &= \{\{A, B\}, H\} + \frac{\partial}{\partial t}\{A, B\}\end{aligned} \tag{11.34}$$

となって証明される．最後の等号を得る際にはヤコビ恒等式を用いている．(ii) については，(11.34) において $dA/dt = 0$, $dB/dt = 0$ とおけば，ただちに $d\{A, B\}/dt = 0$ が導かれる．(ii) はポアソンの定理と呼ばれ，保存量が複数見つかった場合，それらからさらに別の保存量を見つける手段を提供する．

定理 5

質点が1個の場合の力学系で，3次元直交座標 $\boldsymbol{r} = (x, y, z)$ とそれに共役な運動量 $\boldsymbol{p} = (p_x, p_y, p_z)$ を正準変数とした場合を考える．座標の任意関数 $f = f(x, y, z)$ に対して

$$\{p_x, f\} = -\frac{\partial f}{\partial x}, \quad \{p_y, f\} = -\frac{\partial f}{\partial y}, \quad \{p_z, f\} = -\frac{\partial f}{\partial z} \tag{11.35}$$

が成り立つ．また運動量の任意関数 $g = g(p_x, p_y, p_z)$ に対して

$$\{x, g\} = \frac{\partial g}{\partial p_x}, \qquad \{y, g\} = \frac{\partial g}{\partial p_y}, \qquad \{z, g\} = \frac{\partial g}{\partial p_z} \tag{11.36}$$

が成り立つ．

これらの関係式はポアソン括弧の定義式からすぐに証明されるのだが，量子力学においても類似の式が第 18 章で登場するので，定理としてここにまとめ記憶にとどめておく．最も簡単な場合として

$$\{p_x, x\} = -1, \qquad \{p_y, y\} = -1, \qquad \{p_z, z\} = -1 \tag{11.37}$$

にも注意しておこう．これは (11.30) の特別の場合であるが，波動力学，あるいは量子力学における (8.21) に類似している．

11.10　角運動量とポアソン括弧

角運動量ベクトルのポアソン括弧がどのような関係式を満足するかを調べよう．以下では質点 1 個の場合を扱い，直交座標 $\boldsymbol{r} = (x, y, z)$，$\boldsymbol{p} = (p_x, p_y, p_z)$ を用いる．直交座標では，角運動量ベクトル $\boldsymbol{L} = (L_x, L_y, L_z)$ の各成分は (3.13) によって与えられる．(3.13) と (11.32), (11.37) を駆使すれば，例えば $\{L_x, L_y\}$ は

$$\begin{aligned}
\{L_x, L_y\} &= \{yp_z - zp_y, zp_x - xp_z\} \\
&= y\{p_z, z\}p_x + p_y\{z, p_z\}x \\
&= -yp_x + p_y x \\
&= L_z
\end{aligned}$$

となることが分かる．全く同様にして $\{L_y, L_z\}$, $\{L_z, L_x\}$ も計算でき，

$$\{L_x, L_y\} = L_z, \qquad \{L_y, L_z\} = L_x, \qquad \{L_z, L_x\} = L_y \tag{11.38}$$

という，L_x, L_y, L_z が循環する公式が得られる．我々は第 8 章で波動力学を学んだ際，角運動量ベクトルの演算子 $\widehat{L}_x$, $\widehat{L}_y$, $\widehat{L}_z$ が (8.23) という交換関係を満たすことを知ったが，(8.23) は (11.38) に類似している．

同様にして角運動量ベクトルの 2 乗 $\boldsymbol{L}^2 = L_x^2 + L_y^2 + L_z^2$ についても

$$\left\{\boldsymbol{L}^2, L_x\right\} = \left\{\boldsymbol{L}^2, L_y\right\} = \left\{\boldsymbol{L}^2, L_z\right\} = 0$$

というポアソン括弧を導ける．証明は (11.32), (11.38) を用いればよく，例えば $\left\{\boldsymbol{L}^2, L_x\right\}$ の場合，

$$\begin{aligned}\left\{\boldsymbol{L}^2, L_x\right\} &= \left\{L_x^2 + L_y^2 + L_z^2, L_x\right\} \\ &= L_y\{L_y, L_x\} + \{L_y, L_x\}L_y + L_z\{L_z, L_x\} + \{L_z, L_x\}L_z \\ &= -L_yL_z - L_zL_y + L_zL_y + L_yL_z \\ &= 0\end{aligned}$$

となって証明される．$\left\{\boldsymbol{L}^2, L_y\right\}$，$\left\{\boldsymbol{L}^2, L_z\right\}$ についても全く同様である．このポアソン括弧と波動力学における (8.25) とがうまく対応している．以上の議論からほぼ明らかなように，古典力学でのポアソン括弧と波動力学，あるいは量子力学における交換関係との間には

$$\begin{array}{ccc}\text{古典力学} & \Leftrightarrow & \text{量子力学} \\ \{A, B\} & \Leftrightarrow & \dfrac{1}{i\hbar}\left[\widehat{A}, \widehat{B}\right]\end{array} \tag{11.39}$$

という対応関係がある．この対応関係の意味については第 18 章で再度議論する．

最後に角運動量を含むポアソン括弧が任意関数にどのような演算を施すことになるかを明らかにする，次の定理を証明しておこう．

定理 6

f を座標の任意関数 $f = f(x, y, z)$ とするとき

$$\{L_x, f\} = z\frac{\partial f}{\partial y} - y\frac{\partial f}{\partial z}, \quad \{L_y, f\} = x\frac{\partial f}{\partial z} - z\frac{\partial f}{\partial x}, \quad \{L_z, f\} = y\frac{\partial f}{\partial x} - x\frac{\partial f}{\partial y}$$

が成り立つ．同様に g を運動量の任意関数 $g = g(p_x, p_y, p_z)$ とするとき

$$\begin{aligned}\{L_x, g\} &= p_z\frac{\partial g}{\partial p_y} - p_y\frac{\partial g}{\partial p_z} \\ \{L_y, g\} &= p_x\frac{\partial g}{\partial p_z} - p_z\frac{\partial g}{\partial p_x} \\ \{L_z, g\} &= p_y\frac{\partial g}{\partial p_x} - p_x\frac{\partial g}{\partial p_y}\end{aligned}$$

が成り立つ．

証明は (11.32)，(11.35)，(11.36) を用いれば容易である．$f = f(x, y, z)$ の場

合は

$$\{L_x, f\} = \{yp_z - zp_y, f\} = y\{p_z, f\} - z\{p_y, f\} = -y\frac{\partial f}{\partial z} + z\frac{\partial f}{\partial y}$$

という式変形によって証明される．$\{L_y, f\}$, $\{L_z, f\}$ の場合も同様である．$g = g(p_x, p_y, p_z)$ の場合も

$$\{L_x, g\} = \{yp_z - zp_y, g\} = p_z\{y, g\} - p_y\{z, g\} = p_z\frac{\partial g}{\partial p_y} - p_y\frac{\partial g}{\partial p_z}$$

となって証明される．$\{L_y, g\}$, $\{L_z, g\}$ の場合も同様である．

12 ハミルトン・ヤコビ方程式

12.1 ハミルトン・ヤコビ方程式と量子力学

ハミルトン・ヤコビ方程式の原型は既に (7.23) で登場した．それは幾何光学におけるアイコナール方程式 (7.16) の対応物であった．この章では，ハミルトンの正準方程式を解くための技法としてのハミルトン・ヤコビ方程式を学ぶ．それは力学の具体的問題を解くための技術であるから，古典力学の体系の中で一定の価値を有することはいうまでもないが，より広汎な数学の分野，微分方程式論や偏微分方程式論のなかでも重要な地位を占めている．ここでさらにハミルトン・ヤコビ方程式と量子力学との関係について述べておけば，この方程式を学ぶ一層強固な動機づけになると思われる．そこで多少の背伸びをして，量子力学の内容を先取りした形でハミルトン・ヤコビ方程式と量子力学との関係について述べておきたい．

古典力学での力学変数は一般には時間発展するが，12.2 節で説明するように，都合のよい力学変数を選択すれば時間発展することなく，ずっと初期値のままであり続けるようにできる．実際 (11.11) に現れる K という量が恒等的にゼロであるならば，(11.9) により全ての力学変数，Q_r, P_r は定数となる．そのような力学変数に移行する正準変換を探す役割を担っているのがハミルトン・ヤコビ方程式である．12.2 節で説明するように，そのような力学変数を見つけることができれば，力学としての問題は事実上解けたことになる．

それでは類似のことを量子力学で考えてみよう．量子力学ではハイゼンベルク形式とシュレーディンガー形式の 2 種類の理論形式があることは既に 11.7 節で述べた．2 つの理論形式は数学的に同等であることが証明されている．特徴としては，ハイゼンベルク形式では力学変数は時間発展するのに対してシュレーディンガー形式では時間発展せず，その代わりに波動関数が時間とともに変化していく．時間発展するハイゼンベルク形式の力学変数からシュレーディンガー形式の力学変数に移行するには，ある種のユニタリー変換を施す．

古典力学における正準方程式とハミルトン・ヤコビ方程式の関係は，量子力学におけるハイゼンベルク形式とシュレーディンガー形式の関係に類似している．力学変数の時間発展を記述する古典力学での正準方程式は，量子力学では**ハイゼンベルク方程式**と呼ばれるものに対応している (18.3 節参照)．一方，力学変数が時間に依存しないように正準変換で移行するハミルトン・ヤコビ方程式の方法は，量子力学ではシュレーディンガー形式に相当している．

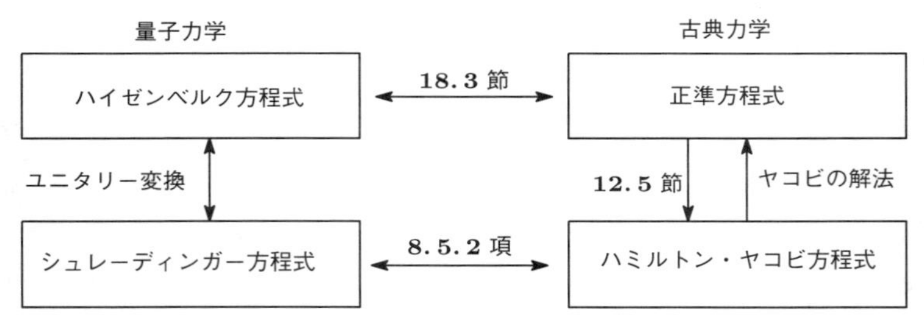

図 12.1 古典力学ならびに量子力学に登場する様々な方程式の対応関係

ハイゼンベルク形式ならびにシュレーディンガー形式の量子力学は，1925 年から 1926 年にかけてほとんど同時に，そして互いに独立に提唱された．両者は数学的な形式が大きく異なっているにもかかわらず，いくつかの具体的な問題で同一の結果を与え，当時の物理学者を驚かせたようである．2 つの形式が数学的に同等であることも時期を移すことなく証明された．しかし古典力学にハミルトンの正準方程式と，この章で述べるハミルトン・ヤコビ方程式という 2 つの見かけの異なった，しかし互いに同等な手法が存在するという事実を突き詰めていけば，ハイゼンベルク形式あるいはシュレーディンガー形式の一方が仮に欠けていたとしても，必ずや他方に移行可能であることを誰かが示していたに相違ない．力学理論を様々な特徴を持った理論形式に書き換えておくことは，多少の時間はかかっても，いずれは大きな発展に繋がり得るということを教訓とすべきであろう．

12.2 ヤコビの解法

ハミルトン関数 $H(q_1, \cdots, q_n, p_1, \cdots, p_n)$ が与えられたときのハミルトン・ヤコビ方程式とは

$$H\left(q_1, \cdots, q_n, \frac{\partial S}{\partial q_1}, \cdots, \frac{\partial S}{\partial q_n}\right) + \frac{\partial S}{\partial t} = 0 \tag{12.1}$$

というものである．これは時間 t ならびに $q_1, \cdots, q_n$ を変数とする関数 S を未知関数とする偏微分方程式である．この方程式を見て分かるように，ハミルトン関数のなかの正準共役運動量が

$$p_r = \frac{\partial S}{\partial q_r} \tag{12.2}$$

によって置き換えられている．

ハミルトン・ヤコビ方程式 (12.1) の解として，$(n+1)$ 個の定数 $\alpha_1, \cdots, \alpha_n, C$ を含むもの

$$S = S(q_1, \cdots, q_n, \alpha_1, \cdots, \alpha_n, t) + C \tag{12.3}$$

が求まったとしよう．S が任意の定数 C を含み得ることは方程式 (12.1) の形からただちに分かるが，それ以外に $\alpha_1, \cdots, \alpha_n$ を含むものとする．さらに

$$\det\left(\frac{\partial^2 S}{\partial q_s \partial \alpha_r}\right) \neq 0 \tag{12.4}$$

を仮定しておこう．$n+1$ 個の定数 $\alpha_1, \cdots, \alpha_n, C$ を含む解 (12.3) のことを，(12.1) の**完全解**と呼ぶ．完全解 (12.3) から n 個の量 $(\beta_1, \cdots, \beta_n)$ を

$$\beta_r = \frac{\partial S}{\partial \alpha_r} \tag{12.5}$$

によって定義する．$(\beta_1, \cdots, \beta_n)$ もまた定数とする．

さて (12.5) の両辺を t で微分すると

$$0 = \frac{\partial^2 S}{\partial t \partial \alpha_r} + \sum_{s=1}^{n} \frac{\partial^2 S}{\partial q_s \partial \alpha_r} \frac{dq_s}{dt} \tag{12.6}$$

が得られる．一方 (12.1) を α_r で微分すると

$$\sum_{s=1}^{n} \frac{\partial H}{\partial p_s} \frac{\partial p_s}{\partial \alpha_r} + \frac{\partial^2 S}{\partial t \partial \alpha_r} = \sum_{s=1}^{n} \frac{\partial H}{\partial p_s} \frac{\partial^2 S}{\partial q_s \partial \alpha_r} + \frac{\partial^2 S}{\partial t \partial \alpha_r} = 0 \tag{12.7}$$

が得られる．(12.6), (12.7) を比較すれば

$$\sum_{s=1}^{n}\left(\frac{dq_s}{dt}-\frac{\partial H}{\partial p_s}\right)\frac{\partial^2 S}{\partial q_s \partial \alpha_r}=0$$

が導かれるのだが，(12.4) が仮定されているので座標についての正準方程式

$$\frac{dq_s}{dt}=\frac{\partial H}{\partial p_s} \qquad (s=1,\cdots,n)$$

が結論される．

運動量についての正準方程式を導くには，まず (12.2) を時刻 t について微分して

$$\frac{dp_r}{dt}=\frac{\partial^2 S}{\partial t \partial q_r}+\sum_{s=1}^{n}\frac{\partial^2 S}{\partial q_s \partial q_r}\frac{dq_s}{dt}=\frac{\partial^2 S}{\partial t \partial q_r}+\sum_{s=1}^{n}\frac{\partial^2 S}{\partial q_s \partial q_r}\frac{\partial H}{\partial p_s} \qquad (12.8)$$

となる．次に (12.1) を q_r で微分すると

$$\frac{\partial H}{\partial q_r}+\sum_{s=1}^{n}\frac{\partial H}{\partial p_s}\frac{\partial^2 S}{\partial q_s \partial q_r}+\frac{\partial^2 S}{\partial t \partial q_r}=0 \qquad (12.9)$$

を得る．(12.8), (12.9) を比較すれば，ただちに

$$\frac{dp_r}{dt}=-\frac{\partial H}{\partial q_r} \qquad (r=1,\cdots,n)$$

という所望の方程式が導かれる．

(12.5), (12.2) を解くことにより，座標と運動量は時刻 t の関数として，$2n$ 個の任意定数を含んだ，

$$q_r=q_r(t;\alpha_1,\cdots,\alpha_n;\beta_1,\cdots,\beta_n) \qquad (r=1,\cdots,n)$$

$$p_r=p_r(t;\alpha_1,\cdots,\alpha_n;\beta_1,\cdots,\beta_n) \qquad (r=1,\cdots,n)$$

という形で求められる．以上得られた知見を定理としてまとめておこう．

定理 (ヤコビ)

ハミルトン・ヤコビ方程式 (12.1) の完全解が得られれば，ハミルトンの正準方程式の一般的解を求めることができる．

上に述べた正準方程式の解法のことを**ヤコビの解法**という．

ハミルトンの正準方程式は，力学変数の数が増えれば，それに応じて解くべき常微分方程式の数が増大する．しかしハミルトン・ヤコビの方程式は力学変数の

数がいくら増えても，一つの偏微分方程式であることに変わりはない．同じような事情は量子力学にもある．量子力学にはハイゼンベルク形式のものとシュレーディンガー形式のものと2種類あることをこの章の冒頭で述べた．ハイゼンベルク形式の場合，力学変数の数が増えれば運動方程式の数はそれに応じて増大するが，シュレーディンガー形式で解くべきシュレーディンガー方程式は，力学変数の数とは無関係に一つの偏微分方程式として書き表される．

12.3 調和振動子

ハミルトン・ヤコビ方程式の使い方を1次元調和振動子を例にして習得しよう．この場合ハミルトン関数は(11.21)であることを思い出そう．これによりハミルトン・ヤコビ方程式は

$$\frac{1}{2m}\left(\frac{\partial S}{\partial q}\right)^2+\frac{m}{2}(2\pi\nu)^2q^2+\frac{\partial S}{\partial t}=0$$

となる．S の時間依存性を

$$S(q,t;\alpha)=-\alpha t+W(q,\alpha)+C \tag{12.10}$$

とすれば，

$$\frac{1}{2m}\left(\frac{\partial W}{\partial q}\right)^2+\frac{m}{2}(2\pi\nu)^2q^2=\alpha$$

という方程式が解くべきものとなる．これは(7.23)の形をしていることに注意しよう．(12.10)の中の α, C は任意定数である．この微分方程式を積分の形に書き換えるならば

$$W=\sqrt{2m}\int^q dq'\sqrt{\alpha-\frac{m}{2}(2\pi\nu)^2q'^2} \tag{12.11}$$

となる．ここで積分の下限を指定していないが，この下限は W の定数の部分を規定するのみであり，それは(12.10)の定数 C のなかに押し込めて考えることができるので，指定しなくてもあとの議論には差し障りがない．なお，光学のみならず力学においても，W のことをハミルトンの特性関数と呼ぶ．

さて一般論に従って定数 β を

$$\beta=\frac{\partial S}{\partial\alpha}=-t+\sqrt{\frac{m}{2}}\int^q dq'\frac{1}{\sqrt{\alpha-\frac{m}{2}(2\pi\nu)^2q'^2}} \tag{12.12}$$

によって導入する．これにより q と t の関数関係が規定されてしまうことになる．(12.12) の右辺の積分を実行するために

$$q' = \frac{1}{2\pi\nu}\sqrt{\frac{2\alpha}{m}}\sin\theta', \quad dq' = \frac{1}{2\pi\nu}\sqrt{\frac{2\alpha}{m}}\cos\theta'\,d\theta'$$

とおく．そうすると (12.12) は

$$\begin{aligned}\beta &= -t + \sqrt{\frac{m}{2}}\cdot\frac{1}{2\pi\nu}\sqrt{\frac{2\alpha}{m}}\cdot\frac{1}{\sqrt{\alpha}}\int^{\theta} d\theta'\cos\theta'\frac{1}{\sqrt{1-\sin^2\theta'}} \\ &= -t + \frac{\theta}{2\pi\nu} \qquad \left(\text{ただし}\quad q = \frac{1}{2\pi\nu}\sqrt{\frac{2\alpha}{m}}\sin\theta\right)\end{aligned}$$

となる．ここで積分の下限は便宜上 $\theta' = 0$ とした．よって q と p の時間依存性は

$$\begin{aligned}q &= \frac{1}{2\pi\nu}\sqrt{\frac{2\alpha}{m}}\sin\theta = \frac{1}{2\pi\nu}\sqrt{\frac{2\alpha}{m}}\sin\left(2\pi\nu(t+\beta)\right) \\ p &= \frac{\partial S}{\partial q} = \frac{\partial W}{\partial q} = \sqrt{2m}\sqrt{\alpha - \frac{m}{2}(2\pi\nu)^2 q^2} = \sqrt{2m\alpha}\cos(2\pi\nu(t+\beta))\end{aligned}$$

と決定されて，ハミルトンの正準方程式が解けたことになる．任意定数 α の物理的な意味は

$$H = \frac{1}{2m}p^2 + \frac{m}{2}(2\pi\nu)^2 q^2 = \alpha$$

から分かるように，調和振動子の力学的エネルギーである．任意定数 β は，時刻の原点をどこにとっても構わないという任意性に対応している．

12.4 ケプラー運動

ハミルトン・ヤコビ方程式の第 2 の応用例はケプラー運動である．ケプラー運動とは第 6 章でも述べたように，距離 r の 2 乗に反比例する力，k/r^2 という形の引力を受けている場合の運動のことである．具体的には太陽から重力を受けて周回する惑星の運動や，水素型原子において原子核のまわりをクーロン引力を受けて周回する電子の運動を念頭においている．ラグランジュ関数を球座標で表せば

$$L = \frac{m}{2}\left(\dot{r}^2 + r^2\dot{\theta}^2 + r^2\sin^2\theta\dot{\phi}^2\right) + \frac{k}{r}$$

となる．ここで k は，重力の場合は $k = GMm$ であり，G は重力定数 (1.8)，M は太陽質量，m は惑星の質量 (あるいは惑星と太陽の換算質量) である．クーロ

ン力の場合には m は電子質量 m_e (あるいは電子と原子核の換算質量 μ) であり，$k=Ze^2/4\pi\varepsilon_0$ である．中心の原子核の電荷は Ze，周回する荷電粒子の電荷は $-e$ としており，ε_0 は真空の誘電率 (1.10) である．r, θ, ϕ に正準共役な運動量は

$$p_r = \frac{\partial L}{\partial \dot{r}} = m\dot{r}, \quad p_\theta = \frac{\partial L}{\partial \dot{\theta}} = mr^2\dot{\theta}, \quad p_\phi = \frac{\partial L}{\partial \dot{\phi}} = mr^2 \sin^2\theta\dot{\phi}$$

であり，ルジャンドル変換を施して得られるハミルトン関数は

$$H = p_r\dot{r} + p_\theta\dot{\theta} + p_\phi\dot{\phi} - L = \frac{1}{2m}\left(p_r^2 + \frac{p_\theta^2}{r^2} + \frac{p_\phi^2}{r^2\sin^2\theta}\right) - \frac{k}{r}$$

となる．

C, E を定数とし，ハミルトン・ヤコビ方程式の解を

$$S = -Et + W(r,\theta,\phi) + C \tag{12.13}$$

とおいたとしよう．このときハミルトン・ヤコビ方程式は

$$\frac{1}{2m}\left\{\left(\frac{\partial W}{\partial r}\right)^2 + \frac{1}{r^2}\left(\frac{\partial W}{\partial \theta}\right)^2 + \frac{1}{r^2\sin^2\theta}\left(\frac{\partial W}{\partial \phi}\right)^2\right\} - \frac{k}{r} = E$$

となる．この偏微分方程式を変数分離の方法で解こう．すなわち

$$W = W_1(r) + W_2(\theta) + W_3(\phi) \tag{12.14}$$

と分解し，$\alpha_\phi, \alpha_\theta$ を定数として 3 本の常微分方程式

$$\frac{dW_3}{d\phi} = \alpha_\phi \tag{12.15}$$

$$\left(\frac{dW_2}{d\theta}\right)^2 + \frac{\alpha_\phi^2}{\sin^2\theta} = \alpha_\theta^2 \tag{12.16}$$

$$\left(\frac{dW_1}{dr}\right)^2 + \frac{\alpha_\theta^2}{r^2} = 2m\left(E + \frac{k}{r}\right) \tag{12.17}$$

に置き換える．これらを積分すれば $W_1(r), W_2(\theta), W_3(\phi)$ が

$$W_1(r) = \int dr\sqrt{2mE + \frac{2mk}{r} - \frac{\alpha_\theta^2}{r^2}} \tag{12.18}$$

$$W_2(\theta) = \int d\theta\sqrt{\alpha_\theta^2 - \frac{\alpha_\phi^2}{\sin^2\theta}} \tag{12.19}$$

$$W_3(\phi) = \alpha_\phi\,\phi \tag{12.20}$$

と得られ，(12.14), (12.13) に代入すれば完全解が得られる．

(12.3) における定数 $\alpha_1, \alpha_2, \cdots$ は，今の場合 E, α_θ, α_ϕ である．

(12.5) に従い，

$$\beta_1 = \frac{\partial S}{\partial E} = -t + \int dr \frac{m}{\sqrt{2mE + \frac{2mk}{r} - \frac{\alpha_\theta^2}{r^2}}} \tag{12.21}$$

$$\beta_\theta = \frac{\partial S}{\partial \alpha_\theta} = \int dr \frac{(-\alpha_\theta/r^2)}{\sqrt{2mE + \frac{2mk}{r} - \frac{\alpha_\theta^2}{r^2}}} + \int d\theta \frac{\alpha_\theta}{\sqrt{\alpha_\theta^2 - \frac{\alpha_\phi^2}{\sin^2\theta}}} \tag{12.22}$$

$$\beta_\phi = \frac{\partial S}{\partial \alpha_\phi} = \int d\theta \frac{1}{\sqrt{\alpha_\theta^2 - \frac{\alpha_\phi^2}{\sin^2\theta}}} \left(-\frac{\alpha_\phi}{\sin^2\theta}\right) + \phi \tag{12.23}$$

という 3 つの定数 β_1, β_θ, β_ϕ を導入する．(12.21) は時間の関数 $r = r(t)$ を決定し，(12.22), (12.23) は軌道の形を決定する．$\alpha_\phi = 0$ ならば，(12.23) により，軌道は $\phi = \beta_\phi =$ 一定 という面のなかに限定され，(12.22) は $r = r(\theta)$ の関数形を決定する．ここでは計算の詳細には立ち入らないが，(12.22) の右辺第 1 項の積分は

$$\int dr \frac{(-\alpha_\theta/r^2)}{\sqrt{2mE + \frac{2mk}{r} - \frac{\alpha_\theta^2}{r^2}}} = -\cos^{-1}\left(\frac{1}{e}\left(\frac{l}{r} - 1\right)\right)$$

$$e = \sqrt{1 + \frac{2E\alpha_\theta^2}{mk^2}}, \qquad l = \frac{\alpha_\theta^2}{mk} \tag{12.24}$$

で与えられる．したがって $\alpha_\phi = 0$ の場合の軌道の方程式は，(12.22) により

$$r = \frac{l}{1 + e\cos(\theta - \theta_0)}, \quad \theta_0 = \text{constant}$$

となって 2 次曲線であることが分かる．e は 2 次曲線の離心率である．α_θ/m を面積速度の 2 倍と同定すれば，(12.24) の e および l は (6.13) と同じものであることが分かる．$E < 0$ の場合には $0 \leq e < 1$ となって，軌道が楕円になることは第 6 章で述べた通りである．

以下では楕円上の周期運動を考察する．運動量変数を座標変数で 1 周期にわたって積分した積分

$$J_\phi = \oint d\phi \, p_\phi = \oint d\phi \frac{dW_3}{d\phi} = 2\pi|\alpha_\phi| \tag{12.25}$$

$$J_\theta = \oint d\theta\, p_\theta = \oint d\theta \frac{dW_2}{d\theta} = \oint d\theta \sqrt{\alpha_\theta^2 - \frac{\alpha_\phi^2}{\sin^2\theta}} \tag{12.26}$$

$$J_r = \oint dr\, p_r = \oint dr \frac{dW_1}{dr} = \oint dr \sqrt{2mE + \frac{2mk}{r} - \frac{\alpha_\theta^2}{r^2}} \tag{12.27}$$

を計算しておこう．周期運動の場合に (12.25), (12.26), (12.27) のように正準運動量を 1 周期にわたって共役な座標で積分したものを**位相積分**あるいは**作用積分**と呼ぶ．

(12.25) の積分は労せずして得られる．ただし積分の際，$p_\phi = \alpha_\phi$ が正のときは積分は 0 から 2π まで，負のときは 0 から -2π までとしているので，(12.25) の α_ϕ に絶対値がついている．(12.26) の積分は直接実行することも可能ではあるが，巧妙な方法もある．我々は運動エネルギーの 2 倍，$2T_{\rm kin} = p_r\dot{r} + p_\theta\dot{\theta} + p_\phi\dot{\phi}$ という量が力学変数のとり方に依存しないことを学んだ．そのことを利用して運動エネルギーを，動径方向，動径方向に垂直で軌道面内の方向，軌道面に垂直な方向という 3 つに分解する．すなわち

$$2T_{\rm kin} = p_r\dot{r} + p_\theta\dot{\theta} + p_\phi\dot{\phi} = p_r\dot{r} + p_\psi\dot{\psi} + 0$$

と書く．ψ が軌道面内の回転角であり，ψ の回転軸は $\dot{\psi} > 0$ となる方向にとる．p_ψ が角運動量の大きさ $\alpha_\theta(>0)$ を表すから我々は

$$p_\theta\dot{\theta} = \alpha_\theta\dot{\psi} - p_\phi\dot{\phi}$$

という簡単な公式を得る．これを 1 周期にわたって積分すれば

$$J_\theta = \oint d\theta\, p_\theta = 2\pi\alpha_\theta - J_\phi$$

という結果を得る．$\dot{\psi}$ が周回運動の角速度であり，

$$\alpha_\theta = \frac{1}{2\pi}(J_\theta + J_\phi) = \frac{J_\theta}{2\pi} + |\alpha_\phi| \tag{12.28}$$

が楕円運動に伴う角運動量である．(12.27) は，付録 A の (A.1) のタイプの積分である．これについては (A.4) の公式を用いればよい．結果は

$$J_r = 2\pi\left(-\alpha_\theta + \frac{imk}{\sqrt{2mE}}\right)$$

となる．以上の結果を整理するために (12.25), (12.26), (12.27) を 3 つ足し合わせると

$$J_r + J_\theta + J_\phi = \frac{2\pi i\, mk}{\sqrt{2mE}}, \qquad E = -\frac{2m\pi^2 k^2}{(J_r + J_\theta + J_\phi)^2} \tag{12.29}$$

という公式に到達する．

楕円軌道に関係した幾何学的な量を，(E, α_θ, α_ϕ ではなくて) 位相積分 J_r, J_θ, J_ϕ を用いて表そう．楕円軌道の動径座標が最大または最小になるのは

$$\left(\frac{dW_1}{dr}\right)^2 = 2m\left(E + \frac{k}{r}\right) - \frac{\alpha_\theta^2}{r^2} = 0$$

を解けばよい．これは r に関する 2 次方程式なので簡単に解けて解は

$$r_\pm \equiv \frac{-k \pm \sqrt{k^2 + 2E\alpha_\theta^2/m}}{2E}$$

となる．これは (6.10) と同一のものであり，α_θ/m は面積速度の 2 倍という対応関係になる．楕円の長軸の半分を a とすれば

$$a = \frac{r_+ + r_-}{2} = -\frac{k}{2E} = \frac{(J_r + J_\theta + J_\phi)^2}{4m\pi^2 k} \tag{12.30}$$

となる．ここで (12.29) を用いた．離心率については (12.24) の公式に (12.28) の関係式 $\alpha_\theta = (J_\theta + J_\phi)/2\pi$ を代入すればよい．その結果

$$e = \sqrt{1 + \frac{E(J_\theta + J_\phi)^2}{2m\pi^2 k^2}} = \sqrt{1 - \frac{(J_\theta + J_\phi)^2}{(J_r + J_\theta + J_\phi)^2}} \tag{12.31}$$

が導かれる．軌道が真円の場合は $e = 0$ であり，それは $J_r = 0$ に対応していることを注意しておく．すなわち真円の場合は $r_+ = r_-$ であり，(12.27) の積分領域がなくなり $J_r = 0$ となる．短軸の半分を b とすれば，楕円の性質を用いて

$$b = a\sqrt{1 - e^2} = \frac{1}{4m\pi^2 k}(J_r + J_\theta + J_\phi)(J_\theta + J_\phi) \tag{12.32}$$

を得ることができる．

周回時間 T は，楕円軌道の面積 πab を面積速度 $(J_\theta + J_\phi)/4m\pi$ で割ればよく，

$$T = \frac{\pi ab}{(J_\theta + J_\phi)/4m\pi} = \frac{1}{4m\pi^2 k^2}(J_r + J_\theta + J_\phi)^3 \tag{12.33}$$

という式になる．この式と (12.30) を比較すれば

$$T^2 a^{-3} = \frac{4m\pi^2}{k} \tag{12.34}$$

となる．これは (6.14) と同じ内容のものである．重力の場合には $k = GMm$ で

あるから，T^2a^{-3} は惑星の質量 m に依存しない．この事実がケプラーの第 3 法則であることは，既に第 6 章で述べた通りである．

周回時間 T の逆数は振動数であるから，振動数を ν と記せば

$$\nu = \frac{1}{T} = \frac{4m\pi^2k^2}{(J_r + J_\theta + J_\phi)^3} \tag{12.35}$$

となる．この振動数は，調和振動子の場合の (11.24) の第 1 式とよく似た関係式を満たしている．実際 (12.29) を J_r, J_θ, J_ϕ で微分すると

$$\frac{\partial E}{\partial J_r} = \frac{\partial E}{\partial J_\theta} = \frac{\partial E}{\partial J_\phi} = \frac{4m\pi^2k^2}{(J_r + J_\theta + J_\phi)^3} = \nu \tag{12.36}$$

を得る．この関係式は第 13 章でボーアの原子模型の意義を考える際に示唆深いものとなる．

この節を終える前に，ハミルトンの特性関数 (12.14) を図示しておこう．以下では $\alpha_\phi = 0$ とする．このとき (12.19)，(12.20) により $W_2 = \alpha_\theta\,\theta + \text{constant}$, $W_3(\theta) = 0$ となる．図 12.2 の太い実線は離心率 0.4 の楕円軌道を例として表している．この楕円軌道を質点が運動する際，ハミルトンの特性関数の値が一定の曲線は細い実線で示されている．これは (12.18) を数値的に積分して描いたものである．(12.18) の積分は $r_+ < r < r_-$ の領域で定義されているので，図 12.2 でも，その領域のみが描かれている．図 12.2 の破線の円弧は，それぞれ $r = r_+$, $r = r_-$ の円弧である．このようにハミルトンの特性関数は，たとえ質点の運動であっても，何か波動が伝搬しているかのような描像を我々に与えてくれる．

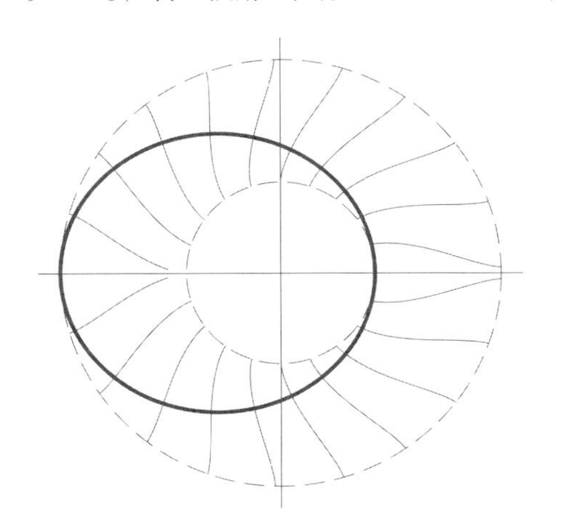

図 12.2　離心率が 0.4 の楕円軌道 (太い実線) を左回りにケプラー運動する場合のハミルトンの特性関数の等高線を細い実線で表している．原点が引力中心 (楕円の焦点) であり，破線の円弧は半径が r_+, r_- のものである．質点の楕円軌道と等高線がつねに直交している．

12.5 時間発展と正準変換

ハミルトン・ヤコビ方程式の解が求まれば，12.2 節で述べたヤコビの解法により運動方程式の解が得られる．反対に運動方程式の解が分かった場合には，その解からハミルトン・ヤコビ方程式の解を構成することができる．運動方程式の解として，ある時刻 $t = t_0$ における条件

$$q_r(t_0) = \alpha_r, \quad p_r(t_0) = \beta_r \qquad (r = 1, \cdots, n) \tag{12.37}$$

を満足するものが見つかったとする．この解をラグランジュ関数に代入して時刻 t_0 から t まで積分したものを

$$S = \int_{t_0}^{t} dt' L\left(q_1(t'), \cdots, q_n(t'), \dot{q}_1(t'), \cdots, \dot{q}_n(t')\right) \tag{12.38}$$

と書く．S は条件 (12.37) と時刻 t を与えれば一意に定まる量であるから

$$S = S\left(\alpha_1, \cdots, \alpha_n, \beta_1, \cdots, \beta_n, t\right)$$

とおくことができる．ここで考え方を変えて，$\beta_1, \cdots, \beta_n$ の代わりに $q_1(t), \cdots, q_n(t)$ を独立な変数と見なし，それを改めて

$$S = S\left(\alpha_1, \cdots, \alpha_n, q_1(t), \cdots, q_n(t), t\right) \tag{12.39}$$

とおくことにする．このとき (12.39) がハミルトン・ヤコビ方程式の解であることを以下に示そう．

$q_r(t)$ を運動方程式の解のまわりにわずかに $\delta q_r(t)$, $\delta\alpha_r$ だけ変化させたときの S の変分を δS と書けば，それは

$$\begin{aligned}
\delta S &= \int_{t_0}^{t} dt' \sum_{r=1}^{n} \left\{ \frac{\partial L}{\partial q_r}\delta q_r + \frac{\partial L}{\partial \dot{q}_r}\delta \dot{q}_r \right\} \\
&= \int_{t_0}^{t} dt' \sum_{r=1}^{n} \left\{ \frac{\partial L}{\partial q_r} - \frac{d}{dt}\left(\frac{\partial L}{\partial \dot{q}_r}\right) \right\} \delta q_r + \int_{t_0}^{t} dt' \sum_{r=1}^{n} \frac{d}{dt}\left(\frac{\partial L}{\partial \dot{q}_r}\delta q_r\right) \\
&= \sum_{r=1}^{n} \left(p_r(t)\delta q_r(t) - p_r(t_0)\delta q_r(t_0)\right) \\
&= \sum_{r=1}^{n} \left(p_r(t)\delta q_r(t) - \beta_r \delta\alpha_r\right)
\end{aligned}$$

と計算される．ここでオイラー・ラグランジュ方程式を用いている．

また $p_r(t_0)=\beta_r$, $\delta q_r(t_0)=\delta\alpha_r$ としている．この式からただちに

$$\frac{\partial S}{\partial q_r(t)}=p_r(t),\quad \frac{\partial S}{\partial \alpha_r}=-\beta_r \tag{12.40}$$

が得られる．

S の時間微分を求め，上で得た $\partial S/\partial q_r(t)=p_r(t)$ を代入すると

$$\frac{dS}{dt}=\frac{\partial S}{\partial t}+\sum_{r=1}^{n}\frac{\partial S}{\partial q_r(t)}\frac{dq_r(t)}{dt}=\frac{\partial S}{\partial t}+\sum_{r=1}^{n}p_r(t)\dot{q}_r(t)$$

となる．一方で S の定義式 (12.38) から

$$\frac{dS}{dt}=L\left(q_r(t),\dot{q}_r(t)\right)=\sum_{r=1}^{n}p_r(t)\dot{q}_r(t)-H\left(q_r(t),p_r(t)\right)$$

も成り立つ．これら 2 つの式を等しいとおけば

$$\frac{\partial S}{\partial t}+H\left(q_r(t),\frac{\partial S}{\partial q_r(t)}\right)=0$$

が得られ，S がハミルトン・ヤコビ方程式の解であることが分かる．

(12.39) の S は，

$$\begin{aligned}(q_1(t),\cdots,q_n(t),p_1(t),\cdots,p_n(t))&\to(\alpha_1,\cdots,\alpha_n,\beta_1,\cdots,\beta_n)\\&=(q_1(t_0),\cdots,q_n(t_0),p_1(t_0),\cdots,p_n(t_0))\end{aligned} \tag{12.41}$$

という正準変換の母関数になっている．我々は 11.5 節で母関数を 4 種類 (I), (II), (III), (IV) に分類したが，(11.13), (12.40) から分かるように，(12.39) は (I) のタイプの母関数になっている．$t>t_0$ ならば，(12.41) は力学変数の値を未来から過去の値に引き戻す変換になる．反対に $t<t_0$ ならば，(12.41) は過去の力学変数の値を未来に向かって推進する変換となる．我々は 11.7 節で無限小の時間発展が正準変換として表されることを指摘したが，(12.39) の S は，それを有限の時間間隔の場合に拡張したものになっている．ハイゼンベルク形式の量子力学では，力学変数の時間発展がユニタリー変換で表される．その変換は正準変換 (12.41) の量子力学版ということになる．

13 ボーアの原子模型

13.1 黒体輻射の法則

量子力学で基本的な定数，すなわちプランク定数 (1.15) は，**黒体輻射** (黒体放射) の問題を解決する過程において導入された．一般に輻射が物体に当たると，一部は吸収され残りは反射される．黒体とは，輻射を全て吸収してしまう理想的な物体のことである．図 13.1 のように，空洞の形をした黒体が絶対温度 T に保たれて全体が熱平衡状態にあるとする．このとき空洞内部には，ある一定の強さの熱輻射が現れる．輻射は壁から放出されるが一方で壁が輻射を完全に吸収し，吸収と放出が釣り合っている．空洞に小さな穴をあけてなかを観測したとする．振動数が ν と $\nu+\Delta\nu$ の間にある輻射のエネルギー $\rho(\nu,T)\Delta\nu$ は，空洞内部でどうなっているかというのが黒体輻射の問題である．

熱力学によれば，$\rho(\nu,T)$ は空洞壁の物質の種類とか空洞の形とかに依存しない，ν と T のみの普遍的な関数である．さらにこの関数は

$$\rho(\nu,T)=\nu^3 f\left(\frac{\nu}{T}\right) \tag{13.1}$$

という形でなければならないことも示せる．19 世紀最後の頃に関数 $\rho(\nu,T)$ の振

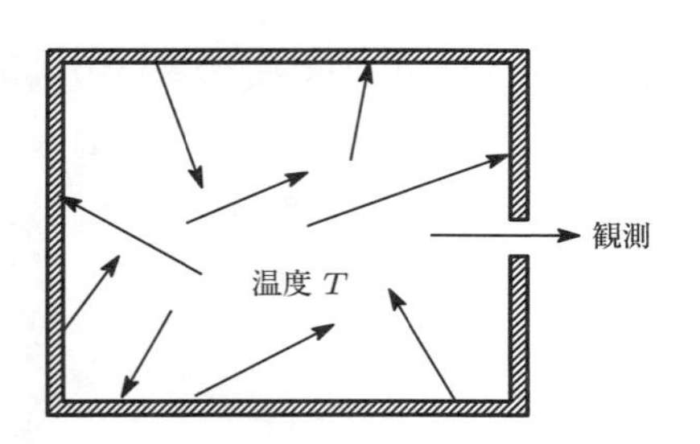

図 13.1　黒体輻射：黒体は全ての輻射を吸収するが，温度 T の熱浴のなかにあると熱輻射も生じる．この放射と吸収が釣り合ったとき，空洞内部のエネルギー密度の振動数依存性はどうなるのか，これが黒体輻射の問題である．

る舞いが重要な問題となっていたとき，プランク (M. Planck) は，実験によく合う公式として

$$\rho(\nu, T) = \frac{8\pi}{c^3}\frac{h\nu^3}{e^{h\nu/kT} - 1} \tag{13.2}$$

というものを提案した．これがプランクの公式である．ここで h はプランク定数 (1.15)，k は (1.18) で導入されたボルツマン定数である．プランクは，実験式 (13.2) の意味するところを深く考察した結果，振動数 ν の光が吸収あるいは放射される際には，エネルギーが $h\nu$ の塊，エネルギー量子として振る舞うという考えに到達した．

プランクの公式 (13.2) は，ミクロの世界を探求する物理学に大きな影響を及ぼした公式であったが，この公式がマクロな宇宙全体，あるいは初期宇宙を探求する学問においても役立っていることは驚きである．宇宙背景輻射の観測研究がそれにあたる．我々の宇宙に存在する星，銀河，銀河団などは皆光を放出しているが，それらの光を取り除いても，わずかではあるが宇宙の背景には輻射が満ちている．それが宇宙背景輻射であり，図 13.2 のような分布をしていることが観測によって知られている．図 13.2 の曲線は，(13.2) の公式において $T = 2.735 \pm 0.060\,\mathrm{K}$ とおいたものにピタリと一致する．しかも宇宙のどの方向を観測してもほとんど同じ温度の分布をしていること，そしてその温度の揺らぎがきわめて高い精度で測定されていることは，現代の物理学者に様々な研究課題を投げかけている．

13.2 原子の出す光

分光学というのは原子や分子が発する光を調べる学問であり，19 世紀後半に盛んに研究が行われるようになった．物質が出す光の波長にはその物質特有のものがあり，光の波長の様子 (スペクトル) を調べることによって，その原子や分子の構造を調べることができる．水素気体が発する光のスペクトルのうちで最初に見つかったのはバルマー系列と呼ばれるもので，その光の波長 λ は

$$\frac{1}{\lambda} = R\left(\frac{1}{2^2} - \frac{1}{n^2}\right) \qquad (n = 3, 4, 5, \cdots) \tag{13.3}$$

という公式で表される．ここで

$$R = 109677.581\,\mathrm{cm}^{-1} \tag{13.4}$$

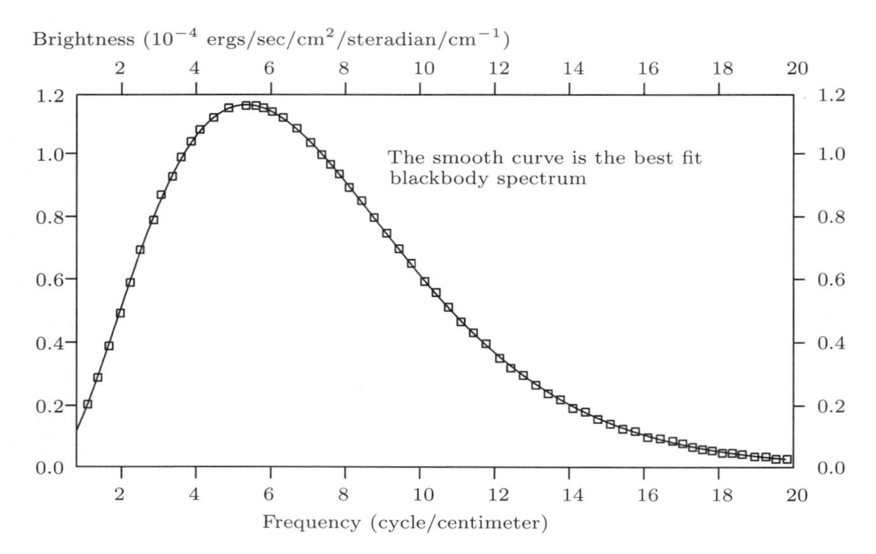

図 13.2 宇宙背景輻射の観測データ (The first FIRAS result)：横軸は光の振動数，縦軸は光の強度を表している (この図は次の論文の中の図をもとに作成し直したものである：J.C. Mather et al., *Astrophys. J.* (*Letter*) 354, 37 (1990)).

はリュードベリ定数と呼ばれる．バルマー系列の光を撮影すれば図 13.3(a) のようになり，赤，青，紫等々強い線が順次に並んでいて，その間隔は規則的に減少し，最終的にはある点に収束していくように見える．

次に発見されたのは紫外部に出るスペクトルで，波長が

$$\frac{1}{\lambda} = R\left(\frac{1}{1^2} - \frac{1}{n^2}\right) \qquad (n = 2, 3, 4, \cdots)$$

という公式で表されるライマン系列である．赤外部のスペクトルはパッシェン系列と呼ばれ，その波長はやはり同じような公式

$$\frac{1}{\lambda} = R\left(\frac{1}{3^2} - \frac{1}{n^2}\right) \qquad (n = 4, 5, 6, \cdots)$$

で表される．さらにはブラケット系列と呼ばれ，

$$\frac{1}{\lambda} = R\left(\frac{1}{4^2} - \frac{1}{n^2}\right) \qquad (n = 5, 6, 7, \cdots)$$

という波長公式で表される系列も発見された．これらを総括するならば，水素原子の出す光の波長 λ あるいは振動数 ν は，整数 m, n を用いて全て

$$\nu = \frac{c}{\lambda} = cR\left(\frac{1}{m^2} - \frac{1}{n^2}\right) \quad (n > m) \tag{13.5}$$

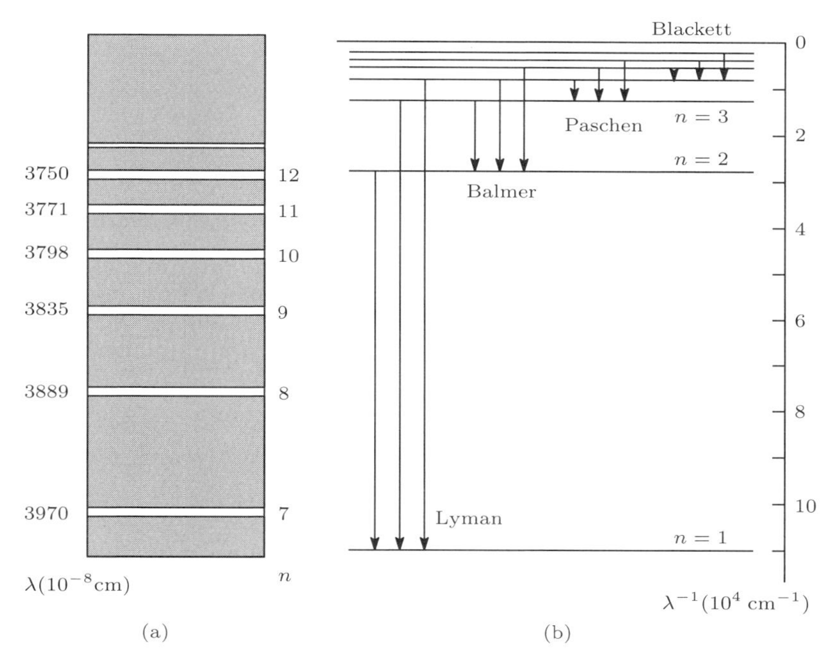

図 13.3 (a)：水素原子スペクトルのバルマー系列．(b)：水素原子の各エネルギー準位と，その間の遷移に伴う光の放出の説明図．

という公式で表されることが実験的に確立された．

第3章で述べたラザフォード散乱の実験により，原子はプラスの電荷を持った原子核の周囲を負電荷の電子が周回しているという描像が確立した．しかしながら古典物理学によれば，この描像では，周回する電子の回転振動数と同じ振動数，あるいはその整数倍の振動数の光が放出される．光の放出により電子は次第にエネルギーを失って軌道が小さくなり，したがって放出される光の振動数も連続的に変化していくと結論される．図13.3の左図のような実験結果は古典物理学では到底説明のつかないものなのである．

13.3 ボーア模型の基本的な仮定

原子の出す光の観測実験により，原子の世界では古典物理学が成り立たないことが明らかになった．しかし古典物理学も，場合によっては力を発揮する場面があるだろう．ボーア (N. Bohr) は空洞輻射の問題で導入されたプランク定数 h を原子の世界に持ち込み，水素原子の模型を構築することによって水素原子スペクトルを説明しようとした．その際，古典力学を適用できる部分と適用できない部分を明確化するために，次の仮定を設けた．

仮定 1：原子はある特定のエネルギーを有する**定常状態**にのみ存在する．

仮定 2：原子がエネルギー E_n の状態からエネルギー $E_m (E_m < E_n)$ の状態の定常状態に移るとき，$E_n - E_m$ を光のエネルギーとして放出する．その光の振動数 $\nu(n,m)$ は

$$\nu(n,m) = \frac{E_n - E_m}{h} \tag{13.6}$$

により定まる．これを**ボーアの振動数関係**という．

仮定 3：定常状態においては，電子は通常の力学法則に従って運動する．

定常状態というのは，古典物理学には登場したことのない新しい考え方である．(13.5) と (13.6) を比較すれば，定常状態でのエネルギーは

$$E_n = -\frac{chR}{n^2} = -\frac{2\pi c\hbar R}{n^2} \tag{13.7}$$

であることが分かる．

13.4　電子の周回運動の振動数

それではこれらの仮定に基づいて，水素原子がどのように分析されたかを述べてみよう．水素原子中の電子は陽子のクーロン引力を受けてケプラー運動をしている．楕円運動の振動数 ν は，(12.35) において $k = e^2/4\pi\varepsilon_0$ を代入すれば

$$\nu = 4m_e\pi^2\left(\frac{e^2}{4\pi\varepsilon_0}\right)^2\frac{1}{(J_r + J_\theta + J_\phi)^3} \tag{13.8}$$

となる．m_e は電子の質量である．電子のエネルギー E は，(12.29) により

$$E = -2m_e\pi^2\left(\frac{e^2}{4\pi\varepsilon_0}\right)^2\frac{1}{(J_r + J_\theta + J_\phi)^2} \tag{13.9}$$

となる．(13.8) と (13.9) から $J_r + J_\theta + J_\phi$ を消去すれば

$$\nu = \frac{1}{\pi}\sqrt{\frac{2}{m_e}}\left(\frac{e^2}{4\pi\varepsilon_0}\right)^{-1}|E|^{3/2} \tag{13.10}$$

を得る．

一方 (13.6) を用いて，E_n から $E_{n-\Delta n}$ へ状態が遷移したときに放出される光の振動数を求める．n も Δn も正の整数である．$n \gg \Delta n$ とすると

$$
\begin{aligned}
\nu(n, n-\Delta n) = \frac{E_n - E_{n-\Delta n}}{h} &= -cR\left\{\frac{1}{n^2} - \frac{1}{(n-\Delta n)^2}\right\} \\
&= cR\frac{2n\,\Delta n - (\Delta n)^2}{n^2(n-\Delta n)^2} \\
&\approx \frac{2cR}{n^3} \times \Delta n \\
&= 2\sqrt{\frac{1}{ch^3 R}}|E_n|^{3/2} \times \Delta n \qquad (13.11)
\end{aligned}
$$

を得る．(13.10) も (13.11) も，両方ともエネルギーの 3/2 乗に比例していることに注目しよう．

13.5 対 応 原 理

ここでボーアは，後に対応原理と呼ばれるようになった独特の思考方法を駆使する．すなわち

> 対応原理：量子数 n が十分に大きいときには，量子論の結果は古典論の結果に移行する．

という考え方である．(13.10) は電子の円運動の振動数であるが，放出される光の振動数は (13.10) の整数倍と考えられる．対応原理を適用すると，(13.10) の整数倍と (13.11) が，放出される光の振動数の同一の公式を与えていることになる．すなわち (13.10) と (13.11) の係数を比較して，

$$
\frac{1}{\pi}\sqrt{\frac{2}{m_e}}\left(\frac{e^2}{4\pi\varepsilon_0}\right)^{-1} = 2\sqrt{\frac{1}{ch^3 R}}
$$

が成り立つと思われる．これを R について解けば，リュードベリ定数がプランク定数，電子質量，素電荷，光速を用いて書き表され，

$$
\begin{aligned}
R = \frac{2\pi^2 m_e}{ch^3}\left(\frac{e^2}{4\pi\varepsilon_0}\right)^2 &= \frac{1}{4\pi}\left(\frac{m_e c}{\hbar}\right)\left(\frac{e^2}{4\pi\varepsilon_0 c\hbar}\right)^2 \qquad (13.12) \\
&= 109737.3158 \quad (\mathrm{cm}^{-1})
\end{aligned}
$$

が得られる．数値的にこれは実験値 (13.4) と大変よく一致している．ボーア理論は，古典力学から逸脱した仮定が入っているとはいえ，この素晴らしい関係式 (13.12) の故に，将来の量子力学のあるべき姿を垣間見せてくれる，歴史的な金字塔となった．

リュードベリ定数に関して，少し詳細に立ち入ろう．(13.12) のなかの電子の質量 m_e は，厳密には換算質量

$$\frac{m_e M}{m_e + M} = \frac{m_e}{1 + m_e/M}$$

であり，m_e よりも若干小さい．ここで M は原子核の質量である．水素型の原子でも，M が異なればリュードベリ定数もわずかではあるが異なった値になる．分光学の測定精度は，この換算質量による違いも感知できるぐらい高精度のものである．表 13.1 はいくつかの水素型原子のリュードベリ定数をまとめたものである．換算質量による変化が正しく読み取れる．

さて (13.7) に (13.12) を代入して，電子のエネルギーを次の形に書くことにしよう．

$$E_n = -\frac{2\pi^2 m_e}{h^2}\left(\frac{e^2}{4\pi\varepsilon_0}\right)^2\frac{1}{n^2} = -\frac{1}{2}\left(\frac{e^2}{4\pi\varepsilon_0}\right)\frac{1}{a_B}\frac{1}{n^2} \tag{13.13}$$

ここで a_B はボーア半径 (1.20) である．ボーア半径を用いて (13.9) を書き換えたもの

$$E = -\frac{1}{2}\left(\frac{e^2}{4\pi\varepsilon_0}\right)\frac{1}{a_B}\frac{(2\pi\hbar)^2}{(J_r + J_\theta + J_\phi)^2}$$

と (13.13) を比較すれば，

$$J_r + J_\theta + J_\phi \to nh = 2\pi n\hbar \tag{13.14}$$

表 13.1 種々の水素原子型イオンにおけるリュードベリ定数

原子番号	原子量	水素型原子イオン	R (cm^{-1})
1	1.00797	H	109677.581
2	4.0026	He^+	109722.263
3	6.939	Li^{++}	109728.723
4	9.0122	Be^{+++}	109730.624

c.f. G. Herzberg: “Atomic Spectra and Atomic Structure” (Dover, 1945). 日本語訳：『原子スペクトルと原子構造』(堀健夫訳，丸善出版，1988)

という置き換えによって古典力学から量子論に移行していることが分かる．

楕円軌道の長軸の長さの半分 a は，(12.30) に (13.14) を代入して

$$a = \frac{1}{4m_e\pi^2}\left(\frac{e^2}{4\pi\varepsilon_0}\right)^{-1}(J_r + J_\theta + J_\phi)^2 = a_B \times n^2 \tag{13.15}$$

という，飛びとびの値であることが分かる．楕円運動の振動数も (1.20), (13.14) を (13.8) に用いると

$$\nu = 4m_e\pi^2\left(\frac{e^2}{4\pi\varepsilon_0}\right)^2\frac{1}{(2\pi\hbar n)^3} = \frac{1}{2\pi\hbar}\left(\frac{e^2}{4\pi\varepsilon_0}\right)\frac{1}{a_B}\frac{1}{n^3}$$

となる．軌道の長軸の長さの半分 a が n^2 に比例し，振動数 ν が n^{-3} に比例する．その結果 $\nu^2 a^3$ が n に依存しないというのがケプラーの第 3 法則の量子論版になる．

13.6　角運動量の量子化

電子の軌道角運動量 L も調べておく．以前にケプラー運動の軌道角運動量が (12.28) で与えられること，すなわち作用積分と $L = \frac{1}{2\pi}(J_\theta + J_\phi)$ という関係であることを述べた．ここで特に楕円軌道が真円の場合を考えてみる．真円は離心率がゼロであり，$J_r = 0$ の場合である．よってこの場合は (13.14) により

$$L = \frac{1}{2\pi}(J_\theta + J_\phi) \to \frac{nh}{2\pi} = n\hbar \tag{13.16}$$

という置き換えで量子論に移行していることになる．すなわち軌道角運動量は $\hbar$ の整数倍に限られている．これを**角運動量の量子化**と呼ぶ．1913 年のボーア論文においては，角運動量の量子化は対応原理を用いたことによる結果であって，角運動量の量子化を正面から要請したわけではなかった．しかしボーア理論の拡張を試みるのならば，角運動量のような作用積分で表される量に対して条件を課すことによって量子論に移行する方法がより一般的と思われる．むしろここで問われるべきは，なぜ作用積分が量子化されなければならないのかという点であろう．この問いに対する答えは，この本のなかで徐々に明らかにされていく．

ここでもう一つ指摘するべきことは，角運動量の量子化と古典力学での正準方程式の間に形式的な類似性が隠されていることである．ボーアの振動数関係 (13.6) にもう一度注目する．量子数 n が Δn だけ変化した状態に遷移すると，(13.16)

により角運動量も $\Delta L = \Delta nh/2\pi$ だけ変化する．遷移によるエネルギーの変化を $\Delta E = E_n - E_{n-\Delta n}$ と書くならば，(13.11) は

$$\frac{1}{2\pi}\frac{\Delta E}{\Delta L} = 2\sqrt{\frac{1}{ch^3R}}|E_n|^{3/2} = \frac{1}{\pi}\sqrt{\frac{2}{m_e}}\left(\frac{e^2}{4\pi\varepsilon_0}\right)^{-1}|E_n|^{3/2} = \nu \tag{13.17}$$

と書き換えることができる．ただしここで ν は (13.10) であり，(13.10) の右辺の E に E_n を代入したものである．(13.17) は第 12 章で学んだ関係式 (12.36)

$$\nu = \frac{\partial E}{\partial J_\theta} = \frac{\partial E}{\partial J_\phi}$$

に類似している．ボーアの振動数関係 (13.6) は古典力学とは確実に異質のものではあるが，量子数 n が大きいときには，(13.17) を通じて古典力学との接点を持っていることを銘記しておこう．図式的には次のような，**微分を差分に置き換える**対応関係になっていて，この置き換えの操作によってプランク定数が導入され古典力学から量子力学に移行できる．

$$\begin{array}{ccc} \text{古典力学} & \Leftrightarrow & \text{量子力学} \\ \dfrac{\partial E}{\partial J} & \Leftrightarrow & \dfrac{E_n - E_{n-\Delta n}}{h\Delta n} \end{array} \tag{13.18}$$

この微分を差分に置き換えるという作業を徹底的に追究して原理原則の形にまとめ上げていくには，古典力学あるいは解析力学の更なる洗練化が必要である．詳細は第 16 章，第 17 章で論じる．

13.7　ド・ブロイ波と量子条件

角運動量の量子化はド・ブロイの物質波の考え方を用いると，対応原理に頼ることなく比較的直観的に導けることを述べておこう．電子が図 13.4 の破線のような半径 a の円軌道を運動しているとする．この電子の運動量を p とするとき，この電子には (1.14) により，波長 $\lambda = h/p = 2\pi\hbar/p$ の波が伴っている．ここで円軌道の円周 $2\pi a$ がこの波長の整数倍

$$2\pi a = n\lambda = n \times \frac{2\pi\hbar}{p} \qquad (n = \text{integer})$$

のとき電子の波は安定，整数倍でないときは不安定であると考えたとする．これ

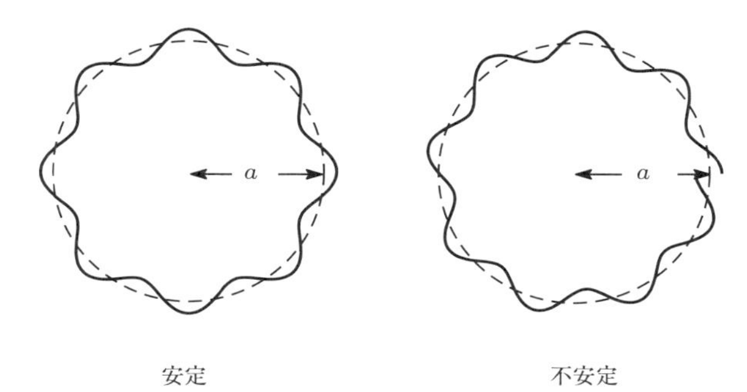

図 13.4　左図のように，円軌道の円周の長さが電子の波長の整数倍ならば，安定な波が存在する．右図では整数倍になっていないので安定な波が存在しない．

はすなわち，電子の角運動量の量子化の条件式

$$L = p\,a = n\hbar$$

そのものになっていることが分かる．古典力学から量子力学に移行するためには，じつはこのような安定な波を求める問題を解けばよいのである．安定な波を求めることは固有値問題を解くことであり，そのための方程式が第 8 章で述べたシュレーディンガー方程式なのである．

13.8　シュレーディンガー方程式を用いた水素原子の取り扱い

図 13.4 は便宜のため平面の上に波動を描いたが，電子の波動関数は本来 3 次元空間のものである．そこで図 13.4 の意味をより正確に述べるために，シュレーディンガー方程式を用いた水素原子の取り扱いの概略を述べておく．解くべきシュレーディンガー方程式は，(8.16) のなかのポテンシャル $U(\boldsymbol{r})$ をクーロン・ポテンシャルに置き換えればよく，

$$\left\{-\frac{\hbar^2}{2m_e}\nabla^2 - \frac{k}{r}\right\}\psi(\boldsymbol{r}) = E\psi(\boldsymbol{r}) \qquad \left(k = \frac{e^2}{4\pi\varepsilon_0}\right) \tag{13.19}$$

となる．ここで ∇^2 はラプラス演算子であり，直交座標の場合には (8.6) で与えられる．しかしクーロン・ポテンシャルが，原点からの距離 r の関数であることを考えれば，直交座標よりも球座標を用いる方が都合がよい．詳しい計算は省略するが，球座標で表したラプラス演算子は

$$\nabla^2 = \frac{\partial^2}{\partial r^2} + \frac{2}{r}\frac{\partial}{\partial r} - \frac{\boldsymbol{L}^2}{r^2}, \qquad \boldsymbol{L}^2 = -\frac{\partial^2}{\partial \theta^2} - \frac{\cos\theta}{\sin\theta}\frac{\partial}{\partial\theta} - \frac{1}{\sin^2\theta}\frac{\partial^2}{\partial\phi^2}$$

となる．ここで $\boldsymbol{L}^2$ という微分演算子は，(8.24) で定義された $\widehat{\boldsymbol{L}}^2$ とは，$\widehat{\boldsymbol{L}}^2 = \hbar^2 \boldsymbol{L}^2$ という関係にある．

シュレーディンガー方程式 (13.19) の解は

$$\psi(\boldsymbol{r}) = R_{nl}(r) Y_{lm}(\theta, \phi)$$

という形，すなわち動径 (r) 方向と角度 (θ, ϕ) 方向に因子化した形で求められる．ここで $Y_{lm}(\theta, \phi)$ は**球面調和関数**と呼ばれ，

$$\boldsymbol{L}^2 Y_{lm}(\theta, \phi) = l(l+1) Y_{lm}(\theta, \phi) \qquad (m = -l, -l+1, \cdots, l)$$

という関係式を満たすことが知られている．ここで l はゼロまたは正の整数である．この関係式を用いると，動径方向の波動関数 $R_{nl}(r)$ の満たすべき微分方程式は

$$\left\{ \frac{d^2}{dr^2} + \frac{2}{r}\frac{d}{dr} - \frac{l(l+1)}{r^2} \right\} R_{nl}(r) = -\frac{2m_e}{\hbar^2} \left(E + \frac{k}{r} \right) R_{nl}(r)$$

となる．波動関数が 2 乗可積分であるという条件のもとでこの微分方程式を解くと，解を許すのは，エネルギー E が

$$E = E_n \equiv -\frac{1}{2} \left(\frac{e^2}{4\pi\varepsilon_0} \right) \frac{1}{a_B} \frac{1}{n^2} \qquad (n = 1, 2, 3, \cdots)$$

という場合に限られる．a_B はボーア半径 (1.20) であり，このエネルギー固有値が (13.13) と同一であることに注意しよう．

球面調和関数の例をいくつか示すと次のようになる．

$$Y_{00} = \sqrt{\frac{1}{4\pi}},$$

$$Y_{10} = \sqrt{\frac{3}{4\pi}} \cos\theta, \qquad Y_{1\pm1} = \mp\sqrt{\frac{3}{8\pi}} \sin\theta \; e^{\pm i\phi},$$

$$Y_{20} = \sqrt{\frac{5}{16\pi}} \left(3\cos^2\theta - 1 \right), \qquad Y_{2\pm1} = \mp\sqrt{\frac{15}{8\pi}} \cos\theta \;\; \sin\theta \; e^{\pm i\phi},$$

$$Y_{2\pm2} = \sqrt{\frac{15}{32\pi}} \sin^2\theta \; e^{\pm 2i\phi},$$

$$\vdots$$

球面調和関数 $Y_{lm}(\theta, \phi)$ の ϕ 依存性は $e^{im\phi}$ であり，m が整数であることから ϕ が 2π 増大すると，$Y_{lm}(\theta, \phi)$ は元の値に戻る周期関数であることが分かる．図 13.4 の左図の波動が安定な場合というのは，このような状況に対応している [*1]．

[*1] 波動関数の一価性については，やや込み入った注意が必要になる場合がある．ここでは，波動関数一価性の判断基準を注意深く考察したパウリの論文を引用するにとどめる：W. Pauli: *Helv. Phys. Acta.* **12**, 147–168 (1939).

14 断熱不変量と断熱仮説

14.1 断熱不変量の簡単な例

1911 年にベルギーで，ソルヴェー会議と呼ばれる物理学の国際会議が開催された．会議の主要テーマは「輻射の理論と量子」であった．その会議の席でローレンツは，重りを紐でぶら下げて振動させ，その紐の長さをゆっくりと短くしていったときにどのようなことが起こるか，出席者に問題を出したという．振り子は最初あるエネルギーを持っているが，紐を十分ゆっくり短くしていったとき，エネルギーはどのように変化するか，振動数との関係はどうなるのかという問いであった．この会議に出席していたアインシュタインは，ただちに興味深い解答を提出した．十分にゆっくりと紐を短くしていくならば，振動のエネルギーも振動数も少しずつ増大するが，その比は一定に保たれる，というのがアインシュタインの答えであった．力学系のパラメータを十分ゆっくり変化させた場合に，一定に保たれる量のことを**断熱不変量**と呼ぶ．断熱不変量に関するアインシュタインの解答を以下に述べよう．

図 14.1 のような振り子を考える．振り子の長さを l とする．微小な振動のみを扱うことにしてラグランジュ関数を

$$L = \frac{m}{2}\left(l\dot{\phi}\right)^2 - mgl\left(1 - \cos\phi\right) \approx \frac{m}{2}\left(l\dot{\phi}\right)^2 - \frac{1}{2}mgl\phi^2$$

としよう．オイラー・ラグランジュ方程式は

$$0 = \frac{d}{dt}\left(\frac{\partial L}{\partial \dot{\phi}}\right) - \frac{\partial L}{\partial \phi} = ml^2\ddot{\phi} + mgl\phi = ml^2\left\{\ddot{\phi} + (2\pi\nu)^2\phi^2\right\}$$

となる．ただしここで

$$\nu = \frac{1}{2\pi}\sqrt{\frac{g}{l}} \tag{14.1}$$

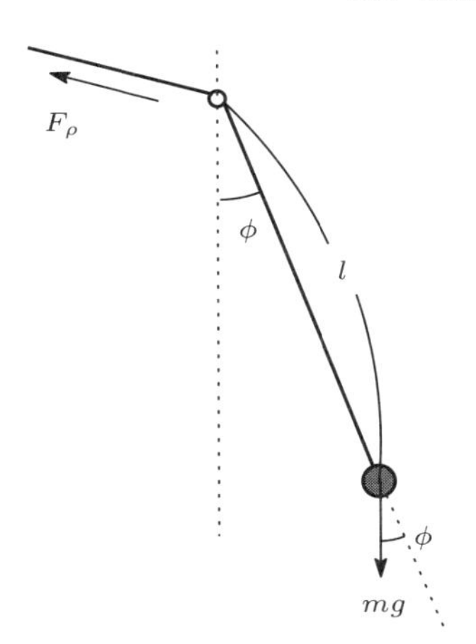

図 14.1　先端に質量 m の重りのついた長さ l の振り子を，徐々に徐々に引き上げる．断熱変化の問題というのは，1911 年のソルヴェー会議でローレンツが提出しアインシュタインがそれに答えたというもので，量子論と深くかかわりのある問題であった．

は振り子の振動数である．オイラー・ラグランジュ方程式の解は明らかに

$$\phi = A\cos(2\pi\nu t + \alpha) \tag{14.2}$$

である．ここで α は任意の定数である．振り子の運動エネルギーと位置エネルギーの和は

$$E = \frac{m}{2}\left(l\dot{\phi}\right)^2 + \frac{1}{2}mgl\phi^2 = \frac{1}{2}mlgA^2$$

となる．

さて振り子を長い時間をかけてゆっくり引っ張ることにしよう．紐の張力は重量と遠心力の和

$$F_\rho = mg\cos\phi + ml\dot{\phi}^2$$

である．運動方程式の解 (14.2) を用いると紐の張力は

$$\begin{aligned} F_\rho &\approx mg\left(1 - \frac{1}{2}\phi^2\right) + ml\dot{\phi}^2 \\ &= mg + mgA^2\left(-\frac{1}{2}\cos^2(2\pi\nu t + \alpha) + \sin^2(2\pi\nu t + \alpha)\right) \\ &= mg + mgA^2\left(\frac{1}{4} - \frac{3}{4}\cos 2(2\pi\nu t + \alpha)\right) \end{aligned}$$

となる．この張力の長時間にわたる平均をとると，余弦関数の部分は平均値をゼロにおいてよいから

$$\langle F_\rho \rangle = mg + \frac{1}{4}mgA^2$$

となる．この張力の右辺第1項は，ただ単に振り子を持ち上げて位置エネルギーが増えることに使われるだけなので，振動のエネルギーの変化 δE とは無関係である．振動のエネルギーの増加は第2項の力が紐の長さの変化 $-\delta l (\delta l < 0)$ だけ仕事をしたことによるので，δE は

$$\delta E = -\frac{1}{4} mgA^2 \delta l, \quad \frac{\delta E}{E} = -\frac{1}{2}\frac{\delta l}{l}$$

となる．一方で (14.1) により

$$\frac{\delta \nu}{\nu} = -\frac{1}{2}\frac{\delta l}{l}$$

であるから，結局

$$\frac{\delta E}{E} = \frac{\delta \nu}{\nu}, \quad \delta\left(\frac{E}{\nu}\right) = 0$$

が得られる．E/ν は断熱不変量である．

正準変数を用いて断熱不変量をさらに考察してみよう．ϕ に正準共役な運動量，ならびにハミルトニアンは，通常の手続きにより

$$p_\phi = \frac{\partial L}{\partial \dot{\phi}} = ml^2 \dot{\phi}$$

$$H = p_\phi \dot{\phi} - L = \frac{1}{2} ml^2 \dot{\phi}^2 + \frac{1}{2} mgl\phi^2 = \frac{1}{2ml^2} p_\phi^2 + \frac{1}{2} mgl\phi^2$$

と求められる．$H = E$ という等エネルギー面は，(ϕ, p_ϕ) の空間のなかで楕円を描く．楕円の長軸の長さは $2\sqrt{2E/mgl}$，短軸の長さは $2\sqrt{2ml^2 E}$ である．よって楕円の面積，長軸と短軸の長さの比は

$$\text{楕円の面積} = \pi \times \sqrt{2ml^2 E} \times \sqrt{\frac{2E}{mgl}} = 2\pi E \sqrt{\frac{l}{g}} = \frac{E}{\nu} \tag{14.3}$$

$$\frac{\text{長軸の長さ}}{\text{短軸の長さ}} = 2\sqrt{\frac{2E}{mgl}} \times \frac{1}{2\sqrt{2Eml^2}} = \frac{1}{m\sqrt{gl^3}}$$

となる．紐の長さを徐々に徐々に変化させていくと，楕円の長軸と短軸の長さの比は変化するが，楕円の面積は不変である．図 14.2 が断熱変化の場合の (ϕ, p_ϕ) の空間内の運動のイメージである．なお，(ϕ, p_ϕ) のように座標変数とその共役な運動量変数からなる空間のことを**相空間**と呼ぶ．

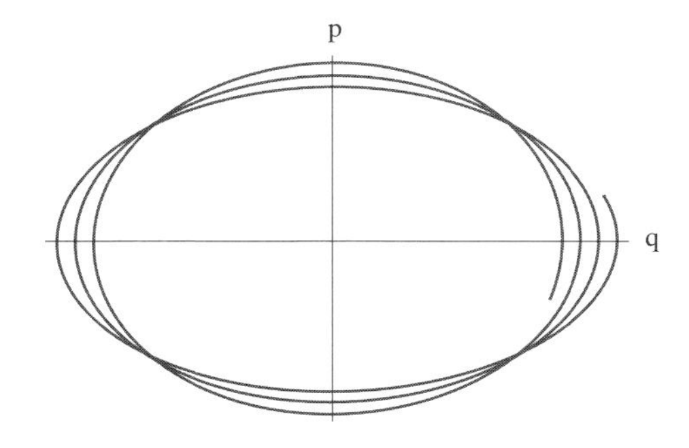

図 14.2　相空間での動き．断熱変化では，長軸と短軸の比は変化するも，楕円の面積は一定に保たれる．

14.2　ゼーマン効果と断熱変化

12.4 節では k/r^2 という引力のもとでの質点の運動を調べた．$k = Ze^2/4\pi\varepsilon_0$ とおけば，これは水素型原子の場合に相当する．Ze は原子核の電荷，$-e$ は電子の電荷である．この節ではこの水素型原子に，さらに微小な磁場を掛けた場合を考察する．磁場をゼロの状態から十分時間を掛けて増大させていった場合の断熱過程を調べたい．

話を簡単にするために，電子は半径 a，振動数 ν で円運動しているとする．電子が (x, y) 平面を運動しているとすれば，位置座標と速度ベクトルは

$$\begin{aligned} \boldsymbol{r}(t) &= a\,(\cos(2\pi\nu t), \sin(2\pi\nu t), 0) \\ \frac{d\boldsymbol{r}(t)}{dt} &= (2\pi\nu)a\,(-\sin(2\pi\nu t), \cos(2\pi\nu t), 0) \end{aligned}$$

となる．遠心力とクーロン引力が釣り合っているという条件は

$$m_e a(2\pi\nu)^2 = \frac{k}{a^2} \tag{14.4}$$

であり，電子のエネルギーは

$$E = \frac{m_e}{2}\left(\frac{d\boldsymbol{r}}{dt}\right)^2 - \frac{k}{a} = \frac{m_e a^2}{2}(2\pi\nu)^2 - \frac{k}{a}$$

となる．

磁場を掛けた結果，円軌道の半径が a から $a + \delta a$ に，振動数が ν から $\nu + \delta\nu$ に変化したとする．電子のエネルギーの変化は

$$
\begin{aligned}
\delta E &= \left\{ m_e a (2\pi\nu)^2 + \frac{k}{a^2} \right\} \delta a + m_e a^2 (2\pi)^2 \nu \delta\nu \\
&= \frac{2k}{a^2} \delta a + m_e a^2 (2\pi)^2 \nu \delta\nu
\end{aligned} \tag{14.5}
$$

となる．2 行目の式を得る際には (14.4) を用いている．磁場を円軌道に垂直に一様に掛けることにし，磁場ベクトル $\boldsymbol{\mathcal{B}}$ とベクトル・ポテンシャル $\boldsymbol{A}$ を ($\boldsymbol{\mathcal{B}}$ と $\boldsymbol{A}$ の関係が (10.21) であったことを思い出しつつ)

$$
\boldsymbol{\mathcal{B}} = (0, 0, \mathcal{B}), \quad \boldsymbol{A} = \frac{\mathcal{B}}{2}(-y, x, 0) = \frac{1}{2} \boldsymbol{\mathcal{B}} \times \boldsymbol{r}
$$

とおくことにしよう．磁場を掛けると電子にはローレンツの力が働くので，十分時間を掛けて磁場を掛けた場合には，ローレンツ力とクーロン力の合力が遠心力と釣り合い，$\delta\nu$ と δa は

$$
m_e a (2\pi)^2 (\nu + \delta\nu)^2 = \frac{k}{(a + \delta a)^2} + (2\pi\nu) a e \mathcal{B}
$$

という関係で結ばれている．(14.4) を考慮し，かつ $\delta\nu$, δa について 1 次の項のみを考慮すれば，この関係式は

$$
2 m_e a (2\pi)^2 \nu \delta\nu = -\frac{2k}{a^3} \delta a + (2\pi\nu) a e \mathcal{B} \tag{14.6}
$$

となる．磁場の大きさ $\mathcal{B}$ は 1 次の微小量として扱う．

電子のエネルギーの変化 δE は，磁場を加えたことによる変化であり，(10.22) の右辺の最後の項の符号を変えたもの

$$
e \boldsymbol{A} \cdot \frac{d\boldsymbol{r}}{dt} = \frac{e}{2} (\boldsymbol{\mathcal{B}} \times \boldsymbol{r}) \cdot \frac{d\boldsymbol{r}}{dt} = \frac{e}{2} \left(\boldsymbol{r} \times \frac{d\boldsymbol{r}}{dt} \right) \cdot \boldsymbol{\mathcal{B}} = \frac{e}{2m_e} \boldsymbol{L} \cdot \boldsymbol{\mathcal{B}} \tag{14.7}
$$

$$
= \frac{e\mathcal{B}}{2} (2\pi\nu) a^2 \tag{14.8}
$$

に相当している．(14.7) における $\boldsymbol{L}$ は電子の軌道角運動量である．(14.8) を (14.5) と等しいとおいて

$$
\frac{2k}{a^2} \delta a + m_e a^2 (2\pi)^2 \nu \delta\nu = (2\pi\nu) a^2 \frac{e\mathcal{B}}{2} \tag{14.9}
$$

を得る．(14.6), (14.9) を $\delta\nu$, δa に対する連立方程式と考えて解けば

$$
\delta a = 0, \quad \delta\nu = \frac{e\mathcal{B}}{4\pi m_e} = \nu_L
$$

が得られる．ν_L は (4.5) で導入したラーモア振動数である．この結果の意味する

ところは，微小な磁場をゆっくり加えた場合，円運動の半径は変化せず，振動数がラーモア振動数だけ変化するということである．δE と $\delta\nu$ の比が

$$\frac{\delta E}{\delta\nu} = \frac{\delta E}{\nu_L} = m_e a^2(2\pi)^2\nu = \int_0^{2\pi} d\phi\, p_\phi$$

と書けることに注意しよう．$p_\phi = (2\pi\nu)m_e a^2$ は z 軸のまわりの角運動量である．

磁場が電子に及ぼすローレンツ力は電子の速度ベクトルに垂直であるから，磁場は電子に仕事をせず，電子のエネルギーが (14.8) だけ増加することを不思議に思う読者もいることだろう．この場合，十分ゆっくりとはいえ磁場が時間的に変化していることが肝要である．電磁誘導の法則により磁場の時間変化が起電力を生み，その起電力が電子に仕事をしている，

以上の議論は円運動の場合であるが，楕円軌道を運動する電子に磁場を掛けた場合にも同様の結果が得られる．磁場をゆっくり変えた場合，楕円の大きさや形は変化しないが，楕円軌道の運動の振動数がラーモア振動数だけ変化する．これは楕円が z 軸のまわりにゆっくりと歳差運動することを意味する．静止座標系では周回運動の振動数は変化するが，楕円と一緒に回転する座標系での振動数は ν のままである．

14.3　エーレンフェストの断熱定理

n 個の力学変数 $(q_1, \cdots, q_n)$ からなる系で

$$L = T_{\rm kin}\,(q_1, \cdots, q_n, \dot{q}_1, \cdots, \dot{q}_n; a) - U\,(q_1, \cdots, q_n; a)$$

というラグランジュ関数で記述されるものを考察し，断熱不変量をもう少し一般的に扱おう．ここで a は力学系を特徴づけるパラメータであり，14.1 節における振り子の長さ l，14.2 節における磁場 $\mathcal{B}$ はその例である．次の 2 つの力学過程を比較したい．

《過程 I》：パラメータの値が a の場合に，時刻 t_A における配位 $(q_{1A}, \cdots, q_{nA})$ から，時刻 t_B における配位 $(q_{1B}, \cdots, q_{nB})$ に連続的に移行する過程．

《過程 II》：パラメータの値が $a + \Delta a$ の場合に，時刻 $t_A + \Delta t_A$ における配位 $(q_{1A} + \Delta q_{1A}, \cdots, q_{nA} + \Delta q_{nA})$ から，時刻 $t_B + \Delta t_B$ における配位 $(q_{1B} + \Delta q_{1B}, \cdots, q_{nB} + \Delta q_{nB})$ に連続的に移行する過程．

Δa, Δt_A, Δt_B 等々はいずれも微小量であるとする．

ラグランジュ関数の時間積分が，過程 I と過程 II でどれだけ変化するのかに興味があるので，

$$\Delta \int_{t_A}^{t_B} dt\, L \equiv \int_{t_A+\Delta t_A}^{t_B+\Delta t_B} dt\, L|_{a+\Delta a} - \int_{t_A}^{t_B} dt\, L|_a$$
$$= L_B \Delta t_B - L_A \Delta t_A + \int_{t_A}^{t_B} dt\, \delta L \tag{14.10}$$

という量を考察する．L_A, L_B はそれぞれ時刻 t_A, t_B におけるラグランジュ関数の値であり，δL は同じ時刻における L の差，すなわち

$$\delta L = \sum_{r=1}^{n} \left(\frac{\partial L}{\partial q_r} \delta q_r + \frac{\partial L}{\partial \dot{q}_r} \delta \dot{q}_r \right) + \frac{\partial L}{\partial a} \Delta a$$
$$= \sum_{r=1}^{n} \left\{ \frac{\partial L}{\partial q_r} - \frac{d}{dt} \left(\frac{\partial L}{\partial \dot{q}_r} \right) \right\} \delta q_r + \sum_{r=1}^{n} \frac{d}{dt} \left(\frac{\partial L}{\partial \dot{q}_r} \delta q_r \right) + \frac{\partial L}{\partial a} \Delta a$$

である．δq_r, $\delta \dot{q}_r$ も同じ時刻における差分である．オイラー・ラグランジュ方程式を用いれば右辺第 1 項は消えるので，(14.10) は

$$\Delta \int_{t_A}^{t_B} dt\, L = L_B \Delta t_B - L_A \Delta t_A + \sum_{r=1}^{n} \left(\frac{\partial L}{\partial \dot{q}_r} \right)_B \delta q_{rB} - \sum_{r=1}^{n} \left(\frac{\partial L}{\partial \dot{q}_r} \right)_A \delta q_{rA}$$
$$+ \int_{t_A}^{t_B} dt \frac{\partial L}{\partial a} \Delta a$$

となる．δ は同じ時刻での変化分，Δ は異なる時刻での変化分であり，両者は

$$\delta q_{rA} = \Delta q_{rA} - \dot{q}_{rA} \Delta t_A, \quad \delta q_{rB} = \Delta q_{rB} - \dot{q}_{rB} \Delta t_B$$

という関係にある．したがって我々は

$$\Delta \int_{t_A}^{t_B} dt\, L = \left[\Delta t \left(L - \sum_{r=1}^{n} p_r \dot{q}_r \right) \right]_A^B + \left[\sum_{r=1}^{n} p_r \Delta q_r \right]_A^B$$
$$+ \int_{t_A}^{t_B} dt\, \frac{\partial L}{\partial a} \Delta a \tag{14.11}$$

を得る．ここで p_r は正準共役運動量 $p_r = \partial L / \partial \dot{q}_r$ である．

ところで

$$A \equiv \frac{\partial L}{\partial a}$$

と書くならば，A は a の変化に伴って系が外部に対して作用する力である．ま

た $L-\sum p_r \dot{q}_r$ は系の全エネルギ—の符号を変えたもの，$-E$ である．よって (14.11) は

$$\begin{aligned}\Delta \int_{t_A}^{t_B} dt\, L &\\ &= \Delta \int_{t_A}^{t_B} dt\, (T_{\mathrm{kin}} - U) \\ &= -E\,(\Delta t_B - \Delta t_A) + \left[\sum_{r=1}^{n} p_r \Delta q_r\right]_A^B + (t_B - t_A)\,\overline{A}\Delta a \end{aligned} \tag{14.12}$$

と書き換えられる．ここで $\overline{A}$ は，力 A の t_A と t_B の間での時間平均である．一方パラメータが $a+\Delta a$ の場合のエネルギーを $E+\Delta E$ とするならば，

$$\Delta \int_{t_A}^{t_B} dt\ (T_{\mathrm{kin}} + U) = (t_B - t_A)\,\Delta E + E\,(\Delta t_B - \Delta t_A) \tag{14.13}$$

も成立する．(14.12), (14.13) を足し算すれば

$$\Delta \int_{t_A}^{t_B} dt\, 2T_{\mathrm{kin}} = \left[\sum_{r=1}^{n} p_r \Delta q_r\right]_A^B + (t_B - t_A)\left(\Delta E + \overline{A}\Delta a\right) \tag{14.14}$$

という結果が得られる．

過程 I，過程 II の 2 つの運動がどちらも周期的であるとしよう．過程 I の周期は $t_B - t_A$，過程 II の周期は $t_B + \Delta t_B - t_A - \Delta t_A$ であるとする．そうすると $p_{rB} = p_{rA}$, $q_{rB} = q_{rA}$, $q_{rB} + \Delta q_{rB} = q_{rA} + \Delta q_{rA}$ が成り立つ．そして (14.14) の右辺第 1 項はゼロになる．最後に，過程 I と過程 II とが互いに断熱的に移り変わり得ることを仮定しよう．移り変わる時間は，運動の周期に比べて十分に長いとする．過程 I から過程 II に移り変わる間に，パラメータは a から $a+\Delta a$ にゆっくりと変化するものとする．その間に系が外部に対して $\overline{A}\Delta a$ の仕事をする．これはまさに $-\Delta E$ に等しく，$\Delta E + \overline{A}\Delta a = 0$ が成り立たねばならない．以上の考察の結果我々は

$$\Delta \int_{t_A}^{t_B} dt\, 2T_{\mathrm{kin}} = 0 \tag{14.15}$$

を得る．これがエーレンフェスト (P. Ehrenfest) が証明した断熱定理である．

以前にも述べたが，運動エネルギー T_{kin} が力学変数の時間微分 $\dot{q}_r$ の 2 次式であるならば，必ず

$$T_{\text{kin}} = \frac{1}{2}\sum_{r=1}^{n}\frac{\partial T_{\text{kin}}}{\partial \dot{q}_r}\dot{q}_r = \frac{1}{2}\sum_{r=1}^{n}p_r\dot{q}_r$$

が成り立つ．したがって (14.15) は

$$\sum_{r=1}^{n}\int_{t_A}^{t_B}p_r\dot{q}_r dt = \sum_{r=1}^{n}\oint p_r dq_r \tag{14.16}$$

が断熱不変量であることを主張していることになる．ここで積分の記号は相空間 (q_r, p_r) のなかで 1 周期にわたるものであり，位相積分と呼ばれているものである．

上の断熱定理の証明の際には，各力学変数の周期が同じであるとして証明を進めた．各力学変数の周期が異なっている場合には，上の証明はそのままの形では成り立たない．また (14.16) は複数の位相積分の和の形であり，位相積分が個々に断熱不変であるかどうかについては何も主張できていない．その意味で，上の定理の実際的な用途は限られている．ところがハミルトン・ヤコビ方程式が変数分離が可能な場合については，個々の変数についての作用変数が断熱不変になることが証明できる．詳しい証明は，作用変数，角変数をもう少し詳しく説明してから 16.5 節で与える．

14.4　調和振動子再考

14.1 節で説明した振り子の場合の断熱不変量を，14.3 節のやり方で再度説明してみよう．振動数が ν の調和振動子のラグランジュ関数は (10.11) で既に登場した

$$L = \frac{m}{2}\dot{q}^2 - \frac{m}{2}(2\pi\nu)^2q^2$$

であり，ハミルトン関数は

$$H = \frac{1}{2m}p^2 + \frac{m}{2}(2\pi\nu)^2q^2, \quad p = \frac{\partial L}{\partial \dot{q}} = m\dot{q}$$

で与えられる．エネルギーが $H = E$ の場合，$p = \pm\sqrt{2mE - m^2(2\pi\nu)^2q^2}$ であるから

$$\begin{aligned} J = \oint dq\, p &= 2\int_{-q_0}^{+q_0} dq\, \sqrt{2mE - m^2(2\pi\nu)^2q^2} \qquad (14.17)\\ &= 4\pi\nu m\int_{-q_0}^{+q_0} dq\,\sqrt{q_0^2 - q^2} \qquad \left(q_0 = \frac{1}{2\pi\nu}\sqrt{\frac{2E}{m}}\right)\end{aligned}$$

が断熱不変量である．この積分を実行するには

$$q = q_0 \sin\theta, \quad dq = q_0 \cos\theta \, d\theta$$

という変数変換を行えばよく，

$$J = 4\pi\nu m \cdot q_0^2 \int_{-\pi/2}^{+\pi/2} d\theta \cos^2\theta = \frac{2E}{\pi\nu} \int_{-\pi/2}^{+\pi/2} d\theta \, \frac{1+\cos 2\theta}{2} = \frac{E}{\nu}$$

という結果が得られる．これが 14.1 節で得たものであった．

14.5　調和振動子の場合の作用変数と角変数

位相積分 (14.17) は 1 周期にわたる積分値であるから，当然時間には依存しない定数である．ところがこの J を変数に格上げし，周期運動を巧妙に扱う方法がある．それが**角変数**と**作用変数**を用いる方法である．

(14.17) で $E = J\nu$ とおき，不定積分

$$W(q, J) \equiv \int^q dq' \sqrt{2mJ\nu - m^2(2\pi\nu)^2(q')^2} \tag{14.18}$$

を取り上げる．これは 12.3 節の (12.11) と同一のものである．J を作用変数と呼び，角変数 w を

$$w = \frac{\partial W}{\partial J} = m\nu \int^q dq' \, \frac{1}{\sqrt{2mJ\nu - m^2(2\pi\nu)^2(q')^2}} \tag{14.19}$$

で定義する．$p = \partial W/\partial q$ であるから

$$dW = \frac{\partial W}{\partial q} dq + \frac{\partial W}{\partial J} dJ = pdq + wdJ$$

となり，ラグランジュ関数 Ldt を

$$pdq - Hdt = -wdJ - Hdt + dW = Jdw - Hdt + d(W - wJ)$$

と書くことができる．この関係式は

$$\overline{W}(q, w) = W(q, J) - wJ \tag{14.20}$$

という関数が，$(q, p) \to (w, J)$ という正準変換の母関数になっていることを意味している．q, w に共役な運動量変数は

$$p = \frac{\partial \overline{W}}{\partial q}, \quad J = -\frac{\partial \overline{W}}{\partial w}$$

で与えられる．$\overline{W}(q,J)$ が時間に陽には依存していないことから，ハミルトン関数はこの正準変換では変わらない．したがって正準方程式は

$$\frac{dw}{dt} = \frac{\partial H}{\partial J} = \nu, \quad \frac{dJ}{dt} = -\frac{\partial H}{\partial w} = 0 \qquad (H = E = J\nu)$$

というきわめて単純なものとなる．この微分方程式はただちに解けて

$$w = \nu t + \text{constant}, \quad J = \text{constant}$$

を得る．

もとの正準変数 (q,p) と (w,J) の関係を知るには (14.19) の積分を実行してしまえばよいのだが，この積分は (12.12) と同一である．(14.19) の積分変数を

$$q' = \frac{1}{2\pi\nu}\sqrt{\frac{2J\nu}{m}}\sin\theta' \tag{14.21}$$

とおけば，角変数は

$$w = m\nu \cdot \frac{1}{2\pi\nu}\sqrt{\frac{2J\nu}{m}} \cdot \frac{1}{\sqrt{2mJ\nu}}\int^{\theta} d\theta' = \frac{\theta}{2\pi} + \text{constant}$$
$$\left(q = \frac{1}{2\pi\nu}\sqrt{\frac{2J\nu}{m}}\sin\theta\right)$$

となる．以上の計算により (q,p) と (w,J) の関係が

$$\begin{aligned} q &= \frac{1}{2\pi\nu}\sqrt{\frac{2J\nu}{m}}\sin\theta = \frac{1}{2\pi\nu}\sqrt{\frac{2J\nu}{m}}\sin(2\pi w + \text{constant}) \\ p &= \frac{\partial W(q,J)}{\partial q} \\ &= \sqrt{2mJ\nu - m^2(2\pi\nu)^2 q^2} \\ &= \sqrt{2mJ\nu}\cos(2\pi w + \text{constant}) \end{aligned}$$

となることが分かる．

我々は既に 11.6 節において，調和振動子の場合の角変数，作用変数への正準変換の母関数 (11.22) を取り上げた．(11.22) の $F_1(q,w)$ は (14.20) と本質的に同じであることを以下に示そう．そのためには (14.18) の積分を実行して $W(q,J)$ を求める必要がある．変数変換 (14.21) を施せば，$W(q,J)$ の積分は，

$$
\begin{aligned}
W(q,J) &= \frac{1}{2\pi\nu}\sqrt{\frac{2J\nu}{m}}\int^{\theta} d\theta' \cos\theta' \sqrt{2mJ\nu}\sqrt{1-\sin^2\theta'} \\
&= \frac{J}{2\pi}\int^{\theta} d\theta' \,(1+\cos 2\theta') \\
&= \frac{J}{2\pi}\left(\theta + \frac{1}{2}\sin 2\theta\right) + \text{constant} \\
&= wJ + \frac{J}{2\pi}\sin\theta\cos\theta + \text{constant}
\end{aligned}
$$

と求められる．したがって $\overline{W}(q,w)$ は

$$
\begin{aligned}
\overline{W}(q,w) = W(q,J) - wJ &= \frac{J}{2\pi}\sin\theta\cos\theta + \text{constant} \\
&= \frac{m}{2}(2\pi\nu)q^2\cot\theta + \text{constant}
\end{aligned}
$$

となるが，これは付加定数の部分を除いて (11.22) の $F_1(q,w)$ と同一である．

14.6 断 熱 仮 説

黒体輻射の公式 (13.1) は，純粋に古典物理学の範囲内で証明されたものであった．一方，量子論的に正しいプランクの公式 (13.2) もまた (13.1) の形になっているのは一体なぜだろうか? この問いかけのなかに古典物理と量子物理を繋ぐ鍵が隠されている．プランクの公式での温度依存性の入り方は $e^{-E/kT}$ というボルツマン因子を通じてであった．そして断熱過程において，$E=nh\nu$ という関係が維持されるならば必然的に (13.1) の形になる．E/ν という量は古典力学での調和振動子の断熱不変量であるが，量子論的にも断熱不変量であるとすれば，(13.1) が量子論的にも正しいことが納得できる．量子数 n の状態を断熱的に変化させていってもその状態は量子論的に許される状態であり続け，量子数 n が変わらないとすることは無理のない仮定と思われる．そこで一般に

> 力学系において，その系のパラメーターを十分にゆっくり変化させたとする．変化の初めの状態が量子的に許される状態ならば，変化の途中ならびに最終的な状態もまた量子論的に許される．

ということを仮定しよう．これを断熱仮説という．この仮説を基礎におくならば，

量子論的に許される状態を選び出すための条件は，断熱不変量に対して課されるべきであるといえる．

調和振動子における作用変数 (14.17) が断熱不変量であることは既に述べたが，ケプラー運動における位相積分 (12.25), (12.26), (12.27) もまた断熱不変量である．我々は第 16 章で周期系を作用変数，角変数を用いて一般的に扱い，ある条件のもとで作用変数 J_r が断熱不変量であることを証明する．そのことを念頭におきつつ，量子論的に許される状態を選び出す条件として

$$J_k = \oint p_k dq_k = n_k h \qquad (n_k = 1, 2, 3, \cdots) \tag{14.22}$$

を採用することにしよう．量子条件 (14.22) は，**縮退** [*1] がある力学系の場合には注意が必要である．縮退がある力学系とは，12.4 節で取り扱ったケプラー運動がその一例である．(12.29) が示すように，ケプラー運動をする質点のエネルギーは $(J_r + J_\theta + J_\phi)$ という足し算の組み合わせで与えられているので，量子条件 (14.22) を課した場合，質点のエネルギーは $n \equiv n_r + n_\theta + n_\phi$ という整数で決まる．一方，同じ n を与える整数の組み合わせ (n_r, n_θ, n_ϕ) は一般には複数個存在する．このように同じエネルギーを与える状態が複数存在する場合，その力学系は縮退しているという．このような場合，(14.22) の条件を何個独立に課せるのか，個別に精査する必要がある．この点については 15.4.5 項で述べることにし，差しあたっては素朴に量子条件 (14.22) を課してその帰結を調べるという立場をとることにする．

量子条件 (14.22) の提唱には，プランク，ボーア，エーレンフェスト，ウイルソン (W. Wilson)，石原純，デバイ (P. Debye) など，多数の物理学者が関与した．本書では，相対論的効果まで含めて徹底的にこの条件を調べ上げたゾンマーフェルト (A. Sommerfeld) に敬意を表して，(14.22) を**ゾンマーフェルトの量子条件**と呼ぶことにする．彼の解析によれば相対論的効果を考慮すると，水素原子にはボーア模型よりも微細なエネルギー準位の構造が現れる．その微細な構造は (1.19) で既に登場した

$$\frac{e^2}{4\pi\varepsilon_0 \hbar c} \approx \frac{1}{137}$$

[*1] 「縮退」は英語の degenerate の日本語訳であり，縮重ともいう．16.4 節で我々は多重周期運動の場合に縮退，縮重という用語を導入するが，ここで述べた縮退，縮重と同じ内容のものである．

という，次元を持たない微細構造定数を用いて記述される．このことがこの定数の名前の由来になっている．

余談になるが，量子条件を取り扱った「スペクトル線の量子論」と題するゾンマーフェルトの論文 (1916 年) は 2 編からなり，それは総計 137 頁 (!) にも及ぶ大論文であった．

15 ゾンマーフェルトの量子条件

15.1　調和振動子の量子論とプランクの公式

振動数が ν の調和振動子では，E/ν が断熱不変量であることを 12.3 節で学んだ．そこでこの断熱不変量がプランク定数 h の整数倍，すなわち

$$E = nh\nu \qquad (n = 0, 1, 2, \cdots) \tag{15.1}$$

であることを仮定し，黒体輻射に対するプランクの公式 (13.2) が導出できることを以下に示そう．

一般に温度 T の熱浴に接している系では，エネルギーが E の状態をとる相対的な確率が $e^{-E/kT}$ となる．調和振動子の場合エネルギーが (15.1) に限定されているとすると，それぞれの状態をとる確率は相対的に

$$e^{-0\cdot h\nu/kT}, \qquad e^{-1\cdot h\nu/kT}, \qquad e^{-2\cdot h\nu/kT}, \qquad \cdots$$

で与えられる．そうするとエネルギーの期待値は

$$\begin{aligned}\langle E\rangle &= \frac{0\cdot h\nu e^{-0\cdot h\nu/kT} + 1\cdot h\nu e^{-1\cdot h\nu/kT} + 2\cdot h\nu e^{-2\cdot h\nu/kT} + \cdots}{e^{-0\cdot h\nu/kT} + e^{-1\cdot h\nu/kT} + e^{-2\cdot h\nu/kT} + \cdots} \\ &= \frac{\partial}{\partial(1/kT)}\log\left(1 - e^{-h\nu/kT}\right) \\ &= \frac{h\nu}{e^{h\nu/kT} - 1}\end{aligned}$$

と求められる．これが振動数 ν の調和振動子が温度 T の熱浴のなかにおかれている場合の平均のエネルギーである．

温度 T の熱浴に接している空洞では，そのなかに電磁波が満ち満ちている．電磁波というのは様々な振動数の調和振動子の集合体と見なすことができる．電磁気学が教えるところによれば，振動数が ν と $\nu + d\nu$ の間にある調和振動子の数

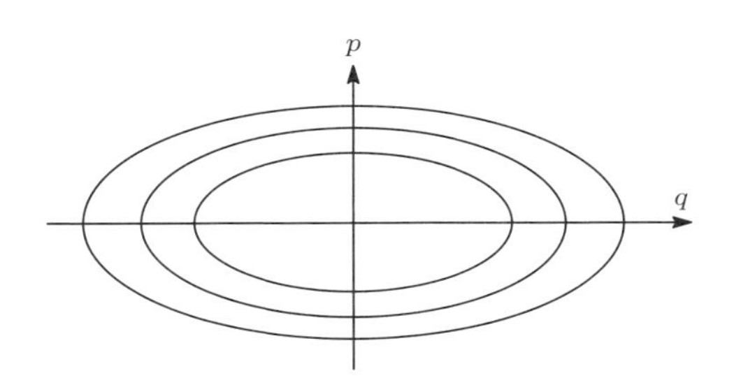

図 15.1 調和振動子の運動は，相空間では楕円で表される．古典力学ではその楕円の大きさは連続的にいろいろなものを描き得るのだが，量子力学ではある特定の面積の楕円のみが許されることになる．なぜならば，(14.3) で示したように楕円の面積は E/ν であり，この面積が (15.1) によって飛びとびの値のみに限られるからだ．

は，単位体積につき $\dfrac{8\pi\nu^2}{c^3}d\nu$ で与えられる．したがって黒体輻射では，振動数が ν と $\nu+d\nu$ の間の電磁波の単位体積あたりのエネルギー $\rho(\nu,T)d\nu$ は

$$\rho(\nu,T)d\nu = \frac{8\pi\nu^2}{c^3}\frac{h\nu}{e^{h\nu/kT}-1}d\nu$$

となる．これがプランクの公式 (13.2) にほかならない．

15.2 ケプラー運動

15.2.1 エネルギー準位

我々は 12.4 節においてハミルトン・ヤコビ方程式を用いてケプラー運動を議論した．ケプラー運動のエネルギーや軌道角運動量といった物理量を位相積分 (12.25), (12.26), (12.27) を用いて表した．この節では，これら位相積分に対してゾンマーフェルトの量子条件

$$J_r = n_r h, \qquad J_\theta = n_\theta h, \qquad J_\phi = n_\phi h \tag{15.2}$$

を課し，いかなる結果が得られるかを吟味しよう．ここで n_r, n_θ, n_ϕ は整数である．

ケプラー運動のエネルギーから始めよう．エネルギーが (12.29) で与えられることを思い出しつつ (15.2) を (12.29) に代入すると

$$E = -\frac{2m\pi^2k^2}{(J_r+J_\theta+J_\phi)^2} = -\frac{2m\pi^2k^2}{(n_r+n_\theta+n_\phi)^2h^2} \tag{15.3}$$

を得る．これは $k = e^2/4\pi\varepsilon_0$ とおけば水素原子のエネルギー準位に対するボーア

の公式 (13.7), (13.13) と同じ形になっている．ボーアの公式における量子数 n を

$$n = n_r + n_\theta + n_\phi \qquad (n = 1, 2, \cdots)$$

と同定すればよい．n は**主量子数**と呼ばれる．

15.2.2 面積速度の量子化

楕円運動の軌道角運動量は (12.28) であることを以前に述べたが，(15.2) を用いれば，それは

$$\frac{1}{2\pi}(J_\theta + J_\phi) = (n_\theta + n_\phi)\frac{h}{2\pi} = (n_\theta + n_\phi)\hbar$$

となる．$(n_\theta + n_\phi)$ は前期量子論の時代には**副量子数**と呼ばれていた．角運動量の大きさが飛びとびの値をとるということは，楕円運動のうち特定の面積速度のもののみが量子条件によって選ばれていることを意味する．$J_\theta + J_\phi = 0$ の場合というのは，(12.32) により楕円の短軸の長さがゼロ，したがって楕円がつぶれた場合になっている．この場合，電子が原子核と衝突してしまうので以下では考慮しないことにする．すなわち副量子数のとれる値はゼロを除いて

$$n_\theta + n_\phi = 1, 2, \cdots, n$$

となる．

15.2.3 方 向 量 子 化

量子数 n_ϕ は，軌道角運動量の z 軸方向の射影成分を表している．すなわち射影成分が z 軸の正の方向ならば $n_\phi\hbar$，負の方向ならば射影成分は $-n_\phi\hbar$ となる．$\pm n_\phi$ は**磁気量子数**と呼ばれる．角運動量ベクトルの z 軸成分が飛びとびの値をとることを，ゾンマーフェルトは**方向量子化**と名付けたが，これは次の理由による．角運動量ベクトルが z 軸となす角度を Θ とすると，

$$\cos\Theta = \frac{J_\phi}{J_\theta + J_\phi} = \frac{n_\phi}{n_\theta + n_\phi}$$

となる．よって角運動量ベクトルの方向は空間のある特別の方向のみが許されることになる．これが方向量子化という用語の起源である．図 15.2 の (a), (b), (c) は，$n_\theta + n_\phi = 1, 2, 3$ の場合について角運動量ベクトルの許される方向を図示したものである．z 軸は鉛直上向きにとっている．

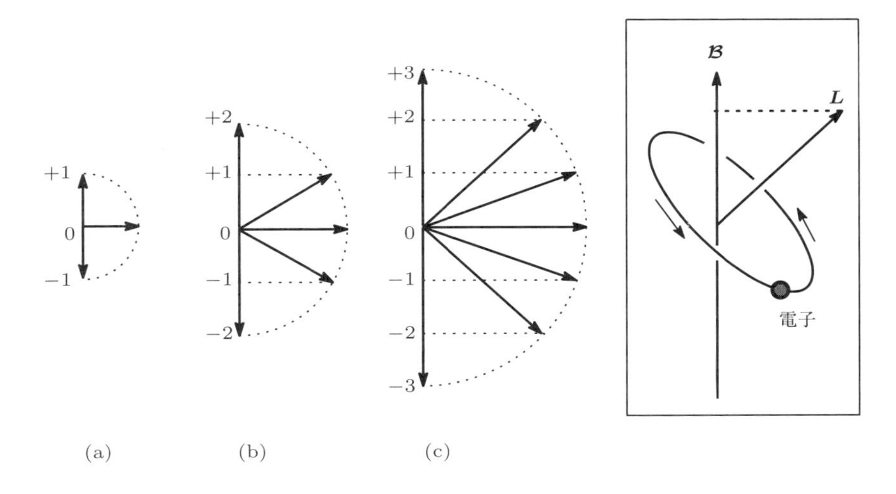

図 **15.2** 方向量子化

元来水素原子にとって空間に特別な方向があるわけではない．z 軸をどちらの向きにとるかは，全く任意のはずである．しかし図 15.2 の右端の図のように，ケプラー運動をする電子に一様な磁場 $\boldsymbol{\mathcal{B}}$ を掛けた場合，磁場が特別な方向を指定することになる．(14.7) で調べたように，軌道角運動量 $\boldsymbol{L}$ の電子に磁場が加えられると，$\boldsymbol{L}\cdot\boldsymbol{\mathcal{B}}$ に比例するエネルギーを獲得する．このエネルギーは 15.3 節で説明するように，ゾンマーフェルトの量子条件を課すと飛びとびの値のみが許される．これは角運動量ベクトルの磁場方向への射影成分が飛びとびの値に限定されることと同じである．方向が量子化されるとはこのような事実を意味している．

15.2.4 離心率の量子化

楕円軌道の離心率の量子化についても述べておこう．離心率は (12.31) で与えられるのだが，量子条件を課せば

$$e = \sqrt{1 - \frac{(J_\theta + J_\phi)^2}{(J_r + J_\theta + J_\phi)^2}} = \sqrt{1 - \frac{(n_\theta + n_\phi)^2}{(n_r + n_\theta + n_\phi)^2}}$$

となって，やはり特別な値のみが選ばれることになる．図 15.3 は，主量子数が 1，2，3，4 の場合について許される楕円軌道の形を図示したものである．ただしこのような図を描いたのは前期量子論の時代のみで，量子力学が完成したあとでは，楕円軌道の離心率や長軸，短軸の長さ等々を議論することが意味を失った．量子

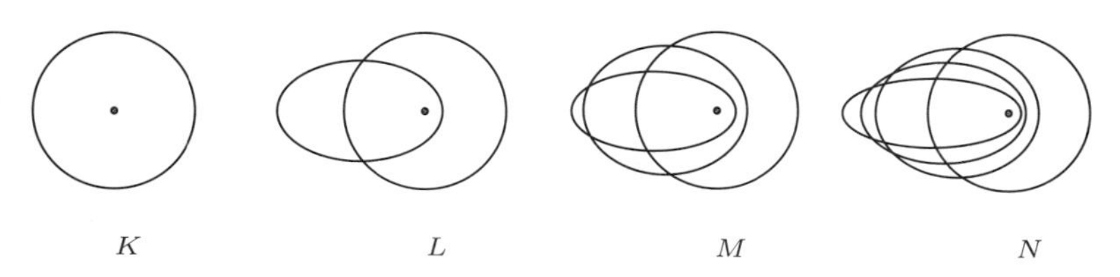

図 15.3 ゾンマーフェルトの量子条件によって特定の離心率の楕円軌道が選ばれる．主量子数が 1，2，3，4 の状態は，K, L, M, N という記号で表す．

力学では，そのような観測不可能な量を計算することができない理論体系になっている．

15.3 水素型原子でのゼーマン効果

水素型原子でのゼーマン効果を議論するために，磁場中を運動する電子のラグランジュ関数 (10.22) を極座標で取り扱う．極座標での電子の速度ベクトルは (2.21)，すなわち

$$\frac{d\boldsymbol{r}}{dt} = \dot{r}\boldsymbol{e}_r + r\dot{\theta}\,\boldsymbol{e}_\theta + r\sin\theta\,\dot{\phi}\,\boldsymbol{e}_\phi$$

である．ここで $\boldsymbol{e}_r$, $\boldsymbol{e}_\theta$, $\boldsymbol{e}_\phi$ は，(2.16) で定義された互いに直交する長さ 1 の基本ベクトルである．電磁場のベクトル・ポテンシャルも極座標で

$$\boldsymbol{A} = A_r\,\boldsymbol{e}_r + A_\theta\,\boldsymbol{e}_\theta + A_\phi\,\boldsymbol{e}_\phi$$

と表記することにすると，ラグランジュ関数 (10.22) は

$$L = \frac{m_e}{2}\left(\dot{r}^2 + r^2\dot{\theta}^2 + r^2\sin^2\theta\,\dot{\phi}^2\right) + e\Phi - e\left(A_r\dot{r} + A_\theta r\dot{\theta} + A_\phi r\sin\theta\dot{\phi}\right)$$

となる．正準共役運動量は

$$p_r = \frac{\partial L}{\partial \dot{r}} = m_e\dot{r} - eA_r, \quad p_\theta = \frac{\partial L}{\partial \dot{\theta}} = m_e r^2\dot{\theta} - eA_\theta r,$$
$$p_\phi = \frac{\partial L}{\partial \dot{\phi}} = m_e r^2\sin^2\theta\dot{\phi} - eA_\phi r\sin\theta$$

となるので，ルジャンドル変換を施して得られるハミルトン関数は

$$\begin{aligned} H &= p_r\dot{r} + p_\theta\dot{\theta} + p_\phi\dot{\phi} - L \\ &= \frac{1}{2m_e}\left\{(p_r + eA_r)^2 + \left(\frac{p_\theta}{r} + eA_\theta\right)^2 + \left(\frac{p_\phi}{r\sin\theta} + eA_\phi\right)^2\right\} - e\Phi \end{aligned}$$

となる．

水素型原子中の電子は，Ze の電荷を持つ原子核からクーロン力 k/r^2 $(k = Ze^2/4\pi\varepsilon_0)$ を受けている．これに外部から z 軸の正の方向に一様な磁場 $\mathcal{B} = (0, 0, \mathcal{B})$ を掛ける．電磁場のベクトル・ポテンシャルは

$$\boldsymbol{A} = \frac{\mathcal{B}}{2}(-y, x, 0) = \frac{\mathcal{B}}{2} r \sin\theta \, (-\sin\phi, \cos\phi, 0) = \frac{\mathcal{B}}{2} r \sin\theta \, \boldsymbol{e}_\phi$$

とすればよい．そこでポテンシャルとして

$$A_r = 0, \qquad A_\theta = 0, \qquad A_\phi = \frac{\mathcal{B}}{2} r \sin\theta, \qquad e\Phi = \frac{k}{r} \qquad \left(k = \frac{Ze^2}{4\pi\varepsilon_0}\right)$$

をハミルトン関数に代入すれば

$$H = \frac{1}{2m_e}\left\{p_r^2 + \frac{p_\theta^2}{r^2} + \left(\frac{p_\phi}{r\sin\theta} + \frac{e\mathcal{B}}{2} r \sin\theta\right)^2\right\} - \frac{k}{r}$$

を得る．このハミルトン関数を見てすぐ分かるように，ハミルトニアンのなかに ϕ は現れていない．したがって p_ϕ に対する正準方程式により p_ϕ は運動の定数である．

磁場について 2 次の項を無視してよいとするならば，ハミルトン・ヤコビ方程式は

$$\frac{1}{2m_e}\left\{\left(\frac{\partial W}{\partial r}\right)^2 + \frac{1}{r^2}\left(\frac{\partial W}{\partial \theta}\right)^2 + \frac{1}{r^2 \sin^2\theta}\left(\frac{\partial W}{\partial \phi}\right)^2 + e\mathcal{B}\frac{\partial W}{\partial \phi}\right\} - \frac{k}{r} = E$$

E はエネルギーを表す定数である．このハミルトン・ヤコビ方程式を変数分離によって解く．すなわち

$$W = W_1(r) + W_2(\theta) + W_3(\phi)$$

とおいて

$$\frac{dW_3}{d\phi} = \alpha_\phi, \qquad \left(\frac{dW_2}{d\theta}\right)^2 + \frac{\alpha_\phi^2}{\sin^2\theta} = \alpha_\theta^2,$$
$$\left(\frac{dW_1}{dr}\right)^2 + \frac{\alpha_\theta^2}{r^2} = 2m_e\left(E + \frac{k}{r}\right) - \alpha_\phi e\mathcal{B}$$

という 3 つの常微分方程式を解く．ところがこれらの方程式は以前に解いた (12.15), (12.16), (12.17) と同じ形であるから，改めて計算する必要がない．実際，上の方程式は，(12.17) の右辺の $2m_eE$ を $2m_eE - \alpha_\phi e\mathcal{B}$ に置き換えただけ

のものである．よって位相積分は，(12.25), (12.26), (12.27) の計算を利用して

$$J_\phi = 2\pi|\alpha_\phi|, \qquad J_\theta = 2\pi\left(\alpha_\theta - |\alpha_\phi|\right),$$
$$J_r = 2\pi\left(-\alpha_\theta + \frac{im_e k}{\sqrt{2m_e E - \alpha_\phi e\mathcal{B}}}\right)$$

となる．エネルギー E を位相積分で表せば

$$E = -\frac{2m_e\pi^2k^2}{(J_r+J_\theta+J_\phi)^2} + \frac{e\mathcal{B}}{2m_e}\alpha_\phi = -\frac{2m_e\pi^2k^2}{(J_r+J_\theta+J_\phi)^2} \pm \nu_L J_\phi$$

となる．ここで ν_L は，(4.5) で定義されたラーモア振動数であり，複号は $\alpha_\phi > 0$ のときプラス，$\alpha_\phi < 0$ のときマイナスである．

さてここでゾンマーフェルトの量子条件

$$J_r = n_r h, \quad J_\theta = n_\theta h, \quad J_\phi = n_\phi h$$

を課そう．ここで n_r, n_θ, n_ϕ は整数である．この条件によりエネルギー準位は

$$E = -\frac{2m_e\pi^2k^2}{(n_r+n_\theta+n_\phi)^2h^2} \pm n_\phi h\nu_L \tag{15.4}$$

となる．磁場が加わっていない場合と比較すれば，$n_\phi = 1$ の場合は $h\nu_L$ だけ増加あるいは減少する．これらの状態の間で遷移が起これば ν_L の振動数の光が放出される．これが正常ゼーマン効果の説明となる．

15.4　水素型原子におけるシュタルク効果

15.4.1　電場中の原子の出す光

1913 年にシュタルク (J. Stark) は，電場中の水素原子のバルマー線にどのような影響があるのか調べた．水素以外の原子でも，ヘリウムやリチウム等々で電場の及ぼす影響が数年のうちに調べられた．シュタルクの場合，10 万 V/cm の強い電場を掛けるのだが，カナール線管の陰極の穴のすぐ後ろで，陰極に平行に置かれた対電極により，数ミリメートルの空間に強い電場を一様に掛けるようにした．一方イタリアのロ・スルド (Lo Surdo) は，放電管自身の陰極暗部のなかでの電場を用いた．したがって電場は一様にはならないが，定性的な研究には適していた．日本の高嶺俊夫らのグループもロ・スルドの方法を用いて実験を行った．

図 15.4 は，水素原子のバルマー系列 (13.3) のうち，主量子数 $n = 3$ の状態か

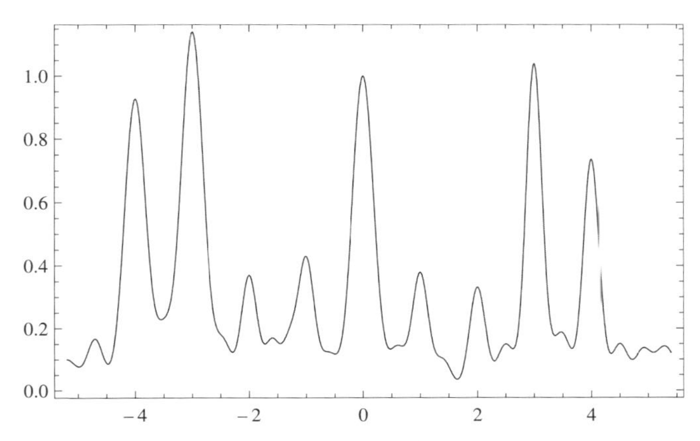

図 15.4　H_α 線のシュタルク効果．横軸は，H_α 線の振動数からのずれを，ある量を単位で表している．縦軸は光の相対的な強度を表す (この図は次の論文のなかの図をもとに作成し直したものである：H. Mark und R. Wierl: *Zeitschrift für Physik*, **55**, 156–163 (1929))．

ら $n=2$ の状態に遷移する場合の，波長 6562.85 Å の光に対するシュタルク効果の実験データである．この波長の光は，分光学では H_α 線と呼ばれる．図 15.4 の横軸は，H_α 線の振動数からのずれを，ある量を単位で表している．縦軸は光の相対的な強度を表す．電場を掛けなければ目盛がゼロの位置にピークが一つあるのみであるが，電場を掛けると図のようにピークが多数に分裂し，ほぼ等間隔に並ぶ．間隔は電場を強くするに従って増大していく．

このスペクトル線の分裂という現象を理論的に解析するには，原子核のクーロン力ならびに一様な電場のもとでの電子の振る舞いを調べることになる．この種の問題では放物線座標を用いれば変数分離が可能になる．じつは天体力学の分野ではヤコビ以来，回転楕円体座標，放物円筒座標，楕円体座標，楕円円筒座標等々，様々な座標系が調べられていた．その方面の事情に通じていれば，シュタルク効果の場合には放物線座標が最善の選択であるという発想は自然に生まれてくるらしい．しかし初学者にとって，放物線座標はやはり高踏的に見える．そこで放物線座標を少し詳しく述べることにする．

15.4.2　放物線座標

3 次元直交座標 (x,y,z) を (ξ,η,φ) を用いて

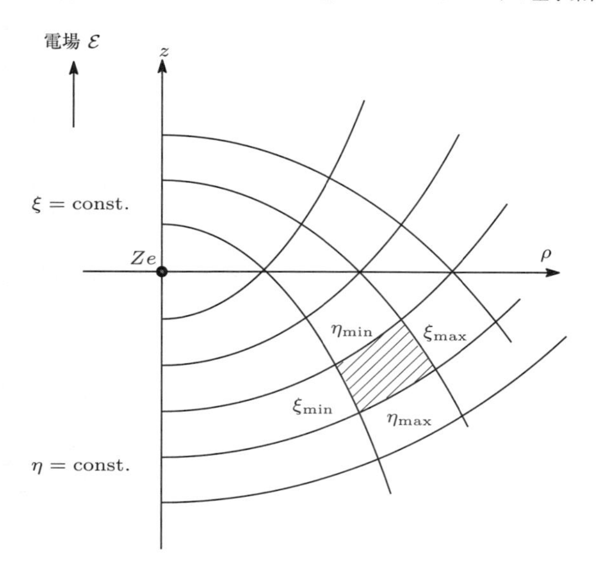

図 15.5 (ρ, z) 平面上で，$\xi =$ 定数，$\eta =$ 定数の曲線群 (放物線) を描いたもの．これらの放物線群は互いに直交している様子が分かる．電子は $(\xi_{\min}, \xi_{\max})$, $(\eta_{\min}, \eta_{\max})$ で囲まれた領域に接するようにして運動する．このように限られた領域での往復運動のことを，天体力学では秤動と呼ぶ．

$$x = \sqrt{\xi\eta}\cos\varphi, \qquad y = \sqrt{\xi\eta}\sin\varphi, \qquad z = \frac{1}{2}(\xi - \eta) \tag{15.5}$$

と書くことにしよう．ここで $\xi \geq 0$, $\eta \geq 0$, $2\pi > \varphi \geq 0$ とする．この関係は，z と $\rho \equiv \sqrt{x^2 + y^2} = \sqrt{\xi\eta}$ を組み合わせて $z + i\rho$ という複素数をつくると

$$z + i\rho = \frac{1}{2}\left(\sqrt{\xi} + i\sqrt{\eta}\right)^2$$

と表すことができて，比較的記憶しやすい．また

$$r = \sqrt{x^2 + y^2 + z^2} = \frac{1}{2}(\xi + \eta)$$

という関係式にも注意しておこう．図 15.5 は (ρ, z) 平面の上で $\xi =$ 定数，$\eta =$ 定数という曲線群を図示したものである．

ラグランジュ関数あるいは運動エネルギーを放物線座標で書くために (15.5) を時間で微分すると

$$\dot{x} = \frac{\dot{\xi}}{2}\sqrt{\frac{\eta}{\xi}}\cos\varphi + \frac{\dot{\eta}}{2}\sqrt{\frac{\xi}{\eta}}\cos\varphi - \sqrt{\xi\eta}\,\dot{\varphi}\sin\varphi$$

$$\dot{y} = \frac{\dot{\xi}}{2}\sqrt{\frac{\eta}{\xi}}\sin\varphi + \frac{\dot{\eta}}{2}\sqrt{\frac{\xi}{\eta}}\sin\varphi + \sqrt{\xi\eta}\,\dot{\varphi}\cos\varphi$$

$$\dot{z} = \frac{1}{2}\left(\dot{\xi} - \dot{\eta}\right)$$

を得る．よって運動エネルギーは

$$
\begin{aligned}
T_{\text{kin}} &= \frac{m_e}{2}\left(\frac{\dot{\xi}}{2}\sqrt{\frac{\eta}{\xi}}\cos\varphi + \frac{\dot{\eta}}{2}\sqrt{\frac{\xi}{\eta}}\cos\varphi - \sqrt{\xi\eta}\,\dot{\varphi}\sin\varphi\right)^2 \\
&\quad + \frac{m_e}{2}\left(\frac{\dot{\xi}}{2}\sqrt{\frac{\eta}{\xi}}\sin\varphi + \frac{\dot{\eta}}{2}\sqrt{\frac{\xi}{\eta}}\sin\varphi + \sqrt{\xi\eta}\,\dot{\varphi}\cos\varphi\right)^2 \\
&\quad + \frac{m_e}{8}\left(\dot{\xi} - \dot{\eta}\right)^2 \\
&= \frac{m_e}{2}\left\{\frac{1}{4}(\xi+\eta)\left(\frac{\dot{\xi}^2}{\xi} + \frac{\dot{\eta}^2}{\eta}\right) + \xi\eta\dot{\varphi}^2\right\}
\end{aligned}
$$

となる．一方クーロン・ポテンシャルと z 軸方向の電場によるポテンシャルを放物線座標で表せば

$$
U = -\frac{k}{r} + e\mathcal{E}z = -\frac{2k}{\xi+\eta} + \frac{e\mathcal{E}}{2}(\xi-\eta) \qquad \left(k = \frac{Ze^2}{4\pi\varepsilon_0}\right)
$$

となる．

これでラグランジュ関数 $L = T_{\text{kin}} - U$ を放物線座標で表す作業が終了したので，通常の手続きに従って ξ, η, φ に正準共役な運動量を求めると

$$
\begin{aligned}
p_\xi &= \frac{\partial L}{\partial \dot{\xi}} = \frac{m_e}{4}(\xi+\eta)\frac{\dot{\xi}}{\xi}, \quad p_\eta = \frac{\partial L}{\partial \dot{\eta}} = \frac{m_e}{4}(\xi+\eta)\frac{\dot{\eta}}{\eta}, \\
p_\varphi &= \frac{\partial L}{\partial \dot{\varphi}} = m_e\xi\eta\dot{\varphi}
\end{aligned}
$$

という表式を得る．よってルジャンドル変換を施して

$$
\begin{aligned}
H &= \dot{\xi}p_\xi + \dot{\eta}p_\eta + \dot{\varphi}p_\varphi - L \\
&= \frac{2}{m_e}\frac{1}{\xi+\eta}\left(\xi p_\xi^2 + \eta p_\eta^2\right) + \frac{1}{2m_e\xi\eta}p_\varphi^2 - \frac{2k}{\xi+\eta} + \frac{e\mathcal{E}}{2}(\xi-\eta)
\end{aligned}
$$

という式でハミルトン関数が与えられる．

以上でハミルトン・ヤコビ方程式を書き下す準備ができた．そこでこの方程式の解を

$$
S = -Et + W(\xi, \eta, \varphi) + C
$$

とおいてハミルトン・ヤコビ方程式に代入すれば

$$\frac{2}{m_e}\left\{\xi\left(\frac{\partial W}{\partial \xi}\right)^2+\eta\left(\frac{\partial W}{\partial \eta}\right)^2\right\}+\frac{1}{2m_e}\left(\frac{1}{\xi}+\frac{1}{\eta}\right)\left(\frac{\partial W}{\partial \varphi}\right)^2 -2k+\frac{e\mathcal{E}}{2}\left(\xi^2-\eta^2\right)=(\xi+\eta)E$$

という方程式が得られる．変数分離の方法でハミルトン・ヤコビ方程式を解きたいので，特性関数が

$$W=W_1(\xi)+W_2(\eta)+W_3(\varphi)$$

という形であるとしよう．そうすると上の偏微分方程式が

$$\frac{2\xi}{m_e}\left(\frac{dW_1}{d\xi}\right)^2+\frac{\alpha_2^2}{2m_e\xi}-k+\frac{e\mathcal{E}}{2}\xi^2-\xi E=\alpha_1$$

$$\frac{2\eta}{m_e}\left(\frac{dW_2}{d\eta}\right)^2+\frac{\alpha_2^2}{2m_e\eta}-k-\frac{e\mathcal{E}}{2}\eta^2-\eta E=-\alpha_1$$

$$\frac{dW_3}{d\varphi}=\alpha_2$$

という 3 つの常微分方程式に書き換えられる．$\alpha_1, \alpha_2, \alpha_3$ は定数である．

記号を整理する目的も兼ねて，正準共役運動量を

$$p_\xi=\frac{dW_1}{d\xi}=\sqrt{f_1(\xi)},\qquad p_\eta=\frac{dW_2}{d\eta}=\sqrt{f_2(\eta)},\qquad p_\varphi=\frac{dW_3}{d\varphi}=\alpha_2$$

と書くことにする．ここで

$$f_1(\xi)=\left(\frac{m_e}{2\xi}\right)\left\{(k+\alpha_1)-\frac{e\mathcal{E}}{2}\xi^2+\xi E-\frac{\alpha_2^2}{2m_e\xi}\right\}$$

$$f_2(\eta)=\left(\frac{m_e}{2\eta}\right)\left\{(k-\alpha_1)+\frac{e\mathcal{E}}{2}\eta^2+\eta E-\frac{\alpha_2^2}{2m_e\eta}\right\}$$

という関数を導入した．α_2 は φ 軸のまわりの角運動量の大きさという意味を持つ．位相積分は

$$J_\xi=\oint p_\xi\,d\xi=\oint d\xi\sqrt{f_1(\xi)},\quad J_\eta=\oint p_\eta\,d\eta=\oint d\eta\sqrt{f_2(\eta)},$$

$$J_\varphi=\oint p_\varphi\,d\varphi=2\pi|\alpha_2|$$

というものであり，積分は 1 周期にわたって行う．J_φ の積分結果に絶対値が付いているのは，$p_\varphi>0$ のときは $\varphi=0$ から $\varphi=2\pi$ までの積分，$p_\varphi<0$ のときは $\varphi=0$ から $\varphi=-2\pi$ までの積分としたからである．

15.4.3 電場による電子のエネルギーのずれ

位相積分 J_ξ, J_η を実行するのに必要な公式は，付録 A に整理してある．これらの積分は (A.5) のタイプである．公式 (A.6) を用いると，J_ξ, J_η は

$$
\begin{aligned}
J_\xi &= \oint d\xi \sqrt{f_1(\xi)} \\
&= 2\pi\Biggl\{ -\frac{|\alpha_2|}{2} + \frac{i\sqrt{2m_e}}{4\sqrt{E}}(k+\alpha_1) - \frac{i\sqrt{2m_e}}{8\sqrt{E}} e\,\mathcal{E}\left(\frac{3(k+\alpha_1)^2}{8E^2} + \frac{\alpha_2^2}{4m_e E}\right)\Biggr\} \\
&\quad +\mathcal{O}(\mathcal{E}^2)
\end{aligned}
\tag{15.6}
$$

$$
\begin{aligned}
J_\eta &= \oint d\eta \sqrt{f_2(\eta)} \\
&= 2\pi\Biggl\{ -\frac{|\alpha_2|}{2} + \frac{i\sqrt{2m_e}}{4\sqrt{E}}(k-\alpha_1) + \frac{i\sqrt{2m_e}}{8\sqrt{E}} e\,\mathcal{E}\left(\frac{3(k-\alpha_1)^2}{8E^2} + \frac{\alpha_2^2}{4m_e E}\right)\Biggr\} \\
&\quad +\mathcal{O}(\mathcal{E}^2)
\end{aligned}
\tag{15.7}
$$

となる．

電場 $\mathcal{E}$ がゼロの場合は，(15.6)，(15.7) からエネルギー E を求めることは容易である．実際 (15.6) と (15.7) を辺々足し算し，$J_\varphi = 2\pi\alpha_2$ を代入すれば

$$
\begin{aligned}
J_\xi + J_\eta &= -2\pi|\alpha_2| + \frac{i\pi\sqrt{2m_e}}{\sqrt{E}}k + \mathcal{O}(\mathcal{E}) \\
&= -J_\varphi + \frac{i\pi\sqrt{2m_e}}{\sqrt{E}}k + \mathcal{O}(\mathcal{E})
\end{aligned}
\tag{15.8}
$$

となるが，これからエネルギーは

$$
E = -\frac{2m_e\pi^2k^2}{(J_\xi + J_\eta + J_\varphi)^2} + \mathcal{O}(\mathcal{E}) \tag{15.9}
$$

と求められる．これは以前に 3 次元極座標で計算した (12.29) と同じ形である．

それではエネルギーに対する電場 $\mathcal{E}$ の 1 次の効果，いわゆる **1 次シュタルク効果**を計算しよう．方法としては，(15.6)，(15.7) から α_1 を消去すればよい．そのために (15.6) から (15.7) を辺々引き算して (15.8) を用いれば

$$
\begin{aligned}
(J_\xi - J_\eta) &= \frac{i\pi\sqrt{2m_e}}{\sqrt{E}}\alpha_1 + \mathcal{O}(\mathcal{E}) \\
&= \frac{1}{k}(J_\xi + J_\eta + J_\varphi)\,\alpha_1 + \mathcal{O}(\mathcal{E})
\end{aligned}
$$

となって，α_1 が $\mathcal{E}$ の 0 次の近似で次のように求められる：

$$\alpha_1 = \frac{k\,(J_\xi - J_\eta)}{(J_\xi + J_\eta + J_\varphi)} + \mathcal{O}\,(\mathcal{E}) \tag{15.10}$$

次に (15.6), (15.7) を両辺足し算して，$\mathcal{E}$ の 1 次の項までを残せば

$$(J_\xi + J_\eta) = -J_\varphi + \frac{i\pi\sqrt{2m_e}}{\sqrt{E}}k - \frac{i\pi\sqrt{2m_e}}{4\sqrt{E}}e\,\mathcal{E} \times \frac{3}{2E^2}k\alpha_1 + \mathcal{O}\big(\mathcal{E}^2\big)$$

となる．この式の右辺で α_1 を含む項は，$\mathcal{E}$ について 1 次であるから，$\mathcal{E}$ の 1 次の近似の範囲内では α_1 に対して (15.10) を用いてよい．(15.10) を代入して E について $\mathcal{E}$ の 1 次の近似の範囲内で解けば，最終的に

$$E = -\frac{2m_e\pi^2k^2}{(J_\xi + J_\eta + J_\varphi)^2} - \frac{3}{8m_e\pi^2k}e\,\mathcal{E}(J_\eta - J_\xi)(J_\xi + J_\eta + J_\varphi) + \mathcal{O}\big(\mathcal{E}^2\big)$$

が得られる．この式の右辺第 2 項が $\mathcal{O}\,(\mathcal{E})$ の近似での電子のエネルギーのずれを表している．

それではいよいよゾンマーフェルトの量子条件

$$J_\xi = n_\xi h, \qquad J_\eta = n_\eta h, \qquad J_\varphi = 2\pi|\alpha_2| = n_\varphi h \tag{15.11}$$

を課すことにしよう．n_ξ, n_η, n_φ は整数である．(15.11) をエネルギーの式に代入すると

$$\begin{aligned} E = &-\frac{2m_e\pi^2k^2}{(n_\xi + n_\eta + n_\varphi)^2h^2} \\ &-\frac{3h^2}{8m_e\pi^2k}e\,\mathcal{E}(n_\eta - n_\xi)(n_\xi + n_\eta + n_\varphi) + \mathcal{O}\big(\mathcal{E}^2\big) \end{aligned} \tag{15.12}$$

を得る．(15.12) の 2 行目のエネルギーのずれが，プランク定数 h について 2 次であることを注意しておこう．このことは，ゼーマン効果によるエネルギー準位のずれ，(15.4) の第 2 項が h について 1 次であることと対照的である．ゼーマン効果の場合にはプランク定数を除いたラーモア振動数については，4.2 節のような古典力学による説明が可能であったが，シュタルク効果によるエネルギー準位のずれは h の 2 次であるがゆえに，古典的な説明を難しくしている．

15.4.4　2 次のシュタルク効果

放物線座標を用いたシュタルク効果の理論的解析は，1916 年頃，シュヴァルツシルド (K. Schwarzschild) とエプシュタイン (P. S. Epstein) によって，互いに独立に遂行された．シュヴァルツシルドはポツダムの天文台長でもあり，一般相対

性理論におけるアインシュタイン方程式の解を発見したことでも知られる．シュヴァルツシルドの解はブラックホール研究の嚆矢であった．彼はシュタルク効果の研究を行っていた当時既に病に罹っていて，「量子仮説について」と題する彼のシュタルク効果の論文が出版された日，1916 年 5 月 11 日に黄泉の国に旅立ってしまった．42 年の短い生涯の最後の数ヵ月の間に書き遺した 2 つの論文が，アインシュタイン方程式の解に関するものと，シュタルク効果に関するものであった．

一方のエプシュタインは，ミュンヘンで学位を取得後しばらくはヨーロッパで過ごしたのち，アメリカのカリフォルニア工科大学に移った．そして彼はそこで波動力学の出現を知る．エプシュタインはただちにシュタルク効果の場合のシュレーディンガー方程式

$$\left\{-\frac{\hbar^2}{2m_e}\nabla^2-\frac{k}{r}+e\mathcal{E}z\right\}\psi(\boldsymbol{r})=E\psi(\boldsymbol{r}),\quad k=\frac{Ze^2}{4\pi\varepsilon_0} \tag{15.13}$$

を，シュレーディンガーとは独立に解いて固有値 E を求め，1 次シュタルク効果についてはゾンマーフェルトの量子条件と同じ結果 (15.12) が得られることを確認するのであった．(15.13) を解くにあたって，エプシュタインもシュレーディンガーも放物線座標を用いている．球座標を用いると，摂動が加わらない $\mathcal{E}=0$ のときのエネルギー準位の縮退による計算の複雑さが避けられなくなるが，放物線座標ではこの種の困難は取り除かれていて都合がよい．

電場について 2 次の部分，すなわち **2 次シュタルク効果**については，ゾンマーフェルトの量子条件 (15.11) とシュレーディンガー方程式 (15.13) は，じつは微妙に食い違う結果を与える [*1)]．実験家はさらに強い電場を発生させる装置をつくり，2 次のシュタルク効果を議論できるような精密なデータを提供した．データとの詳細な比較検討の結果，実験と一致するのはシュレーディンガー方程式の方であることが判明した．(15.11) は，(15.13) に取って代わられるべきものであった．ついでながら，2 次シュタルク効果を議論できるような精密な実験研究に関しては，西欧の研究者の貢献もさることながら，日本人物理学者も大いに活躍したことを追記しておこう．

ゾンマーフェルトの量子条件が "過渡期の時代の理論" であることは，そもそも周期的な力学系にしか使えないという欠陥もさることながら，例えばヘリウム

---

*1) 詳しい計算は，例えば次の文献を参照して頂きたい．A. Sommerfeld: "Atombau und Spektrallinien I. Band" (*Friedr. Vieweg und Sohn Akt.-Ges.*, Braunschweig, 1931), 694–696，日本語訳：『原子構造とスペクトル線 I (上) (下)』(増田秀行訳，講談社，1973), 759–762.

原子の励起状態について，分光学の実験と一致する結果が得られないことからも明らかになった.

15.4.5 座標系選択の問題

シュタルク効果の分析で電場 $\mathcal{E}$ をゼロとおけば，全ての数式は普通のケプラー問題を取り扱ったものになる．我々はケプラー問題を 15.2 節では極座標で，15.4 節では放物線座標で取り扱ったことになる．放物線座標の場合のエネルギー準位は，(15.12) で $\mathcal{E}=0$ とおいた

$$-\frac{2m_e\pi^2k^2}{(n_\xi+n_\eta+n_\varphi)^2h^2}$$

となる．この公式は 15.2 節で得られた (15.3) と同じエネルギー準位を与えるので，その意味ではもっともらしい結果が得られたといえる.

もっともらしい結果が得られたのにはじつは理由がある．それは (10.17), (10.18) のところでも述べたように，位相積分の総和が

$$2\oint T_{\rm kin}dt=\sum_r\oint p_r\dot{q}_r\,dt=J_r+J_\theta+J_\phi=J_\xi+J_\eta+J_\varphi \qquad (15.14)$$

となって，じつは座標系のとり方に依存しないからである．楕円軌道の長軸の長さ (12.30) や，周期 (12.33) もまた (15.14) で表されているので座標系のとり方に依存しないことが分かる.

ところが楕円軌道の短軸の長さ (12.32) や離心率 (12.31) の場合はそうはいかない．量子条件を課してこれらの値を量子化する方法は，座標系のとり方に依存してしまう．極座標における量子条件 (15.2) ならびに放物座標における量子条件 (15.11) は，電子の軌道全体のなかから異なる楕円軌道を選び出していることになる．このような座標系依存性は縮退している力学系で特徴的に現れる．量子条件を課す際に，座標系選択の任意性が潜んでいるのだ．そのような理由によりゾンマーフェルトの量子条件は，少なくとも縮退している力学系では論理的に満足のいくものではなく，過渡期の時代の理論という性格のものであった．量子力学ではこのような不満足な点は完全に取り除かれている．実際エネルギー準位のような観測可能量は量子力学でもちろん計算できる．しかし電子を粒子として追跡することはできないのだから，電子の軌道の形，例えば楕円軌道の離心率などは観測不可能な量であり，そういう量は量子力学ではそもそも計算できないのである.

16 角変数と作用変数

シュヴァルツシルドとエプシュタインが提示した 15.4 節の計算方法は，シュタルク効果という特殊な問題を調べただけのように見えるが，じつは角変数と作用変数を導入する一般的手法を提供しており，解析力学の技術面に新しい要素をつけ加えている．角変数と作用変数の一般論を展開しよう．

16.1 補　　　題

一般的に $2n$ 個の力学変数 $(q_1, \cdots, q_n, p_1, \cdots, p_n)$ で記述される力学系を考える．ハミルトン・ヤコビ方程式

$$H\left(q_r, \frac{\partial S}{\partial q_s}\right) + \frac{\partial S}{\partial t} = 0$$

の解として，次の形のもの

$$S\left(q_1, \cdots, q_n, \alpha_1, \cdots, \alpha_{n-1}, E\right) = W\left(q_1, \cdots, q_n, \alpha_1, \cdots, \alpha_{n-1}, E\right) - Et + C$$

が求まったとしよう．ここで n 個の定数のうちの 1 つは，エネルギーを表す量 E であるとする．ハミルトン・ヤコビ方程式は

$$H\left(q_r, \frac{\partial W}{\partial q_s}\right) = E \tag{16.1}$$

という形になる．

ハミルトン・ヤコビ方程式 (16.1) の両辺を E で微分していかなる知見が得られるかを述べよう．右辺を E で微分すればもちろん 1 であるが，左辺を微分すると

$$\begin{aligned}\frac{\partial}{\partial E} H\left(q_r, \frac{\partial W}{\partial q_s}\right) &= \sum_{s=1}^{n} \frac{\partial H}{\partial(\partial W/\partial q_s)} \frac{\partial}{\partial E}\left(\frac{\partial W}{\partial q_s}\right) \\ &= \sum_{s=1}^{n} \frac{\partial H\left(q_r, p_s\right)}{\partial p_s} \frac{\partial}{\partial q_s}\left(\frac{\partial W}{\partial E}\right) \\ &= \sum_{s=1}^{n} \frac{dq_s}{dt} \frac{\partial}{\partial q_s}\left(\frac{\partial W}{\partial E}\right) \\ &= \frac{d}{dt}\left(\frac{\partial W}{\partial E}\right)\end{aligned}$$

を得る．ここで正準方程式を用いていることを注意しておこう．これが 1 に等しいことから

$$\frac{\partial W}{\partial E} = t + \beta_0 \qquad (\beta_0 = \text{constant})$$

という関係を得る．β_0 は定数である．これが提示したかった補題である．これは

$$\beta_0 = \frac{\partial S}{\partial E}$$

が定数であることと同じ内容の式である．S あるいは W を他の定数 $(\alpha_1, \cdots, \alpha_{n-1})$ で微分した量

$$\beta_r = \frac{\partial W}{\partial \alpha_r} = \frac{\partial S}{\partial \alpha_r} \qquad (r = 1, \cdots, n-1)$$

も，ヤコビの積分法に従って定数である．

16.2　変数分離可能な場合

さて以下では変数分離が可能な場合に議論を限定しよう．すなわち W が，変数ごとの n 個の関数の和

$$W = \sum_{r=1}^{n} W_r\left(q_r, \alpha_1, \cdots, \alpha_{n-1}, E\right)$$

と書けて，ハミルトン・ヤコビ方程式が n 個の常微分方程式

$$p_r = \frac{\partial W_r}{\partial q_r} = \sqrt{f_r\left(q_r, \alpha_1, \cdots, \alpha_{n-1}, E\right)} \qquad (r = 1, \cdots, n)$$

に帰着できることを仮定しよう．W_r の形式的な解は，単純に積分して

$$W_r = \int dq_r \sqrt{f_r\left(q_r, \alpha_1, \cdots, \alpha_{n-1}, E\right)}$$

となるので，ヤコビの求積法で現れる定数は

$$\beta_s = \frac{\partial W}{\partial \alpha_s} = \frac{1}{2}\sum_{r=1}^{n}\int dq_r\,\frac{1}{\sqrt{f_r}}\frac{\partial f_r}{\partial \alpha_s} \qquad (s=1,\cdots,n-1)$$

$$t+\beta_0 = \frac{\partial W}{\partial E} = \frac{1}{2}\sum_{r=1}^{n}\int dq_r\,\frac{1}{\sqrt{f_r}}\frac{\partial f_r}{\partial E} \tag{16.2}$$

と書き表せることが分かる．

以下では各変数ごとに多重に周期運動する場合を考察する．すなわち各 r について $f_r \geq 0$ を満たす領域が有限の領域であり，力学変数 q_r はこの領域のなかを一定の周期で運動するものとする．作用変数は，1 周期にわたる積分

$$\begin{aligned} J_r &= \oint dq_r p_r = \oint dq_r\,\frac{\partial W}{\partial q_r} = \oint dq_r\,\sqrt{f_r\left(q_r,\alpha_1,\cdots,\alpha_{n-1},E\right)} \\ &= J_r\left(\alpha_1,\cdots,\alpha_{n-1},E\right) \end{aligned}$$

によって定義する．作用変数 J_r は“変数”ではあるが，運動方程式の結果，時間に依存しない定数になることがあとで示される．

次に (16.2) の右辺に現れる積分を 1 周期に限定したものを

$$\gamma_{rs} \equiv \frac{\partial J_r}{\partial \alpha_s} = \frac{1}{2}\oint dq_r\,\frac{1}{\sqrt{f_r}}\frac{\partial f_r}{\partial \alpha_s} \qquad (s=1,\cdots,n-1)$$

$$\gamma_{r0} \equiv \frac{\partial J_r}{\partial E} = \frac{1}{2}\oint dq_r\,\frac{1}{\sqrt{f_r}}\frac{\partial f_r}{\partial E}$$

という記号で定義することにしよう．そして角変数 $(w_1,\cdots,w_n)$ を

$$\beta_s = \sum_{r=1}^{n} w_r\gamma_{rs} \qquad (s=1,\cdots,n-1)$$

$$t+\beta_0 = \sum_{r=1}^{n} w_r\gamma_{r0} \tag{16.3}$$

という代数方程式の解として定義する．この方程式から明らかなように，w_r は時間に関して 1 次，すなわち

$$w_r = \nu_r t + \text{constant} \tag{16.4}$$

という形になる．ν_r は定数である．

W は $(q_1,\cdots,q_n,\alpha_1,\cdots,\alpha_{n-1},E)$ の関数であったが，$(q_1,\cdots,q_n,J_1,\cdots,J_n)$ の関数と見なすこともできるので，それをあらためて

$$W = W(q_1, \cdots, q_n, J_1, \cdots, J_n) \tag{16.5}$$

と書くことにしよう．このとき，角変数は

$$w_r \equiv \frac{\partial W}{\partial J_r} \tag{16.6}$$

によって定義してもよい．実際 (16.6) は代数方程式 (16.3) の解である．このことは (16.2) を

$$\beta_s = \sum_{r=1}^{n} \frac{\partial W}{\partial J_r}\frac{\partial J_r}{\partial \alpha_s} = \sum_{r=1}^{n} \frac{\partial W}{\partial J_r}\gamma_{rs} \qquad (s = 1, \cdots, n-1)$$

$$t + \beta_0 = \sum_{r=1}^{n} \frac{\partial W}{\partial J_r}\frac{\partial J_r}{\partial E} = \sum_{r=1}^{n} \frac{\partial W}{\partial J_r}\gamma_{r0}$$

のように変形してみると分かる．

16.3　角変数，作用変数への正準変換

調和振動子の場合の角変数，作用変数への正準変換は既に 11.6 節で論じ，その効用については 14.5 節で述べた．一般に多数の力学変数が周期運動をする場合についても，変数変換

$$(q_1, \cdots, q_n, p_1, \cdots, p_n) \to (w_1, \cdots, w_n, J_1, \cdots, J_n) \tag{16.7}$$

が正準変換であることを以下に示そう．

(16.5) のように W を $(q_1, \cdots, q_n, J_1, \cdots, J_n)$ の関数と見なした場合，これらの変数についての W の微分は

$$dW = \sum_{r=1}^{n} \frac{\partial W}{\partial q_r}dq_r + \sum_{r=1}^{n} \frac{\partial W}{\partial J_r}dJ_r = \sum_{r=1}^{n} p_r dq_r + \sum_{r=1}^{n} w_r dJ_r$$

となる．そこでラグランジュ関数の積分を

$$\begin{aligned}
\int \left(\sum_{r=1}^{n} p_r dq_r - Hdt\right) &= \int \left(-\sum_{r=1}^{n} w_r dJ_r - Hdt + dW\right) \\
&= \int \left\{\sum_{r=1}^{n} J_r dw_r - Hdt + dW - \sum_{r=1}^{n} d(w_r J_r)\right\} \\
&= \int \left\{\sum_{r=1}^{n} J_r dw_r - Hdt + d\left(W - \sum_{r=1}^{n} w_r J_r\right)\right\}
\end{aligned}$$

と書いてみれば分かるように，$\overline{W}$ という関数

$$\begin{aligned}\overline{W} &\equiv W(q_1,\cdots,q_n,J_1,\cdots,J_n)-\sum_{r=1}^{n}w_rJ_r \\ &=\overline{W}(q_1,\cdots,q_n,w_1,\cdots,w_n)\end{aligned} \tag{16.8}$$

は $(q_1,\cdots,q_n,p_1,\cdots,p_n)\to(w_1,\cdots,w_n,J_1,\cdots,J_n)$ という正準変換を生成している．w_r が座標変数，J_r が運動量変数になっている．$\overline{W}$ が J_r に依存しないことは，実際に J_r で微分してみれば明らかであり，

$$p_r=\frac{\partial\overline{W}}{\partial q_r},\quad J_r=-\frac{\partial\overline{W}}{\partial w_r} \tag{16.9}$$

という関係式が導ける．ここで $\overline{W}$ は時間に陽には依存していないので，ハミルトン関数 H は変換しない．したがって正準方程式は

$$\frac{dw_r}{dt}=\frac{\partial H}{\partial J_r}=\nu_r,\quad \frac{dJ_r}{dt}=-\frac{\partial H}{\partial w_r}=0 \tag{16.10}$$

となる．ν_r は (16.4) に登場した定数である．(16.10) の 2 番目の方程式は，ハミルトン関数が $(w_1,\cdots,w_n)$ に依存しないこと，したがって

$$H=H\left(J_1,\cdots,J_n\right) \tag{16.11}$$

という形であることを意味している．

最後になってしまったが，重要な事実として座標変数が 1 周期の運動をすると，角変数は 1 だけ増大することを述べておこう．q_k だけが 1 周し，他の q_s は一定に保たれているとする．(16.6) により

$$\frac{\partial w_r}{\partial q_k}=\frac{\partial}{\partial q_k}\left(\frac{\partial W}{\partial J_r}\right)=\frac{\partial}{\partial J_r}\sum_{s=1}^{n}\left(\frac{\partial W_s}{\partial q_k}\right)=\frac{\partial}{\partial J_r}\left(\frac{\partial W_k}{\partial q_k}\right)$$

であるから，q_k だけが 1 周したことによる w_r の変化 Δw_r は

$$\Delta w_r=\frac{\partial}{\partial J_r}\oint dq_k\frac{\partial W_k}{\partial q_k}=\frac{\partial}{\partial J_r}\oint dq_kp_k=\frac{\partial J_k}{\partial J_r}=\delta_{kr} \tag{16.12}$$

となる．(16.4) の右辺の ν_r は，q_r の運動の周期の逆数，すなわち振動数なのである．(16.12) を考慮すると，$\overline{W}(q_1,\cdots,q_n,w_1,\cdots,w_n)$ は w_r について周期 1 の周期関数であることが分かる．実際 q_k が 1 周期進むと $W(q_1,\cdots,q_n,J_1,\cdots,J_n)$ は J_k だけ増大するが，w_k も 1 だけ増大し，(16.8) により $\overline{W}$ 自身は元の値に戻る．

16.4 多重周期運動

物質中の電子が感じるポテンシャルは複雑なものであろうが，電子はそのなかで周期運動をしている．その周期は運動モードごとに異なり，多種多様な振動運動，多重の周期運動になっている．(16.9) の正準変換により，角変数 w_r，作用変数 J_r が定義されて次の条件が満たされるとき，その運動のことを**多重周期運動**という．

(1) 各力学変数 q_r は角変数 w_s の周期 1 の周期関数になっていて

$$q_r = \sum_{\tau_1=-\infty}^{+\infty} \cdots \sum_{\tau_n=-\infty}^{+\infty} \widetilde{q}_r(\tau_1, \cdots, \tau_n) e^{2\pi i(\tau_1 w_1 + \cdots + \tau_n w_n)}$$

とフーリエ級数に展開できる．ここで $\tau_1, \cdots, \tau_n$ は整数である．

(2) ハミルトン関数は (16.11) のように，作用変数のみに依存し，角変数を含まない (したがって正準方程式により作用変数 J_r は定数である)．

(3) (16.8) の $\overline{W}$ もまた w_r について周期 1 の周期関数である．

これら 3 つの条件が満たされているとき，一般には角変数と作用変数が一意的に決定できる．一意的にならない例外的な場合というのは，運動が縮退あるいは縮重しているときである．運動が縮退していないとは，(16.10) で定義される振動数 ν_r，ならびに任意の整数の組 $(\tau_1, \cdots, \tau_n)$ に対して

$$\tau_1\nu_1 + \cdots + \tau_n\nu_n \neq 0$$

が満たされている場合である．

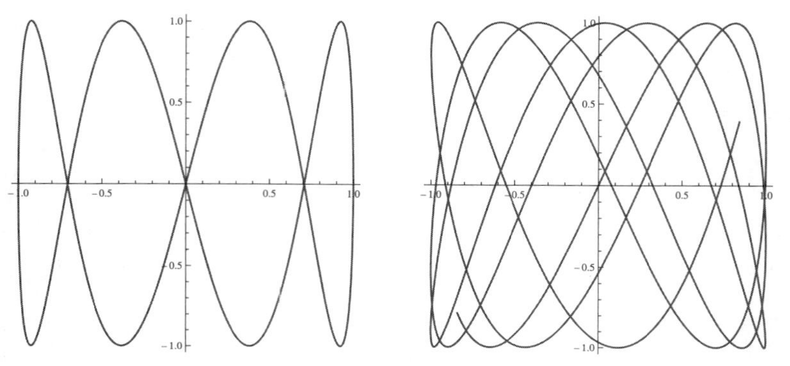

図 16.1 左の図は $(\sin t, \sin(4t))$，右の図は $(\sin t, \sin(\sqrt{5}t))$ を描いたもの．

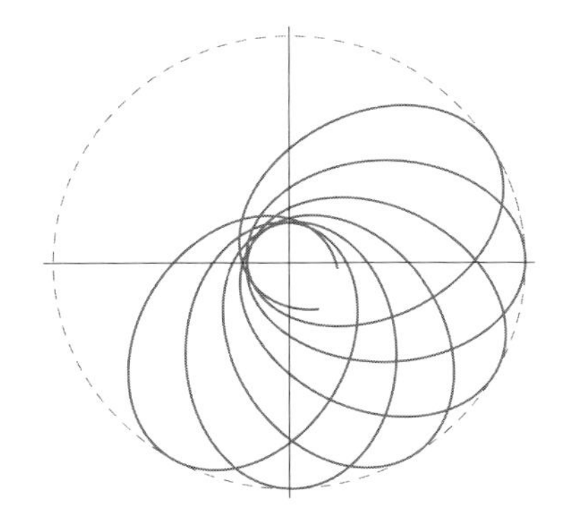

図 16.2　ケプラー運動に小さな摂動，例えば $1/r^3$ に比例する力が加わった場合，軌道はもはや楕円軌道ではなく，左の図のようになる．動径方向，角度方向の運動はそれぞれ周期的でも，その 2 つの周期は一般には一致せず，周期の比が有理数でなければ軌道は閉じなくなる．

図 16.1 のような 2 次元調和振動子の場合，左の図においては縦方向と横方向の振動数が有理数比になっていて軌道が縮退している．右の図では振動数の比が $1:\sqrt{5}$ で，軌道は縮退していない．この図を眺めていると，縮退あるいは縮重という言葉の持つ意味が感覚的に理解できるのではなかろうか．

16.5　作用変数の断熱不変性

考えている系があるパラメータ a に依存するとし，a が限りなくゆっくりと変化するとしよう．そのような過程のもとで不変な量のことを (第 14 章の冒頭でも述べたように) 断熱不変量と呼ぶ．ここでは作用変数が断熱不変量であることを示す．この力学系は

$$\frac{dp_r}{dt} = -\frac{\partial H}{\partial q_r}, \quad \frac{dq_r}{dt} = \frac{\partial H}{\partial p_r} \qquad (r = 1, \cdots, n)$$

というハミルトンの正準方程式によって記述されるが，ハミルトン関数 H は，q_r，p_r のみならず a の関数でもある．ハミルトン・ヤコビ方程式の解 (16.5) も

$$W = W(q_1, \cdots, q_n, J_1, \cdots, J_n, a)$$

のように a に依存することとなる．作用変数，角変数は

$$J_r = \oint dq_r p_r = \oint dq_r \frac{\partial W}{\partial q_r}, \quad w_r = \frac{\partial W}{\partial J_r}$$

と書けることは以前と同様であり，(16.7) の正準変換を与えるのは

$$\overline{W} = W(q_1, \cdots, q_n, J_1, \cdots, J_n, a) - \sum_{r=1}^{n} w_r J_r$$
$$= \overline{W}(q_1, \cdots, q_n, w_1, \cdots, w_n, a)$$

である．(16.9) もそのまま成り立つ．

さて J_r の時間変化を調べよう．パラメータ a がゆっくりと変化するので J_r ももはや定数ではない．正準方程式をそのまま書くと

$$\frac{dJ_r}{dt} = -\frac{\partial}{\partial w_r}\left(H + \frac{\partial \overline{W}}{\partial t}\right) = -\frac{\partial}{\partial w_r}\left(\frac{\partial \overline{W}}{\partial a}\frac{da}{dt}\right)$$

となる．ここで H は J_r のみを含み，w_r で微分するとゼロになることを用いている．$a = a(t)$ は時間 t に陽に依存するので，$a(t)$ の時間変化が J_r の時間的変化を規定している．話を単純化するために，$a(t)$ の時間変化を線形とし

$$a(t) = \frac{\gamma}{T}t + a(0)$$

とする．γ は定数であり，T は時間の次元を持った量とする．時刻 $t = 0$ から時刻 $t = T$ までの経過ののちの J_r の変化は

$$J_r(T) - J_r(0) = \int_0^T dt\, \frac{dJ_r}{dt} = -\frac{\gamma}{T}\int_0^T dt\, \frac{\partial}{\partial w_r}\left(\frac{\partial \overline{W}}{\partial a}\right) \tag{16.13}$$

となる．ここで $\overline{W}$ が w_r について周期 1 の周期関数であることを思い起こそう．(16.13) の被積分関数も w_r について周期 1 の周期関数であるはずだから，フーリエ級数に展開して

$$\frac{\partial}{\partial w_r}\left(\frac{\partial \overline{W}}{\partial a}\right) = \sum_{k_s=-\infty}^{+\infty} A_{k_1\cdots k_n}(a) e^{2\pi i(k_1 w_1 + \cdots + k_n w_n)} \tag{16.14}$$

と書くことができる．ここでこの周期運動は断熱変化の過程において，縮退していないと仮定する．すなわち，いかなる整数の組 $(k_1, \cdots, k_n)$ に対しても，$e^{2\pi i(k_1 w_1 + \cdots + k_n w_n)}$ が時間 t によらない定数にはならないとする．したがって (16.13) の積分の結果，T に比例して増大するような項は現れず，T について振動する項のみである．積分した結果は T に関して有界であり，$T \to +\infty$ という極限では $J_r(T) \to J_r(0)$ となる．これは作用変数が断熱不変量であることを意味している．ここに述べた断熱不変性の証明は，1917 年頃，エーレンフェストのもとで研鑽を積んでいたバージャース (J.M. Burgers) によって与えられた．

16.6　角変数，作用変数の価値

角変数や作用変数を用いることの意義について述べておこう．古典力学の本来の問題は，ニュートンの運動方程式を解いて力学変数の時間依存性 $q_r = q_r(t)$, $p_r = p_r(t)$ を決定することであった．ところが角変数，作用変数の場合，その時間依存性はじつに単純である．(16.10) が示すように，w_r は時間について 1 次式であり，J_r は時間に依存しない定数なのである．角変数，作用変数を用いて力学の問題を解く場合，問題解法の技術的な部分は，(微分方程式を解く作業ではなくて) 角変数，作用変数への変数変換を見つける部分に集約される．

天文学においては，天体の運動の時々刻々の変化よりも，周期運動の周期に興味がおかれる場合がある．そのような場合には，角変数と作用変数を用いると都合がよい．秤動と呼ばれる現象がその例になっている．例えば月はいつも同じ面を地球に向けているように見えるが，よく観察すると，地球から見て上下左右にわずかに振動している．この場合，月の時々刻々の振動よりも振動の周期に関心がある．また小惑星のうちトロヤ群と呼ばれるものは，太陽，木星の引力と周回運動の遠心力がちょうどうまく釣り合って準平衡の状態にある．しかしよく観測してみると平衡点の周辺を微小に振動している．そのような振動では，詳細な運動の様子よりも周期運動の周期に興味がある．そういう場合に作用変数と角変数の手法が大いに有用になる．

原子物理学の世界で角変数，作用変数を用いることの意義も，じつは似たような状況にある．原子内部の電子の場合，その軌道運動の時間依存性を知ったところで比べるべき観測データなど存在しない．原子物理学のデータは原子が出す光の波長，振動数であり，原子のエネルギー状態である．そういう状況のもとでは (16.11) の J_r への依存性が重要になってくる．なぜなら (16.10) の第 1 式で決まる電子の軌道運動の振動数，ならびにその整数倍の振動数の光を，原子が放出すると予想されるからだ．電子の軌道運動の振動数は観測できないけれども，放出される光の振動数は観測可能量であり，この章で述べた方法は，観測可能量を用いて理論を構築するのに適合する可能性を秘めている．

1910 年代から 1920 年代にかけて，物理学者達は角変数，作用変数を用いる解析力学の技術を原子の世界に使える形に練り上げ，ミクロの世界を解明しようと努力を重ねていた．そういう努力を極限まで推し進めた結果，一部の物理学者の脳裏には「電子の軌道を論じるのは無意味で，観測可能量だけで理論を建設しよう」という哲学がごく自然に芽生えたようである．第17章では，角変数，作用変数を用いた古典力学の摂動論に，ある種の対応論的読み替えを施せば量子力学に移行できることを示す．それは観測可能量のみが登場する量子力学的な摂動論の公式になっている．その読み替えの規則を原理・原則の形にまとめ上げて誕生したのが第18章で説明する行列形式の量子力学であった．

一方でいったん量子力学が完成されると，角変数，作用変数を用いた解析力学的な手法があまり顧みられなくなったのも事実であった．量子力学を用いて原子・分子の現象を解明することが緊急の課題であったのだから，それは当然のことでもあった．しかし量子力学的な計算の結果を古典的な言葉で解釈する際には，やはり角変数，作用変数を用いた手法が有効であることは頭の片隅に残しておこう．

17 古典力学における摂動論と量子力学

15.3節におけるゼーマン効果の分析では磁場について1次の近似を用い，15.4節のシュタルク効果の分析でも電場について1次近似にとどめた．このように正確に解ける場合を出発点にして，そこからのずれが小さいと仮定して近似的に運動方程式を解く方法を，**摂動法**あるいは**摂動論**と呼ぶ *1)．量子力学でもやはり摂動論が知られているのだが，じつは古典力学と量子力学の摂動計算には類似している面がある．その類似性は古典力学と量子力学の関係を理解する上で大変に教訓的であることをこの章で学ぶ．第16章で議論した角変数，作用変数という道具が，摂動論の展開において不可欠なものであることを読者は痛感するだろう．

17.1 分子による光の吸収と放出

古典力学における摂動論を議論するために，分散という具体的な現象を取り上げよう．分散とは，分子に電磁波を照射するとそれによって分子が励起状態になり，次に他の状態に遷移する際に光を放出する，といった現象のことである．分子が最初の状態に戻るならば放出される光の波長は入射電磁波の波長と同じであるが，最初と異なった状態に遷移する場合は異なった波長の光が放出される．入射電磁波と異なる波長の光が放出される場合を**ラマン散乱**と呼ぶ．

図17.1は，波長 488 nm (波数 20492 cm^{-1}) の電磁波 (レーザー) を水に当て，その散乱光の強度を測定した実験のデータである．入射電磁波と異なる波長のところにいくつかのピークが現れる．これらのピークは，水分子の振動運動が電磁

*1) 摂動は perturbation の日本語訳である．「摂」という漢字には，摂政，摂生という言葉から推測できるように「おさめる」「おさえる」という意味がある．摂動という用語も「おさえられ制御された運動」というような語感を込めた訳語であろうか．

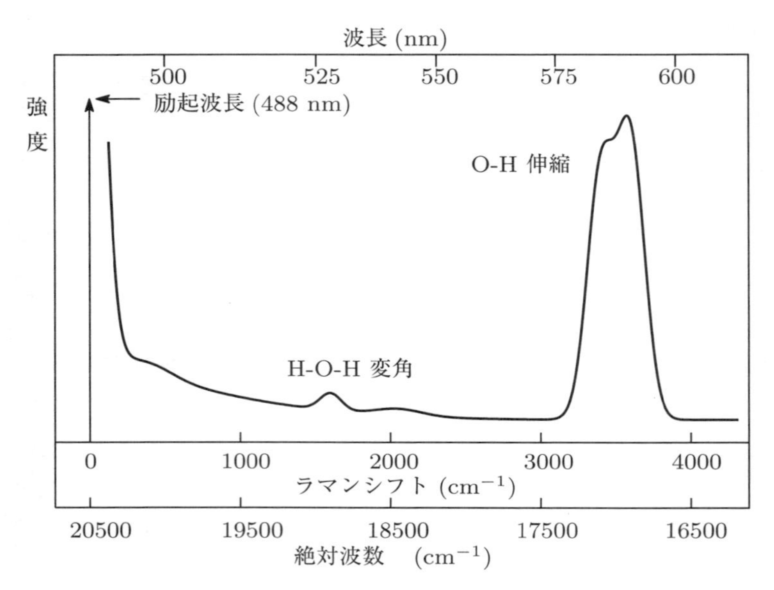

図 17.1　水のラマンスペクトル：(この図は次の文献の中の図をもとに作成し直したものである：P.R. Carey: "Biochemical Applications of Raman and Resonance Raman Spectroscopies" (Academic Press, 1982), 日本語訳：『ラマン分光学』(伊藤紘一，尾崎幸洋訳，共立出版，1984)).

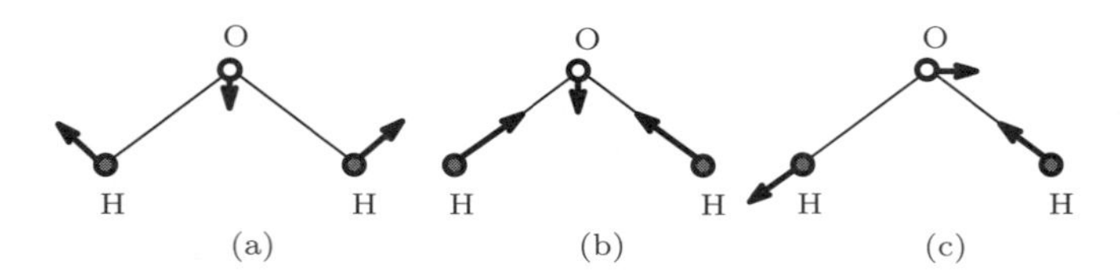

図 17.2　水分子：H と O の距離は 0.958 Å, H-O-H の角度は 104.45 度である．水分子には 3 種類の振動モードがある ((a) H-O-H 変角，(b) O-H_2 対称伸縮，(c) O-H_2 逆対称伸縮)．矢印は原子の変位を表す．各モードの振動の波数はそれぞれ，1595，3652，3756 (cm^{-1}) である．

波によって励起され，その後もととは異なる状態に遷移した場合に放出される電磁波と解釈される．図 17.2 は水の分子運動を分類したものである．振動モードは 3 種類ある．水分子の H-O-H の角度は 104.45 度であるが，この角度が変化するもの 1 種類，O-H の距離は 0.958 Å であるが，この長さが変化するもの 2 種類，計 3 種類である．これらの振動の様子はラマン散乱の実験によって知ることができる．古典力学における摂動論を用いて，このような光の分散現象を調べるのがこの章の目標である．

17.2　振動する電場中の電子：予備的考察

絶縁体に電場を掛けると絶縁体内部に束縛された電子が平衡の位置からわずかにずれ，絶縁体表面に電荷が現れる．これを分極という．誘電体の分極 $\boldsymbol{P}$ は単位体積あたりの電気双極子能率であり，掛けられた電場 $\boldsymbol{\mathcal{E}}$ とは (電場があまり強くない範囲内では)

$$\boldsymbol{P} = \chi \boldsymbol{\mathcal{E}}$$

という比例関係にある．ここで χ は電気感受率と呼ばれ，真空の誘電率 (1.10) と同じ次元を持つ量である．真空の誘電率と電気感受率を足し算したものが誘電体の誘電率となる．電場が振動数 ν_0 で振動している場合，電気感受率は ν_0 の関数，$\chi = \chi(\nu_0)$ となる．我々にとって関心があるのは，$\chi(\nu_0)$ という関数の振る舞いである．その振る舞いを知ることによって物質内部の電子を支配している力学を知ることを期待している．

z 軸の方向に $\mathcal{E}_z = \mathcal{E}_0 \cos(2\pi\nu_0 t)$ という振動する電場を掛け，その電場中に誘電体を置いたとする．誘電体中の電子は，平衡点を中心に振動数 ν の調和振動子で束縛されているとしよう．電子の平衡点からのずれのベクトルの z 成分の時間依存性 $z = z(t)$ を調べよう．電子の電荷を $-e$ とすれば，ニュートンの運動方程式は，

$$m_e \frac{d^2 z}{dt^2} + m_e (2\pi\nu)^2 z = -e\mathcal{E}_z(t) = -e\mathcal{E}_0 \cos(2\pi\nu_0 t) \tag{17.1}$$

となる．この方程式の解として $z(t) = A\cos(2\pi\nu_0 t)$ という形を仮定して (17.1) に代入すると

$$-m_e(2\pi\nu_0)^2 A + m_e(2\pi\nu)^2 A = -e\mathcal{E}_0 \quad \rightarrow \quad A = -\frac{1}{(2\pi)^2}\frac{e\mathcal{E}_0}{m_e}\frac{1}{\nu^2 - \nu_0^2}$$

となって振幅 A が決まり，(17.1) の 1 つの解

$$z(t) = -\frac{1}{(2\pi)^2}\frac{e\mathcal{E}_0}{m_e}\frac{1}{\nu^2 - \nu_0^2}\cos(2\pi\nu_0 t)$$

が得られる．ここで $\nu \neq \nu_0$ を仮定しておく．電子による電気双極子能率の z 成

分は $-ez(t)$ であるから

$$\mathcal{P}_z = -ez(t) = \frac{1}{(2\pi)^2}\frac{e^2\mathcal{E}_0}{m_e}\frac{1}{\nu^2-\nu_0^2}\cos(2\pi\nu_0 t) \tag{17.2}$$

というのが 1 個の電子の電子双極子能率である．そのような電子が誘電体の単位体積あたり N 個存在するならば，その誘電体の電気感受率は

$$\chi(\nu_0) = \frac{1}{(2\pi)^2}\frac{e^2}{m_e}\frac{N}{\nu^2-\nu_0^2}$$

となる．

17.3 摂動ハミルトン関数：1 自由度の場合

運動方程式が正確に解けないような場合，近似的に運動方程式の解を求める摂動法を開発したい．自由度が 1 の力学系のハミルトン関数が

$$H = H_0 + \lambda H_1 \tag{17.3}$$

というように，2 つの部分からなるとしよう．H_0 は正確に解けるハミルトン関数で，例えばケプラー運動が一例である．H_1 は摂動項と呼ばれ，例えば原子に電場や磁場を加えた効果と思えばよい．λ は摂動の次数を勘定するために便宜上導入したもので，最終的には $\lambda = 1$ とする．摂動項が加わらない場合の作用変数を J^0 と記すならば，H_0 は J^0 によってのみ書かれ

$$\nu = \frac{\partial H_0}{\partial J^0} \qquad \Big(H_0 = H_0(J^0)\Big)$$

は力学変数の振動数を表す．

外部から加えられる摂動が基本振動数 ν_0 のフーリエ級数に展開できて，

$$H_1 = \sum_{\tau_0=-\infty}^{+\infty} \widetilde{C}_{\tau_0}(J^0, w^0)e^{2\pi i w_0^0 \tau_0}, \quad w_0^0 = \nu_0 t$$

という形であるとしよう．ここで w^0 は J^0 に共役な角変数である (w_0^0 と w^0 を混同しないように注意しよう)．展開の係数 $\widetilde{C}_{\tau_0}(J^0, w^0)$ は w^0 の周期関数であると仮定してさらにフーリエ展開し，摂動項のハミルトン関数が

$$H_1 = \sum_{\tau_0=-\infty}^{+\infty}\sum_{\tau=-\infty}^{+\infty} C_{\tau_0\tau}(J^0)e^{2\pi i w^0 \tau}e^{2\pi i w_0^0 \tau_0} \tag{17.4}$$

と表されるとしよう．H_1 が実数であるためには

$$C_{\tau_0\tau}(J^0) = C_{-\tau_0-\tau}(J^0)^*$$

が満たされなければならない．右辺右肩の星印は複素共役を意味する．

以下の議論では，いかなる整数の組 (τ_0, τ) に対しても

$$\nu_0\tau_0 + \nu\tau \neq 0 \tag{17.5}$$

であることを仮定しておく．(17.2) において我々は $\nu \neq \nu_0$ を仮定したが，この仮定が満たされない場合は運動方程式の解き方そのものを見直さなければならなかった．同様に (17.5) を仮定しておかないと摂動論そのものの見直しが必要になる．そのような複雑な場合は取り扱わないことにする．

17.4　摂動効果を取り入れるための正準変換

$\nu_0 \neq 0$ ならばハミルトン関数は時間に陽に依存していることになるが，我々が解くべき方程式がハミルトンの正準方程式

$$\frac{dw^0}{dt} = \frac{\partial H}{\partial J^0}, \quad \frac{dJ^0}{dt} = -\frac{\partial H}{\partial w^0}$$

であることに変わりはない．H_1 が w^0 に依存しているために，正準方程式の 2 番目の式の右辺はゼロにはならず，正準方程式が簡単に解けるというわけではないことに留意しておこう．この方程式を解くために，母関数

$$S = S(w^0, J)$$

による正準変換 $(w^0, J^0) \to (w, J)$ を考える [*2)]．この母関数は

$$J^0 = \frac{\partial S}{\partial w^0}, \quad w = \frac{\partial S}{\partial J} \tag{17.6}$$

を満たすものであり，11.5 節での正準変換の分類でいうならば (II) のタイプということになる．母関数を求める際の目標は，変換後のハミルトン関数

$$K = H + \frac{\partial S}{\partial t} \tag{17.7}$$

---

*2)　この変換は，量子力学で相互作用表示に移行する操作に類似している．量子力学での相互作用表示というのは，ハイゼンベルク形式とシュレーディンガー形式のいわば “中間” に位置する．

が J のみの関数 $K=K(J)$ で w を含まず，したがって変換後の正準方程式

$$\frac{dw}{dt}=\frac{\partial K}{\partial J},\quad \frac{dJ}{dt}=-\frac{\partial K}{\partial w}=0$$

が $J=\text{constant}$, $dw/dt=\text{constant}$ を解として与えるようにする．これが母関数を求める際の指針である．

母関数 S を我々は

$$S=w^0J+\lambda S_1+\lambda^2 S_2+\cdots \tag{17.8}$$

のように，λ についてベキ展開することにしよう．$\lambda=0$ で摂動がない場合は $w=w^0$, $J=J^0$, $K=H$ であるから，(17.8) の右辺第 1 項が正しいものであることが分かる．(17.6), (17.8) により

$$J^0-J=\lambda\frac{\partial S_1}{\partial w^0}+\lambda^2\frac{\partial S_2}{\partial w^0}+\mathcal{O}(\lambda^3) \tag{17.9}$$

$$w^0-w=-\lambda\frac{\partial S_1}{\partial J}-\lambda^2\frac{\partial S_1}{\partial J}+\mathcal{O}(\lambda^3) \tag{17.10}$$

となることに注意しよう．(17.8) と同様に K も λ のベキで

$$K=K_0+\lambda K_1+\lambda^2 K_2+\cdots$$

と展開する．K_r, S_r $(r=1,2,\cdots)$ を決定するには，(17.7) の両辺を J で書き表し，λ の各ベキごとに比較していく．そして K_r は作用変数のみを含むことを要求すれば一意的に K_r, S_r が決まる．計算は単純だが冗長になるので，読者の研究課題として残しておこう．結果は λ について 1 次の量は

$$\begin{aligned}K_1&=C_{00}(J)\\ S_1&=-\frac{1}{2\pi i}{\sum_{\tau_0,\tau}}'\frac{C_{\tau_0\tau}(J)}{\nu_0\tau_0+\nu\tau}\,e^{2\pi i(w_0^0\tau_0+w^0\tau)}\end{aligned} \tag{17.11}$$

となる．ここで和の記号にプライムを付けたのは $(\tau_0,\tau)=(0,0)$ の項を和から除外することを意味している．2 次の量は

$$K_2=-\frac{1}{2}{\sum_{\tau_0,\tau}}'\tau\frac{\partial}{\partial J}\left\{\frac{|C_{\tau_0\tau}(J)|^2}{\nu_0\tau_0+\nu\tau}\right\} \tag{17.12}$$

と決まる．この公式で，

$$\tau\frac{\partial}{\partial J} \tag{17.13}$$

という微分が現れたことは大いに注目するに値する．なぜならこれは，古典力学から量子力学への移行が微分を差分に置き換えることであると指摘した (13.18) での微分演算に類似しているからだ．実際この微分を差分に置き換えるだけで量子力学での摂動計算に移行できることを 17.8 節で説明する．

17.5 分散の古典論

17.2 節の比較的簡単な予備的考察を，17.3 節，17.4 節で展開した摂動論を用いて考え直してみよう．17.2 節と同じように，z 軸の方向に

$$\mathcal{E}_z = \mathcal{E}_0 \cos(2\pi\nu_0 t) = \frac{\mathcal{E}_0}{2}\left(e^{2\pi i w_0^0} + e^{-2\pi i w_0^0}\right) \qquad (w_0^0 = \nu_0 t) \tag{17.14}$$

という電場を掛け，そのなかに誘電体をおく．誘電体中の電子が平衡点の周囲で振動しているとしても，それが単純な調和振動子とは限らない．しかし周期運動ではあろうから，分極の z 成分は

$$\mathcal{P}_z = \sum_{\tau=-\infty}^{+\infty} P_\tau(J^0) e^{2\pi i w^0 \tau} \tag{17.15}$$

というフーリエ展開ができるだろう．分極が実数であることは $P_{-\tau} = P_\tau^*$ を意味する．分極と電場 (17.14) の相互作用は，電磁気学によれば

$$\begin{aligned} H_1 &= -\mathcal{P}_z \mathcal{E}_z \\ &= -\frac{\mathcal{E}_0}{2} \sum_{\tau=-\infty}^{+\infty} P_\tau(J^0) e^{2\pi i w^0 \tau}\left(e^{2\pi i w_0^0} + e^{-2\pi i w_0^0}\right) \end{aligned} \tag{17.16}$$

となる．一般論での相互作用ハミルトン関数 (17.4) での展開係数との関係は

$$C_{1\tau}(J^0) = -\frac{\mathcal{E}_0}{2} P_\tau(J^0), \qquad C_{-1\tau}(J^0) = -\frac{\mathcal{E}_0}{2} P_\tau(J^0)$$

となる．これら以外の係数 $C_{\tau_0\tau}$ は全てゼロである．

摂動論の一般的な公式 (17.11) を適用すると

$$
\begin{aligned}
K_1 &= 0 \\
S_1 &= -\frac{1}{2\pi i}\sum_{\tau=-\infty}^{+\infty}\left\{\frac{C_{1\tau}(J)}{\nu_0+\nu\tau}e^{2\pi i(w_0^0+w^0\tau)}+\frac{C_{-1\tau}(J)}{-\nu_0+\nu\tau}e^{2\pi i(-w_0^0+w^0\tau)}\right\} \\
&= -\frac{1}{2\pi i}\left(-\frac{\mathcal{E}_0}{2}\right)\sum_{\tau=-\infty}^{+\infty}\left\{\frac{P_\tau(J)e^{2\pi i(w^0\tau+w_0^0)}}{\nu\tau+\nu_0}+\frac{P_\tau(J)e^{2\pi i(w^0\tau-w_0^0)}}{\nu\tau-\nu_0}\right\}
\end{aligned}
\tag{17.17}
$$

を得る．さらに一歩進んで公式 (17.12) を用いると 2 次の摂動として

$$
\begin{aligned}
K_2 &= -\frac{1}{2}\sum_{\tau=-\infty}^{+\infty}\tau\frac{\partial}{\partial J}\left\{\frac{|C_{1\tau}(J)|^2}{\nu_0+\nu\tau}+\frac{|C_{-1\tau}(J)|^2}{-\nu_0+\nu\tau}\right\} \\
&= -\frac{1}{2}\left(-\frac{\mathcal{E}_0}{2}\right)^2\sum_{\tau=-\infty}^{+\infty}\tau\frac{\partial}{\partial J}\left\{\frac{|P_\tau(J)|^2}{\nu\tau+\nu_0}+\frac{|P_\tau(J)|^2}{\nu\tau-\nu_0}\right\}
\end{aligned}
$$

が得られる．

分極 (17.15) は J^0, w^0 の関数であるが，これを J, w を用いて書き直したい．そのためには分極を J, w のまわりにテーラー展開すればよい．テーラー展開

$$
\mathcal{P}_z = \mathcal{P}_z^{(0)} + \lambda\mathcal{P}_z^{(1)} + \cdots
$$

の最初の項 $\mathcal{P}_z^{(0)}$ は，ただ単に $\mathcal{P}_z$ の引数を J, w に置き換えたものになる．展開の第 2 項 $\mathcal{P}_z^{(1)}$ は，(17.9), (17.10) を用いれば

$$
\begin{aligned}
\lambda\mathcal{P}_z^{(1)} + \cdots &= (J^0 - J)\frac{\partial\mathcal{P}_z(J)}{\partial J} + (w^0 - w)\frac{\partial\mathcal{P}_z(J)}{\partial w^0} + \cdots \\
&= \lambda\left\{\frac{\partial S_1}{\partial w^0}\frac{\partial\mathcal{P}_z(J)}{\partial J} - \frac{\partial S_1}{\partial J}\frac{\partial\mathcal{P}_z(J)}{\partial w^0}\right\} + \cdots
\end{aligned}
$$

と書くことができる．ここで (17.17) に得られた公式を代入すれば，様々な時間依存性

$$
e^{2\pi i(w^0\tau\pm w^0)}e^{2\pi i w^0\tau'}
$$

を持った項の和が現れる．このうち $\tau+\tau'=0$ を満たす項は，外部から掛けている電場 (17.14) と同じ $\cos(2\pi w_0^0)=\cos(2\pi\nu_0 t)$ という時間依存性になる．このような項はコヒーレントであるという．他の項はインコヒーレントであるという．コヒーレントな項のみを取り出すならば，分極に対して

$$
\mathcal{P}_z^{(1)} = \frac{\mathcal{E}_0}{2}\sum_{\tau=-\infty}^{+\infty}\tau\frac{\partial}{\partial J}\left\{\frac{|P_\tau(J)|^2 e^{2\pi i w_0^0}}{\nu\tau+\nu_0}+\frac{|P_\tau(J)|^2 e^{-2\pi i w_0^0}}{\nu\tau-\nu_0}\right\}
$$

$$= \frac{\mathcal{E}_0}{2} \sum_{\tau=-\infty}^{+\infty} \tau \frac{\partial}{\partial J} \left\{ \frac{|P_\tau(J)|^2}{\nu\tau + \nu_0} + \frac{|P_\tau(J)|^2}{\nu\tau - \nu_0} \right\} \cos(2\pi w_0^0) \tag{17.18}$$

という公式に到達する．この分極の項は，外部から振動数 ν_0 の電場を掛けたときに同じ振動数で振動し，その結果やはり同じ振動数の電磁波を外部に放出する．

17.6　公式 (17.2) の再吟味

我々は 17.2 節において，振動数 ν の調和振動子ポテンシャルで束縛されている電子に，振動数 ν_0 の電場を掛けたときの運動方程式 (17.1) を解いた．その際に得られた分極の公式 (17.2) を，17.5 節で導いた摂動論の公式 (17.18) を用いて再吟味してみよう．(17.3) の H_0, H_1 は

$$H_0 = J^0 \nu$$
$$H_1 = ez\mathcal{E}_z(t) = -\mathcal{P}_z\mathcal{E}_z(t) = -\mathcal{P}_z\mathcal{E}_0 \cos(2\pi\nu_0 t)$$

とする．分極 $\mathcal{P}_z$ を作用変数で表したいので，一般的に

$$z(t) = A\cos(2\pi\nu t)$$

という振動運動を考えてみよう．この振動運動の場合の位相積分を計算すれば

$$\begin{aligned} J = \oint p_z dz &= m_e \int_0^{1/\nu} \left(\frac{dz(t)}{dt}\right)^2 dt \\ &= m_e(2\pi\nu)^2 A^2 \int_0^{1/\nu} \sin^2(2\pi\nu t) dt \\ &= m_e(2\pi\nu)^2 A^2 \frac{1}{2\nu} \end{aligned}$$

となり，振幅 A と位相積分の関係が分かった．そこで A の代わりに J を用いて振動運動を表すことにする．

分極は $\mathcal{P}_z = -ez(t)$ であり，

$$\mathcal{P}_z = -ez(t) = -\frac{e}{2\pi\nu}\sqrt{\frac{2\nu J}{m_e}}\cos(2\pi\nu t) = -\frac{e}{2\pi}\sqrt{\frac{J}{2\nu m_e}}\left(e^{2\pi i\nu t} + e^{-2\pi i\nu t}\right)$$

とフーリエ成分に分解することができる．(17.15) を参照しつつフーリエ成分を読み取れば，

$$P_{+1}(J) = P_{-1}(J) = -\frac{e}{2\pi}\sqrt{\frac{J}{2\nu m_e}}$$

がゼロではない成分となる．したがって分極の公式 (17.18) のなかのフーリエ成分についての和は，$\tau = \pm 1$ のみとなる．$\tau = +1$ の寄与と $\tau = -1$ の寄与は同一であることに注意し，$\tau = +1$ の寄与を 2 倍すれば，

$$\begin{aligned}\mathcal{P}_z^{(1)} &= \mathcal{E}_0 \frac{\partial}{\partial J}\left\{\frac{|P_{+1}(J)|^2}{\nu - \nu_0} + \frac{|P_{+1}(J)|^2}{\nu + \nu_0}\right\}\cos(2\pi\nu_0 t) \\ &= \frac{1}{(2\pi)^2}\frac{e^2\mathcal{E}_0}{m_e}\frac{1}{\nu^2 - \nu_0^2}\cos(2\pi\nu_0 t)\end{aligned}$$

という公式に到達する．これは先に求めた公式 (17.2) と同一である．

17.7 多自由度の場合の摂動論

17.3 節から 17.6 節までの摂動論の説明は力学変数が 1 つの場合であった．これを多自由度に拡張しても本質的には変わることは何もない．n 個の自由度の場合，角変数 w_r^0，作用変数 J_r^0 をそれぞれ n 個 $(r = 1, \cdots, n)$ 導入する．(17.3) と同様にハミルトン関数は 2 つの項からなるとする．第 1 の項

$$H_0 = H_0(J_1^0, \cdots, J_n^0)$$

は作用変数 J_r^0 のみの関数で，正確に解ける場合のハミルトン関数とする．$\nu_r = \partial H_0/\partial J_r^0$ は摂動がない場合の，r 番目の力学変数の運動の振動数となる．第 2 の項は摂動のハミルトン関数

$$H_1 = \sum_{\tau_0=-\infty}^{+\infty}\sum_{\tau_1=-\infty}^{+\infty}\cdots\sum_{\tau_n=-\infty}^{+\infty} C_{\tau_0\tau_1\cdots\tau_n}(J_1^0, \cdots, J_n^0)e^{2\pi i(w^0\cdot\tau)}e^{2\pi i w_0^0\tau_0} \tag{17.19}$$

で，外部から加わる摂動が周期的で，$e^{2\pi i w_0^0 \tau_0}$ $(w_0^0 = \nu_0 t, \tau_0 = \text{integer})$ を用いてフーリエ級数に展開できるものとする．角変数 w_r^0 $(r = 1, \cdots, n)$ についても周期的であるとし，(17.19) では

$$(w^0 \cdot \tau) = w_1^0\tau_1 + \cdots + w_n^0\tau_n$$

という記法を導入してフーリエ級数で展開している．

例えば z 軸方向に振動数 ν_0 の周期的な電場を掛けた場合，z 軸方向に周期的な分極が生じるであろうから，分極の z 軸方向の成分は (17.15) におけると同様に

$$\mathcal{P}_z = \sum_{\tau_1=-\infty}^{+\infty} \cdots \sum_{\tau_n=-\infty}^{+\infty} P_{\tau_1\cdots\tau_n}(J_1^0, \cdots, J_n^0) e^{2\pi i(w^0\cdot\tau)}$$

というフーリエ級数の形に展開できるであろう．この分極を摂動論を用いて求めることが差しあたっての目標になる．具体的には力学変数 w_r^0, J_r^0 $(r = 1, \cdots, n)$ から w_r, J_r $(r = 1, \cdots, n)$ への正準変換を求め，角変数は時刻について 1 次の関数，作用変数は定数になるようにする．詳しい計算は割愛して結果のみを記せば，1 次近似の範囲内での分極の公式は (17.18) を拡張した，

$$\begin{aligned}
\mathcal{P}_z^{(1)} &= \frac{\mathcal{E}_0}{2} \sum_{r=1}^{n} \sum_{\tau} \tau_r \frac{\partial}{\partial J_r} \left\{ \frac{|P_\tau(J)|^2}{(\nu\cdot\tau)+\nu_0} + \frac{|P_\tau(J)|^2}{(\nu\cdot\tau)-\nu_0} \right\} \cos(2\pi w_0^0) \\
&= \mathcal{E}_0 \sum_{r=1}^{n} \sum_{(\nu\cdot\tau)>0} \tau_r \frac{\partial}{\partial J_r} \left\{ \frac{|P_\tau(J)|^2}{(\nu\cdot\tau)+\nu_0} + \frac{|P_\tau(J)|^2}{(\nu\cdot\tau)-\nu_0} \right\} \cos(2\pi w_0^0) \\
&\qquad (\text{ただし } (\nu\cdot\tau) \equiv \nu_1\tau_1 + \cdots\cdots + \nu_n\tau_n) \qquad (17.20)
\end{aligned}$$

となる．ここで $P_{\tau_1\cdots\tau_n}(J_1, \cdots, J_n)$ を $P_\tau(J)$ と略記している．(17.20) においても (17.13) と同じく，作用変数 J_r についての特徴的な微分演算が現れていることに注意しよう．

17.8　クラマースの公式

17.7 節で提示した古典力学での分極の公式 (17.20) は，量子力学ではクラマースの公式と呼ばれるものに対応している．(17.20) とクラマースの公式を比較するならば，古典力学と量子力学の橋渡しをする「翻訳辞書」がごく自然に浮かび上がってくる．この「翻訳辞書」は，13.5 節で提示したボーアの対応原理を，やや漠然としたものから精密なものに脱皮させる役割を果たし，大変示唆に富む内容を含んでいるので，ここでやや詳しく述べることにする．

ゾンマーフェルトの量子条件を課したとして，$(J_1^0, \cdots, J_n^0) = (n_1 h, \cdots, n_n h)$ とおいたとする．これは古典的な軌道からある特別なものを抜き出したことになる．これは量子力学では，状態という概念に対応する．この対応関係を次の図式

$$\begin{array}{ccc} \text{古典力学} & \Leftrightarrow & \text{量子力学} \\ (n_1, n_2, \cdots, n_n) & \Leftrightarrow & \text{状態}\, n \end{array} \tag{17.21}$$

で表しておこう.「状態 n」という用語は $(n_1, \cdots, n_n)$ の代名詞と思えばよい. (17.19) の相互作用ハミルトン関数は, この各力学自由度に関して $e^{2\pi i(w^0\cdot\tau)} = e^{2\pi i(\nu_1\tau_1+\cdots+\nu_n\tau_n)t}$ という時間的振る舞いをするので, 状態 n と状態 $n-\tau$ の間の遷移をつかさどるであろう. ここで量子力学的な状態 $n-\tau$ というのは, 古典的な軌道と次の対応関係にある.

$$\begin{array}{ccc} \text{古典力学} & \Leftrightarrow & \text{量子力学} \\ (n_1-\tau_1, n_2-\tau_2, \cdots, n_n-\tau_n) & \Leftrightarrow & \text{状態}\, n-\tau \end{array}$$

「状態 $n-\tau$」というのは $(n_1-\tau_1, \cdots, n_n-\tau_n)$ の代名詞と思えばよい. P_τ は, 状態 n と状態 $n-\tau$ の間の, 遷移過程の強度を表す量である. 古典力学での分極のフーリエ成分に対して, 量子力学では

$$\begin{array}{ccc} \text{古典力学} & \Leftrightarrow & \text{量子力学} \\ P_{\tau_1\cdots\tau_n}(J_1^0, \cdots, J_n^0) & \Leftrightarrow & \widehat{P}_{n,n-\tau} \end{array}$$

という図式で示すように, 遷移前後の 2 つの状態を意味する添え字を持った $\widehat{P}_{n,n-\tau}$ という量が対応している. $\widehat{P}$ は遷移をつかさどる**演算子**であり, $\widehat{P}_{n,n-\tau}$ は, この演算子の**行列要素**と呼ばれる複素数である. $\widehat{P}$ を原子内電子の力学変数を用いて表すことは, 量子力学を学べば実際に可能であるが, ここでは特に具体的な形は必要ない. $\widehat{P}_{n,n-\tau}\widehat{P}_{n-\tau,n}$ という量は,

$$\text{状態}\, n \quad \rightarrow \quad \text{状態}\, n-\tau \quad \rightarrow \quad \text{状態}\, n$$

という 2 段階の遷移にかかわる量である. 中間に現れる状態は**中間状態**と呼ぶ.

(17.20) の分母に現れる $(\nu\cdot\tau)$ という量の翻訳に移ろう. この量は原子内電子の振動状態の変化にかかわる量であり, 電子のエネルギーが $h(\nu\cdot\tau)$ だけ変化したと解釈される. 状態 n, 状態 $n-\tau$ のエネルギー準位をそれぞれ E_n, $E_{n-\tau}$ とすれば,

$$\begin{array}{ccc} \text{古典力学} & \Leftrightarrow & \text{量子力学} \\ (\nu\cdot\tau) & \Leftrightarrow & \dfrac{E_n - E_{n-\tau}}{h} \\ \dfrac{1}{(\nu\cdot\tau)\pm\nu_0} & \Leftrightarrow & \dfrac{h}{E_n - E_{n-\tau} \pm h\nu_0} \end{array} \tag{17.22}$$

という翻訳が成立する．さらに (17.20) に登場する作用変数 J_r についての微分であるが，ゾンマーフェルトの量子条件を課した場合，作用変数 J_r が飛びとびの値しかとれないことを考慮すれば，微分は量子力学では差分に置き換えるべきものである．(17.20) のなかの J_r についての微分が，量子数が n_r の場合と $(n_r+\tau_r)$ の場合の差を見ているものと考えて，

$$\begin{array}{ccc} \text{古典力学} & \Leftrightarrow & \text{量子力学} \\ \displaystyle\sum_{r=1}^{n}\tau_r\frac{\partial f(J_1,\cdots,J_n)}{\partial J_r} & \Leftrightarrow & \displaystyle\frac{\widehat{f}_{n+\tau,n}-\widehat{f}_{n,n-\tau}}{h} \end{array} \tag{17.23}$$

と対応づけるのが妥当であろう．ここで $f(J_1,\cdots,J_n)$ は古典力学の量，$\widehat{f}_{n',n}$ は対応する量子力学的な量で，2 つの状態の遷移に関係する量である．

以上の翻訳辞書を認めるならば，古典力学における分極公式 (17.20) が量子力学では

$$\begin{aligned} \mathcal{P}_z^{(1)\mathrm{qu}} &= \mathcal{E}_0{\sum}'\left(\frac{|\widehat{P}_{n+\tau,n}|^2}{E_{n+\tau}-E_n-h\nu_0}+\frac{|\widehat{P}_{n+\tau,n}|^2}{E_{n+\tau}-E_n+h\nu_0}\right)\cos(2\pi i w_0^0) \\ &\quad -\mathcal{E}_0{\sum}''\left(\frac{|\widehat{P}_{n,n-\tau}|^2}{E_n-E_{n-\tau}-h\nu_0}+\frac{|\widehat{P}_{n,n-\tau}|^2}{E_n-E_{n-\tau}+h\nu_0}\right)\cos(2\pi i w_0^0) \end{aligned} \tag{17.24}$$

となることが理解できるであろう．ここで左辺の上付き添え字 qu は quantum (= 量子) を意味する．和の記号にプライムを付けた $\sum'$ は，$E_{n+\tau}-E_n>0$ を満たす状態 $n+\tau$ についての和を，$\sum''$ という記号は $E_n-E_{n-\tau}>0$ を満たす状態 $n-\tau$ についての和をそれぞれ意味する．その理由は (17.20) の 2 行目の式での和のとり方に $(\nu\cdot\tau)>0$ という条件が付いていたからである．(17.24) がクラマースの公式である．(17.24) の 2 行目の項がマイナスの符号で存在することは，$\nu_0\to\infty$ での (17.24) の振る舞いが古典的なものと合致するためにも肝要である．

(17.24) の右辺第 1 行目は，状態 n が $h\nu_0$ というエネルギーの光を吸収し，次に $h\nu_0$ のエネルギーの光を放出して状態 n に戻るというものである．それに対して (17.24) の右辺第 2 行目は，状態 n が先に $h\nu_0$ のエネルギーの光を放出し，次に $h\nu_0$ のエネルギーの光を吸収して状態 n に戻るというものである (図 17.3 参照)．電磁波が入射する前に先に光を放出するというのは，アインシュタインの自発輻射の考え方を彷彿とさせる．

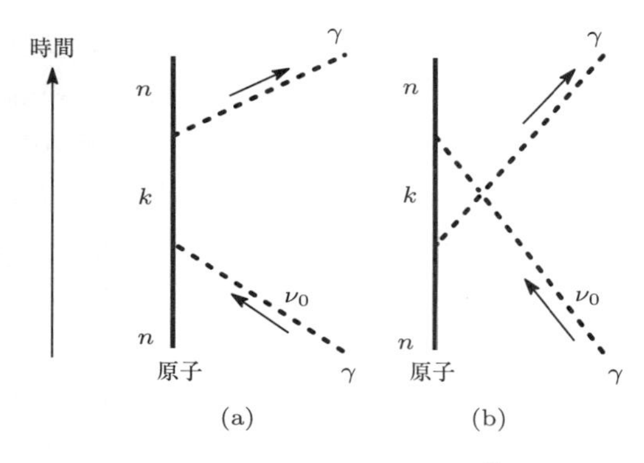

図 17.3　(a) では振動数 ν_0 の光を原子が吸収してそののち光を放出する．(b) では先に光を放出してから，そのあとで振動数 ν_0 の光を原子が吸収する．γ は光を意味する．

(17.24) をもう少し整理しよう．$\widehat{P}$ にはじつは

$$\widehat{P}_{n,n'} = \widehat{P}^*_{n',n} \qquad \left(\text{i.e.,}\ \ \widehat{P}_{n,n-\tau} = \widehat{P}^*_{n-\tau,n},\ \ \widehat{P}_{n,n+\tau} = \widehat{P}^*_{n+\tau,n}\right)$$

という性質がある．このことを称して，$\widehat{P}$ はエルミート演算子であるという．この性質を用いると (17.24) は

$$\mathcal{P}_z^{(1)\mathrm{qu}} = \mathcal{E}_0 \sum{}' \left(\frac{|\widehat{P}_{n+\tau,n}|^2}{E_{n+\tau} - E_n - h\nu_0} + \frac{|\widehat{P}_{n+\tau,n}|^2}{E_{n+\tau} - E_n + h\nu_0} \right) \cos(2\pi i w_0^0)$$
$$+\mathcal{E}_0 \sum{}'' \left(\frac{|\widehat{P}_{n-\tau,n}|^2}{E_{n-\tau} - E_n + h\nu_0} + \frac{|\widehat{P}_{n-\tau,n}|^2}{E_{n-\tau} - E_n - h\nu_0} \right) \cos(2\pi i w_0^0)$$

と書き換えることができる．この式から明らかなように，エネルギーが E_n より大きい状態についての和 ($\sum'$) と，小さい状態についての和 ($\sum''$) を分けて書く必要はなく，1 行目と 2 行目をまとめて

$$\mathcal{P}_z^{(1)\mathrm{qu}} = \mathcal{E}_0 \sum_k \left(\frac{|\widehat{P}_{k,n}|^2}{E_k - E_n - h\nu_0} + \frac{|\widehat{P}_{k,n}|^2}{E_k - E_n + h\nu_0} \right) \cos(2\pi i w_0^0) \tag{17.25}$$

と書いてしまえばよいことが分かる．ここで和は全ての可能な状態 k についてのものである．

(17.25) もクラマースの公式と呼ぶ．(17.24), (17.25) は観測可能量のみで記述されていることに注意しよう．(17.22) の置き換えをする前の，もともとの $(\nu \cdot \tau) = \nu_1\tau_1 + \cdots + \nu_n\tau_n$ という量は，原子内電子の運動の振動数に関係している量であるから，観測は不可能な量である．それが (17.22) によって原子の状態に付随したエネルギー準位 E_n, $E_{n-\tau}$ 等に置き換わったのだが，それらは原

子が放出する光を観測すれば測定できる．(17.25) のなかの $\widehat{P}_{k,n}$ も，光の強度を測定すればその値を知ることができる．原子内部の電子の軌道とか電子の運動などという，元来観測できない量が全て追放されているという意味において，クラマースの公式は著しい特徴を持っており，量子力学的な公式になっている．

コヒーレントな場合の公式 (17.24)，(17.25) はインコヒーレントな場合にも拡張できて，それはクラマース・ハイゼンベルクの公式と呼ばれている．クラマース (H. A. Kramers) とハイゼンベルク (W. Heisenberg) は，ほとんど手探りのようなやり方で彼らの分散公式を提唱し，量子力学建設に向けた跳躍台を提供した．量子力学を建設するということは，辞書を用いて翻訳された内容を数学的に首尾一貫した体系にまとめ上げ，最終的には理論を「翻訳辞書」から解放することであった．ちなみにクラマース・ハイゼンベルクの公式の量子力学的基礎づけはディラックによってなされた．

18 行列形式の量子力学

18.1 座標と運動量の交換関係

第17章で古典力学から量子力学に移行するための翻訳辞書を明らかにした．そこで，このような翻訳を行う根本に何があるのかを議論しよう．ゾンマーフェルトの量子条件は位相積分に条件を課すものであったが，位相積分そのものに第17章の翻訳を適用すると何が得られるのかを調べる．簡単のために1自由度の場合で話を進めよう．

振動数 ν で振動運動している場合，座標変数も正準共役な運動量もフーリエ級数で展開される．そこで

$$q(t) = \sum_{\tau=-\infty}^{+\infty} q_\tau e^{2\pi i\tau\nu t}, \quad p(t) = \sum_{\sigma=-\infty}^{+\infty} p_\sigma e^{2\pi i\sigma\nu t}$$

と展開する．$q(t)$，$p(t)$ は実数であるから，フーリエ係数は

$$q_{-\tau} = (q_\tau)^*, \quad p_{-\tau} = (p_\tau)^* \tag{18.1}$$

を満たしている．位相積分をフーリエ係数で表すならば

$$\begin{aligned} J = \oint p(t)dq(t) &= \sum_{\tau=-\infty}^{+\infty}\sum_{\sigma=-\infty}^{+\infty}\int_0^{1/\nu} dt\, p_\sigma \times (2\pi i\tau\nu) q_\tau e^{2\pi i(\tau+\sigma)\nu t} \\ &= 2\pi i \sum_{\tau=-\infty}^{+\infty} \tau q_\tau p_{-\tau} \end{aligned}$$

となる．ここで二重和のうち，$\sigma = -\tau$ の項のみが積分ののちに残ることに注意しよう．この式の両辺を J で微分すれば

$$1 = 2\pi i \sum_{\tau=-\infty}^{+\infty} \tau \frac{d}{dJ}(q_\tau p_{-\tau}) \tag{18.2}$$

となって，(17.13) と同じタイプの微分演算が現れることに気づく．

そこで周期運動のフーリエ成分を，$\tau > 0$ については

$$
\begin{array}{lcl}
\text{古典力学} & \Rightarrow & \text{量子力学} \\
q_\tau e^{2\pi i\tau\nu t} & \Rightarrow & \widehat{q}_{n,n-\tau} e^{2\pi i(E_n - E_{n-\tau})t/h} \\
p_\tau e^{2\pi i\tau\nu t} & \Rightarrow & \widehat{p}_{n,n-\tau} e^{2\pi i(E_n - E_{n-\tau})t/h}
\end{array}
$$

と置き換えることにする．$\widehat{q}_{n,n-\tau}$, $\widehat{p}_{n,n-\tau}$ 等は，状態 n と状態 $n-\tau$ の間の遷移をつかさどる量子力学的演算子 $\widehat{q}$, $\widehat{p}$ の行列要素である．E_n, $E_{n-\tau}$ は，量子力学での状態 n，状態 $n-\tau$ のエネルギーを表す．(18.1) を思い出せば，$q_{-\tau}e^{-2\pi i\tau\nu}$ および $p_{-\tau}e^{-2\pi i\tau\nu}$ は，$\tau > 0$ について

$$
\begin{array}{rcl}
 & \text{古典力学} \quad \Rightarrow & \text{量子力学} \\
q_{-\tau}e^{-2\pi i\tau\nu t} = \left(q_\tau e^{2\pi i\tau\nu t}\right)^* & \Rightarrow & \left(\widehat{q}_{n,n-\tau} e^{2\pi i(E_n - E_{n-\tau})t/h}\right)^* \\
 & & = \widehat{q}_{n-\tau,n} e^{-2\pi i(E_n - E_{n-\tau})t/h} \\
p_{-\tau}e^{-2\pi i\tau\nu t} = \left(p_\tau e^{2\pi i\tau\nu t}\right)^* & \Rightarrow & \left(\widehat{p}_{n,n-\tau} e^{2\pi i(E_n - E_{n-\tau})t/h}\right)^* \\
 & & = \widehat{p}_{n-\tau,n} e^{-2\pi i(E_n - E_{n-\tau})t/h}
\end{array}
$$

という置き換えの規則に従う．ここで

$$
(\widehat{q}_{n,n-\tau})^* = \widehat{q}_{n-\tau,n}, \qquad (\widehat{p}_{n,n-\tau})^* = \widehat{p}_{n-\tau,n} \tag{18.3}
$$

というエルミート行列の性質を要請している．翻訳 (17.23) を適用して微分を差分に置き換えれば，(18.2) は

$$
\begin{aligned}
1 = 2\pi i \sum_{\tau=1}^{\infty} & \frac{\widehat{q}_{n+\tau,n}\widehat{p}_{n,n+\tau} - \widehat{q}_{n,n-\tau}\widehat{p}_{n-\tau,n}}{h} \\
& - 2\pi i \sum_{\sigma=1}^{\infty} \frac{\widehat{q}_{n,n+\sigma}\widehat{p}_{n+\sigma,n} - \widehat{q}_{n-\sigma,n}\widehat{p}_{n,n-\sigma}}{h}
\end{aligned}
$$

となる．2 行目の和は，(18.2) のなかの負の τ についての和に対応している $(\sigma = -\tau)$．1 行目と 2 行目の和をまとめて書けば

$$
\sum_{k=-\infty}^{+\infty} (\widehat{p}_{n,k}\widehat{q}_{k,n} - \widehat{q}_{n,k}\widehat{p}_{k,n}) = \frac{h}{2\pi i} \tag{18.4}
$$

となるのだが，(18.4) の左辺は，行列としての交換関係

$$\widehat{p}\,\widehat{q} - \widehat{q}\,\widehat{p} = \frac{h}{2\pi i}\,\mathbf{1} \tag{18.5}$$

の対角成分の関係を表していることが分かる．(18.5) の右辺の $\mathbf{1}$ は単位行列を表す．(18.5) はじつは非対角成分まで含めても正しく，(18.5) が量子力学の基礎にある交換関係となる．電子の座標や運動量を実数で表すのではなくて，演算子 $\widehat{p}$, $\widehat{q}$ で表すというのが量子力学の姿である．ゾンマーフェルトの量子条件を用いて古典的な質点の軌道のなかから特定のものを選び出すのは放棄し，座標と運動量が交換しない演算子，非可換量であるとして，力学体系全体を書き換えたものが量子力学である．ゾンマーフェルトの量子条件と相違して，量子力学は周期運動でないものにも適用可能となる．(18.5) が波動力学で登場した関係式 (8.21) とそっくりであることを注意しておこう．

行列として表した $\widehat{p}$, $\widehat{q}$ は，必然的に無限次元の行列であることを指摘しておこう．もし $\widehat{p}$, $\widehat{q}$ が有限次元ならば，$\mathrm{Tr}(\widehat{p}\,\widehat{q}) = \mathrm{Tr}(\widehat{q}\,\widehat{p})$ が成り立つが，これは (18.5) と矛盾してしまうので，有限次元ではあり得ないのである．また古典力学の関係式 $p = m\dot{q}$ は $p_\tau = m(2\pi i\tau\nu)q_\tau$ であるから，

$$\widehat{p}_{n,k} = \frac{2\pi i}{h}\,(E_n - E_k)\,m\,\widehat{q}_{n,k}, \qquad \widehat{p}_{k,n} = \frac{2\pi i}{h}\,(E_k - E_n)\,m\,\widehat{q}_{k,n}$$

となる．ここで $\widehat{q}$ がエルミート行列であること，(18.3) を用いている．これを (18.4) に代入すると

$$\sum_k (E_k - E_n)\,\widehat{q}_{n,k}\widehat{q}_{k,n} = \sum_k (E_k - E_n)\,|\widehat{q}_{k,n}|^2 = \frac{h^2}{8\pi^2 m}$$

を得る．これはトーマス・ライヘ・クーンの和則として知られている．この和則は，クラマースの公式 (17.24) が光の振動数が大きい極限で古典的な公式と一致するために必要なものであり，量子力学成立の直前に見いだされていた．

多自由度の場合の力学変数の交換関係は

$$\widehat{p}_r\widehat{q}_s - \widehat{q}_s\widehat{p}_r = \frac{h}{2\pi}\mathbf{1}\,\delta_{rs}, \quad \widehat{p}_r\widehat{p}_s - \widehat{p}_s\widehat{p}_r = 0, \quad \widehat{q}_r\widehat{q}_s - \widehat{q}_s\widehat{q}_r = 0$$

となる．r, s は各力学自由度を表す添え字である．これが量子力学の根底にある関係式である．

18.2 ポアソン括弧と交換関係

(18.5) の意味するところをもう少し掘り下げてみよう．以下では $AB - BA =$

$[A, B]$ という記号を用いる．まず正の整数 n に対して次の式が成り立つ．

$$[\widehat{p},\, \widehat{q}^{\,n}] = -i\frac{h}{2\pi}n\widehat{q}^{\,n-1} = -i\hbar n\widehat{q}^{\,n-1} \tag{18.6}$$

この関係式を数学的帰納法で証明しよう．まず $n = 1$ の場合というのは (18.5) そのものであるから，もちろん成立している．次に (18.6) が $n = k$ の場合に成り立っていると仮定して $n = k + 1$ の場合を調べてみると

$$\begin{aligned}
\left[\widehat{p},\, \widehat{q}^{\,k+1}\right] &= \widehat{p}\widehat{q}^{\,k}\widehat{q} - \widehat{q}^{\,k}\widehat{q}\widehat{p} \\
&= \left(\widehat{p}\widehat{q}^{\,k} - \widehat{q}^{\,k}\widehat{p}\right)\widehat{q} + \widehat{q}^{\,k}\left(\widehat{p}\widehat{q} - \widehat{q}\widehat{p}\right) \\
&= -i\hbar k\widehat{q}^{\,k-1}\widehat{q} + \widehat{q}^{\,k}(-i\hbar) \\
&= -i\hbar(k+1)\widehat{q}^{\,k}
\end{aligned}$$

となり，$n = k + 1$ の場合にも (18.6) が成り立っていることが分かる．よって (18.6) は全ての正の整数 n に対して成り立つ．

(18.6) は一般化することができる．$f(\widehat{q})$ を $\widehat{q}$ の任意の多項式とするとき，

$$[\widehat{p}, f(\widehat{q})] = -i\hbar\frac{\partial f(\widehat{q})}{\partial\widehat{q}} \tag{18.7}$$

が成り立つ．ここで議論を精密化するためには行列による微分を定義しなければならないのだが，ここで詳細に立ち入るのは控えよう．$g(\widehat{p})$ を $\widehat{p}$ の任意の多項式とするとき，全く同様のやり方で，

$$[\widehat{q}, g(\widehat{p})] = i\hbar\frac{\partial g(\widehat{p})}{\partial\widehat{p}} \tag{18.8}$$

が成り立つことにも注意しておこう．

(18.7) を導く際に必要だった式は (18.5) のみであるから，運動量演算子を (8.20) のように微分演算子で表した波動力学においても (18.7) は当然成り立つ．(18.7), (18.8) は古典力学でのポアソン括弧を含む式 (11.35), (11.36) に対応している．ポアソン括弧と交換関係の対応は，(11.39) で既に提示したように

$$\begin{array}{ccc}
\text{古典力学} & \Leftrightarrow & \text{量子力学} \\
\{A, B\} & \Leftrightarrow & \dfrac{1}{i\hbar}\left[\widehat{A}, \widehat{B}\right]
\end{array}$$

となっていることが分かる．ここで $\widehat{A}$, $\widehat{B}$ は，古典力学における物理量 A, B に対応する量子力学的演算子である．

この対応関係をもっと直接的に理解するために，力学変数として角変数 w，作用変数 J を用いた1自由度の場合のポアソン括弧式

$$\{A, B\} = \frac{\partial A}{\partial w}\frac{\partial B}{\partial J} - \frac{\partial A}{\partial J}\frac{\partial B}{\partial w} \tag{18.9}$$

を用いる．振動数 ν の周期運動の場合に，任意の物理量 $A(t)$, $B(t)$ を

$$A(t) = \sum_{\tau=-\infty}^{+\infty} A_\tau(J)e^{2\pi i\tau w}, \quad B(t) = \sum_{\sigma=-\infty}^{+\infty} B_\sigma(J)e^{2\pi i\sigma w} \tag{18.10}$$

とフーリエ展開しよう．ここで $w = \nu t$ である．この展開式を (18.9) に代入すると

$$\begin{aligned}\{A, B\} &= \sum_{\tau,\sigma}\left\{\frac{\partial}{\partial w}\left(A_\tau e^{2\pi i\tau w}\right)\frac{\partial}{\partial J}\left(B_\sigma e^{2\pi i\sigma w}\right)\right.\\ &\qquad\left.-\frac{\partial}{\partial J}\left(A_\tau e^{2\pi i\tau w}\right)\frac{\partial}{\partial w}\left(B_\sigma e^{2\pi i\sigma w}\right)\right\}\\ &= 2\pi i\sum_{\tau,\sigma}\left\{A_\tau\left(\tau\frac{\partial B_\sigma}{\partial J}\right) - \left(\sigma\frac{\partial A_\tau}{\partial J}\right)B_\sigma\right\}e^{2\pi i(\tau+\sigma)w}\\ &= 2\pi i\sum_{\tau,\rho}\left\{A_\tau\left(\tau\frac{\partial B_{\rho-\tau}}{\partial J}\right) - \left((\rho-\tau)\frac{\partial A_\tau}{\partial J}\right)B_{\rho-\tau}\right\}e^{2\pi i\rho w}\end{aligned} \tag{18.11}$$

となる．(18.11) に至る式変形では，$\rho = \tau + \sigma$ とおいて σ についての和を ρ の和に置き換えている．

(18.11) と $[\widehat{A}, \widehat{B}]/i\hbar$ の関係を調べるために，$[\widehat{A}, \widehat{B}]/i\hbar$ の $(n, n-\rho)$ 成分

$$\begin{aligned}\frac{1}{i\hbar}\left[\widehat{A}, \widehat{B}\right]_{n,n-\rho} &= \frac{1}{i\hbar}\sum_\alpha\left(\widehat{A}_{n,\alpha}\widehat{B}_{\alpha,n-\rho} - \widehat{B}_{n,\alpha}\widehat{A}_{\alpha,n-\rho}\right)\\ &= \frac{1}{i\hbar}\sum_\tau\left(\widehat{A}_{n,n-\tau}\widehat{B}_{n-\tau,n-\rho} - \widehat{B}_{n,n-\rho+\tau}\widehat{A}_{n-\rho+\tau,n-\rho}\right)\end{aligned}$$

を，次のように書き換える:

$$\begin{aligned}\frac{1}{i\hbar}\left[\widehat{A}, \widehat{B}\right]_{n,n-\rho} = \frac{2\pi i}{h}\sum_\tau&\left\{\widehat{A}_{n-\rho+\tau,n-\rho}\left(\widehat{B}_{n,n-\rho+\tau} - \widehat{B}_{n-\tau,n-\rho}\right)\right.\\ &\left.-\left(\widehat{A}_{n,n-\tau} - \widehat{A}_{n-\rho+\tau,n-\rho}\right)\widehat{B}_{n-\tau,n-\rho}\right\}\end{aligned}$$

この式と (18.11) を比較すると，右辺の第 1 項については

$$\begin{array}{ccc} \text{古典力学} & \Leftrightarrow & \text{量子力学} \\ A_\tau & \Leftrightarrow & \widehat{A}_{n-\rho+\tau,n-\rho} \\ \tau\dfrac{\partial B_{\rho-\tau}}{\partial J} & \Leftrightarrow & \dfrac{\widehat{B}_{n,n-\rho+\tau}-\widehat{B}_{n-\tau,n-\rho}}{h} \end{array}$$

という対応関係になっていることが分かる．右辺第 2 項についても同様であり，

$$\begin{array}{ccc} \text{古典力学} & \Leftrightarrow & \text{量子力学} \\ B_{\rho-\tau} & \Leftrightarrow & \widehat{B}_{n-\tau,n-\rho} \\ (\rho-\tau)\dfrac{\partial A_\tau}{\partial J} & \Leftrightarrow & \dfrac{\widehat{A}_{n,n-\tau}-\widehat{A}_{n-\rho+\tau,n-\rho}}{h} \end{array}$$

という対応になる．この意味においてポアソン括弧式と交換関係が対応していることが明らかになる．

18.3　ハイゼンベルクの運動方程式

力学変数 $A(t)$ の満足する運動方程式を調べよう．フーリエ展開の式 (18.10) を時間で微分すると，

$$\frac{dA}{dt} = 2\pi i \sum_{\tau=-\infty}^{+\infty} \tau\nu A_\tau e^{2\pi i\tau\nu t}$$

となる．この式のフーリエ成分に対して再び翻訳辞書を用いる．ハミルトン関数の量子力学での演算子 $\widehat{H}$ が対角行列である，すなわち $\widehat{H}_{kl} = E_k\delta_{kl}$ とするならば

$$\begin{aligned} 2\pi i\tau\nu\, A_\tau\, e^{2\pi i\tau\nu t} \quad &\Rightarrow \quad 2\pi i\left(\frac{E_n - E_{n-\tau}}{h}\right)\widehat{A}_{n,n-\tau}e^{2\pi i(E_n-E_{n-\tau})t/h} \\ &= \quad \frac{1}{i\hbar}\left(\widehat{A}\widehat{H} - \widehat{H}\widehat{A}\right)_{n,n-\tau} e^{i(E_n-E_{n-\tau})t/\hbar} \end{aligned}$$

という翻訳を得る．これは $\widehat{A}$ の量子力学的な運動方程式が

$$\frac{d\widehat{A}}{dt} = \frac{1}{i\hbar}\left(\widehat{A}\,\widehat{H} - \widehat{H}\,\widehat{A}\right) = \frac{1}{i\hbar}\left[\widehat{A},\widehat{H}\right]$$

となるべきであることを意味している．

一般に多自由度の量子力学系の場合，座標変数 $\widehat{q}_r$ ならびに運動量変数 $\widehat{p}_r$ の運動方程式は

$$i\hbar\frac{d\widehat{q}_r}{dt}=\left[\widehat{q}_r,\widehat{H}\right],\quad i\hbar\frac{d\widehat{p}_r}{dt}=\left[\widehat{p}_r,\widehat{H}\right]\quad(r=1,\cdots,n) \tag{18.12}$$

となる．これはハイゼンベルクの運動方程式と呼ばれ，古典力学における正準方程式

$$\frac{dq_r}{dt}=\{q_r,H\},\quad \frac{dp_r}{dt}=\{p_r,H\}\qquad(r=1,\cdots,n)$$

において，(11.39) の置き換えを実行したものになっている．

18.4 調和振動子の量子力学的取り扱い (その 2)

古典力学の主たる目的は，ニュートンの運動方程式を解いて，時刻 t における質点の位置座標を，t の関数として求めることであった．これに対して行列形式の量子力学では，原子内部での電子の軌道といった，観測できない量は扱わない理論になっている．それでは基礎的な方程式，ハイゼンベルクの運動方程式 (18.12) を解けばどのようなものが得られるのか，具体的な例を提示しておこう．

1 次元調和振動子を例に取り上げる．古典力学でのハミルトン関数はよく知られた (11.21) であるから，量子力学でも

$$\widehat{H}=\frac{1}{2m}\widehat{p}^{\,2}+\frac{m}{2}(2\pi\nu)^2\widehat{q}^{\,2} \tag{18.13}$$

となる．$\widehat{p}$, $\widehat{q}$ は無限次元の行列であり，交換関係 (18.5) を満たさなければならない．そのうえで (18.12) を解くことになる．解く作業はやや込み入っているし，行列の基底をどのように指定するかに答えが依存する．ここでは詳細に立ち入らずに，一つの解を提示するにとどめる．それは

$$\widehat{q}=\frac{1}{2\pi}\sqrt{\frac{h}{2m\nu}}\begin{pmatrix} 0 & \sqrt{1}\cdot e^{-2\pi i\nu t} & 0 & \cdots \\ \sqrt{1}\cdot e^{+2\pi i\nu t} & 0 & \sqrt{2}\cdot e^{-2\pi i\nu t} & \cdots \\ 0 & \sqrt{2}\cdot e^{+2\pi i\nu t} & 0 & \cdots \\ 0 & 0 & \sqrt{3}\cdot e^{+2\pi i\nu t} & \cdots \\ \vdots & \vdots & \vdots & \ddots \end{pmatrix} \tag{18.14}$$

$$\widehat{p} = i\sqrt{\frac{mh\nu}{2}} \begin{pmatrix} 0 & -\sqrt{1}\cdot e^{-2\pi i\nu t} & 0 & \cdots \\ \sqrt{1}\cdot e^{+2\pi i\nu t} & 0 & -\sqrt{2}\cdot e^{-2\pi i\nu t} & \cdots \\ 0 & \sqrt{2}\cdot e^{+2\pi i\nu t} & 0 & \cdots \\ 0 & 0 & \sqrt{3}\cdot e^{+2\pi i\nu t} & \cdots \\ \vdots & \vdots & \vdots & \ddots \end{pmatrix} \tag{18.15}$$

$$\widehat{H} = \frac{h\nu}{2} \begin{pmatrix} 1 & 0 & 0 & 0 & \cdots \\ 0 & 3 & 0 & 0 & \cdots \\ 0 & 0 & 5 & 0 & \cdots \\ \vdots & \vdots & \vdots & \vdots & \ddots \end{pmatrix} \tag{18.16}$$

というものである．これらの $\widehat{q}$, $\widehat{p}$, $\widehat{H}$ が (18.5), (18.12), (18.13) を全て満足することは直接計算によって確認できる．しかし $\widehat{q}$, $\widehat{p}$ の行列を眺めても，調和振動子の軌道を想像することはなかなか困難であろう．

$\widehat{H}$ は対角行列になっていて，対角成分がエネルギーの固有値となる．すなわち固有値は

$$E = E_n \equiv \left(n + \frac{1}{2}\right) h\nu \qquad (n = 0, 1, 2, \cdots) \tag{18.17}$$

となる．古典力学での調和振動子のハミルトン関数を作用変数を用いて表すと，(11.23) のように $H = J\nu$ となることを既に学んだ．(18.17) は，この作用変数を

$$J \to \left(n + \frac{1}{2}\right) h$$

と置き換えたものになっている．ゾンマーフェルトの量子条件 (14.22) では $J \to nh$ という置き換えであったのに比べて零点振動の分，1/2 だけずれていることに注意しよう．

我々は既に 8.7 節において，調和振動子をシュレーディンガー方程式を用いて調べた．その理論形式はこの節で述べたものと大きく異なる．にもかかわらずエネルギー固有値は，(8.27) および (18.17) を見て分かるように一致している．これは大いなる驚きである．実際行列形式の量子力学とシュレーディンガー方程式を用いた波動力学は，数学的には同等であることが示せる．エネルギー固有値が一致するのは，方法は大きく異なるものの本質的に同じ固有値問題を解いたから

にほかならない．

行列形式の量子力学とシュレーディンガー方程式の関係については，量子力学の標準的な教科書に譲ることにするが，ここでは (18.14), (18.15), (18.16) の各行列の行列要素と，(8.28) に列挙した波動関数 ϕ_n $(n = 0, 1, 2, \cdots)$ の関係を述べておこう．時間に依存するシュレーディンガー方程式 (8.17) の解は

$$\psi_n(t, q) = \phi_n(q) e^{-iE_n t/\hbar} \qquad (n = 0, 1, 2, \cdots)$$

と書くことができるが，この $\psi_n(t, q)$ を用いて $\widehat{q}$, $\widehat{p}$, $\widehat{H}$ 行列要素を計算することができる．行列 $\widehat{q}$, $\widehat{p}$ の (k, l) 成分をそれぞれ $\widehat{q}_{kl}$, $\widehat{p}_{kl}$ と記すならば，それらは

$$\begin{aligned} \widehat{q}_{kl} &= \int_{-\infty}^{+\infty} dq\, \psi_k^*(t, q)\, q\, \psi_l(t, q) \\ &= \int_{-\infty}^{+\infty} dq\, \phi_k^*(q)\, q\, \phi_l(q)\, e^{-i(E_l - E_k)t/\hbar} \end{aligned} \tag{18.18}$$

$$\begin{aligned} \widehat{p}_{kl} &= \int_{-\infty}^{+\infty} dq\, \psi_k^*(t, q) \left(-i\hbar \frac{\partial}{\partial q}\right) \psi_l(t, q) \\ &= \int_{-\infty}^{+\infty} dq\, \phi_k^*(q) \left(-i\hbar \frac{\partial}{\partial q}\right) \phi_l(q)\, e^{-i(E_l - E_k)t/\hbar} \end{aligned} \tag{18.19}$$

となる．(8.20) のところで学んだように，運動量 $\widehat{p}$ は微分演算子で表されるが，(18.19) ではその微分演算子を波動関数 ψ_k^* と ψ_l で挟んで積分した形になっている．(18.18) では座標 q そのものを ψ_k^* と ψ_l で挟んで積分している．

(8.28) の波動関数を用いて具体的に，例えば $\widehat{q}_{01}$ を計算してみよう．実際 (18.18) を用いると

$$\begin{aligned} \widehat{q}_{01} &= \int_{-\infty}^{+\infty} dq\, \phi_0^*(q)\, q\, \phi_1(q)\, e^{-i(E_2 - E_1)t/\hbar} \\ &= N_0^* N_1 \int_{-\infty}^{+\infty} dq\, q^2 \exp(-\xi^2 q^2)\, e^{-2\pi i\nu t} \\ &= N_0^* N_1 \cdot \frac{\sqrt{\pi}}{2\xi^3}\, e^{-2\pi i\nu t} \\ &= \frac{1}{\sqrt{2}\xi}\, e^{-2\pi i\nu t} \\ &= \frac{1}{2\pi} \sqrt{\frac{h}{2m\nu}}\, e^{-2\pi i\nu t} \end{aligned}$$

と計算されて，確かに (18.14) の 1 行 2 列目の成分と一致していることが確認で

きる．ここで $\xi = 2\pi\sqrt{m\nu/h}$ は (8.28) で定義された量であり，N_0，N_1 については (8.30) の結果を用いている．読者は $\widehat{q}$ の他の行列要素や $\widehat{p}$ の行列要素を計算し，(18.14), (18.15) が再現できることを確認してほしい．

最後に (18.16) の行列要素についてであるが，これはハミルトン演算子 (8.31) を ψ_k^* と ψ_l で挟んで積分したもの

$$\widehat{H}_{kl} = \int_{-\infty}^{+\infty} dq\, \psi_k^*(t,q) \left\{ -\frac{\hbar^2}{2m}\frac{d^2}{dq^2} + \frac{m}{2}(2\pi\nu)^2 q^2 \right\} \psi_l(t,q) \tag{18.20}$$

にほかならない．実際 $\phi_n(q)$ がハミルトン演算子 (8.31) の固有関数であること，ならびに波動関数の間に

$$\int_{-\infty}^{+\infty} dq\, \phi_k^*(q)\phi_l(q) = \delta_{kl} \qquad (k, l = 0, 1, 2, \cdots)$$

という直交関係が存在することを利用すれば，(18.20) が (18.16) の行列要素を再現することは容易に確認できる．

A 位相積分の公式

A.1 積分公式 (I)

複素積分におけるコーシーの定理を利用して，積分

$$J \equiv \oint dr \sqrt{A + \frac{2B}{r} + \frac{C}{r^2}} \qquad (B^2 - AC > 0) \tag{A.1}$$

を計算しよう．被積分関数の平方根の中身をゼロにする r の値を $r_{\min}$，$r_{\max}$ $(0 < r_{\min} < r_{\max})$ としよう．複素 r 平面は，$r_{\min}$ と $r_{\max}$ の間に切断の入った，2 葉のリーマン面になっている．積分路は $r_{\min}$ から $r_{\max}$ まで進み，それから再び $r_{\min}$ まで戻ってくるというのが本来の積分路である．しかしその積分路は，切断を取り囲む閉曲線としてよく，さらに解析関数の性質を利用すれば図 A.1 の C_0 を積分路としてよい．そこでコーシーの定理を用いて $r = 0$ ならびに $r = \infty$ のまわりの 1 周積分を評価しよう．

$r = 0$ の近傍では被積分関数は $\sqrt{C}/r$ であり，積分は図 A.1 の示したように時計まわりであるから，$r = 0$ のまわりの 1 周積分の値は

$$-2\pi i\sqrt{C} \tag{A.2}$$

となる．一方 $r = \infty$ のまわりの積分については $r = 1/s$ と変数変換し，$s = 0$ のまわりの積分を考える．積分変数を s に変えて被積分関数を $s = 0$ のまわりで展開すると

$$\begin{aligned}\oint dr \sqrt{A + \frac{2B}{r} + \frac{C}{r^2}} &= -\oint \frac{ds}{s^2}\sqrt{A + 2Bs + Cs^2} \\ &= -\oint \frac{ds}{s^2}\sqrt{A}\left(1 + \frac{B}{A}s + \cdots\right)\end{aligned}$$

となる．$s = 0$ での留数は $B/\sqrt{A}$ であり，s 平面での積分路は時計まわりである

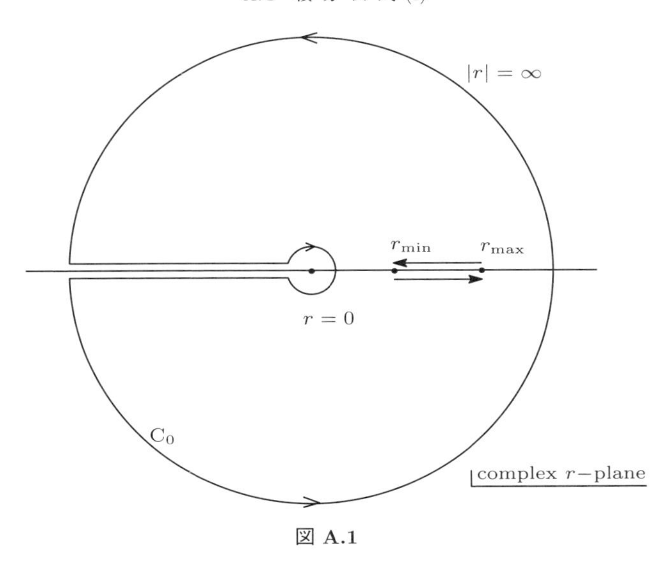

図 **A.1**

ことから，$s = 0$ からの寄与は

$$2\pi i \frac{B}{\sqrt{A}} \tag{A.3}$$

となる．よって (A.2) と (A.3) を合わせて

$$J = 2\pi i \left(-\sqrt{C} + \frac{B}{\sqrt{A}} \right)$$

という公式を得る．C が負ならば，この公式は

$$J = 2\pi \left(-\sqrt{-C} + \frac{iB}{\sqrt{A}} \right) \tag{A.4}$$

と書き換える方が使いやすい．C が負の場合，$\sqrt{C} = -i\sqrt{-C}$ であって $\sqrt{C} = +i\sqrt{-C}$ ではないことに注意しよう．その理由は，(A.1) の被積分関数の根号内の位相が，$r_{\min}$ から $r_{\max}$ まで (実軸のわずかに下側を) 積分する際にゼロであることによる．このことにより $r = 0$ 付近での被積分関数の位相は $e^{-i\pi/2} = -i$ であり，$r = 0$ における留数 $\sqrt{C}$ も (正ではなくて) 負の虚部を持つとしなければならないからである．

A.2　積分公式 (II)

(A.1) を少しばかり一般化した

$$M \equiv \oint dr \sqrt{A + \frac{2B}{r} + \frac{C}{r^2} + Dr} \tag{A.5}$$

という積分を計算しよう．D がきわめて微小であるとして (A.5) を D について展開し，1 次までの近似で積分を行う．すなわち

$$M = J + \frac{D}{2} M_1 + \mathcal{O}(D^2), \quad M_1 \equiv \oint dr \frac{r}{\sqrt{A + \frac{2B}{r} + \frac{C}{r^2}}}$$

と展開して M_1 を求める．

この場合 $r = 0$ は正則になるので，$r = \infty$ の寄与だけを計算すればよい．そこで $r = 1/s$ とおいて被積分関数を $s = 0$ のまわりで展開すれば

$$\begin{aligned} M_1 &= -\oint \frac{ds}{s^3} \frac{1}{\sqrt{A + 2Bs + Cs^2}} \\ &= -\oint \frac{ds}{s^3\sqrt{A}} \left\{ 1 - \frac{B}{A}s + \left(\frac{3B^2}{2A^2} - \frac{C}{2A} \right) s^2 + \cdots \right\} \end{aligned}$$

となる．よってコーシーの積分定理により

$$M_1 = \frac{2\pi i}{\sqrt{A}} \left(\frac{3B^2}{2A^2} - \frac{C}{2A} \right)$$

を得る．M に対する公式は

$$M = 2\pi i \left\{ \left(-\sqrt{C} + \frac{B}{\sqrt{A}} \right) + \frac{D}{2\sqrt{A}} \left(\frac{3B^2}{2A^2} - \frac{C}{2A} \right) \right\} + \mathcal{O}(D^2)$$

となる．C が負数の場合には

$$M = 2\pi \left\{ \left(-\sqrt{-C} + \frac{iB}{\sqrt{A}} \right) + \frac{iD}{2\sqrt{A}} \left(\frac{3B^2}{2A^2} - \frac{C}{2A} \right) \right\} + \mathcal{O}(D^2) \tag{A.6}$$

と書いた方が便利である．

索　　引

欧数字

あ　行

か　行

さ 行

た 行

な　行

は　行

ま　行

や 行

ら 行

著者略歴

窪田高弘（くぼた たかひろ）

1952年　兵庫県に生まれる
1980年　東京大学大学院理学系研究科
　　　　博士課程修了
現　在　大阪大学全学教育推進機構教授
　　　　理学博士

シリーズ〈これからの基礎物理学〉2
初歩の量子力学を取り入れた力学　　定価はカバーに表示

2017年12月15日　初版第1刷

著　者　窪　田　高　弘
発行者　朝　倉　誠　造
発行所　株式会社　朝　倉　書　店
東京都新宿区新小川町 6-29
郵便番号　162-8707
電　話　03(3260)0141
FAX　03(3260)0180
http://www.asakura.co.jp

〈検印省略〉

中央印刷・渡辺製本

ISBN 978-4-254-13718-7　C 3342　　Printed in Japan